多因素作用下大坝时变效应及安全监控模型研究

牛景太　吴邦彬　欧斌　彭友文　魏博文　著

中国水利水电出版社
www.waterpub.com.cn
·北京·

内 容 提 要

由于大坝结构的特殊性和复杂性，在承受非常规荷载及特殊工况的情况下，掌握大坝的结构性态和演变规律对保障其安全具有重要的意义。本书基于大坝原型监测资料和试验成果，综合运用坝工理论、工程力学、现代数学和智能算法，系统地论述了多因素作用下大坝时变效应及安全监控理论，并将研究成果应用于工程实际。具体涉及考虑提前蓄水的特高拱坝施工期应力、高心墙堆石坝施工期沉降、考虑库水位变动下以及无实测水温资料的混凝土坝变形安全监控模型构建方法等主要内容。书中研究内容为深入认知在非常规荷载及特殊工况作用下大坝时变效应演化机理和驱动规律及大坝安全监控和预警提供了理论依据与技术支撑。

本书可作为从事水利工程、土木工程等领域的设计、施工、管理和科研等工程技术人员的参考书，也可作为水工、土木和工程力学及其相关专业的本科生和研究生的教材或参考书。

图书在版编目（CIP）数据

多因素作用下大坝时变效应及安全监控模型研究 / 牛景太等著. -- 北京 : 中国水利水电出版社, 2022.10
ISBN 978-7-5226-0898-3

Ⅰ. ①多… Ⅱ. ①牛… Ⅲ. ①大坝－时变－效应－研究②大坝－安全监控－研究 Ⅳ. ①TV698.2

中国版本图书馆CIP数据核字(2022)第141183号

书　　名	**多因素作用下大坝时变效应及安全监控模型研究** DUOYINSU ZUOYONG XIA DABA SHIBIAN XIAOYING JI ANQUAN JIANKONG MOXING YANJIU
作　　者	牛景太　吴邦彬　欧斌　彭友文　魏博文　著
出版发行	中国水利水电出版社 （北京市海淀区玉渊潭南路1号D座　100038） 网址：www.waterpub.com.cn E-mail：sales@mwr.gov.cn 电话：（010）68545888（营销中心）
经　　售	北京科水图书销售有限公司 电话：（010）68545874、63202643 全国各地新华书店和相关出版物销售网点
排　　版	中国水利水电出版社微机排版中心
印　　刷	北京中献拓方科技发展有限公司
规　　格	170mm×240mm　16开本　12.5印张　245千字
版　　次	2022年10月第1版　2022年10月第1次印刷
定　　价	**69.00**元

前　言

我国经过了70年的水电建设发展历程，并取得了世人瞩目的成就，尤其在进入21世纪后，已建成或拟建了一批高坝大库，其坝高、库容和装机容量等都实现了前所未有的突破，这些高坝大库在我国经济社会发展中起着至关重要的作用。大坝在建造和运行过程中，往往会遇到多因素复杂荷载互馈作用，大坝的结构性态和演变规律都超过了现有规范技术指标，因此，大坝结构性态演化与安全近年来愈发被坝工科研界关注，在研究非常规荷载及特殊工况情况下大坝时变效应与结构性态演化机理、驱动规律以及大坝的安全监控和预警方面尤为突出。

大坝在多因素复杂荷载互馈作用下会产生时变效应，由此引起大坝结构性态的变化，释义其演化规律能反映大坝的工作性态及评估大坝的安全状态是当今学术界研究的重要课题。目前，国内外专家和学者对大坝在常规荷载作用下的时变效应及结构性态开展了不少有益的研究，但由于大坝结构的特殊性和复杂性，且受大坝筑坝工艺水平的限制以及复杂服役环境的影响，大坝往往存在非常规荷载、特殊工况作用和缺乏监测设施的情况，由此对大坝结构性态的演化机理和驱动规律的研究尚不够系统和深入，为掌握大坝时变效应及结构性态的演变规律，加强大坝的安全监控和预警，及时发现工程异常或安全隐患，亟待深入研究大坝在非常规荷载、特殊工况作用下，其时变效应及安全监控理论与方法。

针对多因素作用下大坝时变效应及安全监控重要科学问题研究，在多项国家自然科学基金项目（51769017、51969018、51869011、52169025、52069029）、相关省厅级课题（GJJ16096、202224ZDKT21）、鄱阳湖流域水工程安全与资源高效利用国家地方联合工程实验室及相关工程单位委托项目的资助下，本书在前人相关研究的基础上，综合运用坝工理论、数学和力学计算方法、科学计算等理论与方法，结合现代测试技术、原位监测、人工智能技术，对大坝时变效应及安全监控方法进行了深入研究。本书提出了提前蓄水的特高拱坝施工期应力、高心墙堆石坝施工期沉降、考虑库水位变动下以及无实测水温资料混凝土坝变形安全监控模型构建方法，其主要内容如下：

(1) 针对考虑提前蓄水的施工期特高拱坝的实际工作性态，建立了考虑提前蓄水的特高拱坝施工期应力监控模型；基于面板数据理论，构建了考虑提前蓄水的特高拱坝施工期应力时空分析模型；运用面板聚类理论方法和典型小概率法，探究了特高拱坝施工期提前蓄水工况下的应力演变规律，确定了最危险区域并对其进行应力预警指标的拟定。

(2) 针对高心墙堆石坝施工期工作环境和受荷条件复杂多变的特点，构建了高心墙堆石坝施工期灰色-马尔可夫链预测模型；探究了高心墙堆石坝施工期沉降非线性时变统计模型；在此基础上，采用BP神经网络算法，提出了高心墙堆石坝施工期沉降多测点监控模型。

(3) 针对考虑库水位变动对混凝土坝徐变影响的特性，推导了库水位变动下混凝土坝时效变形表达式，构建了库水位变动下混凝土坝位移监控统计模型。在此基础上，基于差分自回归移动平均ARIMA模型修正残差时间序列，提出了考虑库水位变动下基于ARIMA修正的混凝土坝变形监控模型；同时，运用BP神经网络技术，提出了考虑库水位变动下混凝土坝变形监控时空模型。

(4) 针对混凝土老坝缺乏水温监测资料的问题，运用水库水温分层判定方法，探究了水库垂向水体温度特性，基于Boltzmann曲线导出了无水温监测设备的坝前垂向水温计算方法。并采用随机森林模型，提出了参数的确定方法。在此基础上，采用热传导理论，推导了环境温度为变量时的坝体混凝土内部温度场解析方法，研究了环境温度在混凝土坝体中热传导滞后效应，改进了温度分量表达式，提出了无实测水温资料的混凝土坝安全监控模型。

本书各章分工负责撰写者如下：第1章由牛景太、彭友文撰写；第2章由牛景太、吴邦彬撰写；第3章由牛景太、欧斌撰写；第4章由牛景太、吴邦彬撰写；第5章由牛景太、魏博文、吴邦彬撰写。全书由牛景太负责统稿、审定。

本书在撰写过程中得到赵二峰、李占超、邵晨飞等同志的大力支持与热情帮助，梁彬彬、罗翔、万海燕、曾午镜等研究生也参加了本书部分章节的文字录入和图片处理工作，特向他们深致谢意。

由于作者水平有限，书中难免不妥之处，恳请各位同行和读者批评指正。

作者

2022年7月

目　　录

第1章 绪 论

1.1 研究目的和意义

为促进我国经济社会的快速健康发展，我国对能源表现出多元化需求，而水电作为一种清洁能源，对调整能源结构、实现能源低碳发展、为国家实现可持续发展和应对全球气候变化均提供了保障，其开发利用具有国家战略发展的优势[1]。为满足防洪、发电、灌溉、供水以及航运等社会需求，在70年的水电建设发展历程中，我国已建成9.8万余座水库大坝，总库容达9000亿m^3，水电站装机容量达到3.56亿kW，我国坝工建设实现了从小到大、从低到高、从单一到多种坝型、从单一目标到多目标开发的巨大转变[2]。尤其在进入21世纪后，在国家西部大开发战略及“西电东送”工程的推动下，水电建设开始了全面流域梯级开发，进入了高速发展时期，坝高、库容和装机容量等都实现了前所未有的突破，我国建成或拟建了一批高坝大库。图1.1～图1.3分别统计了截至目前我国已建和在建的坝高排名前二十位的拱坝、重力坝和土石坝[3]。这些高坝大库在防洪、发电、航运、灌溉和供水等方面发挥着巨大效益的同时，其安全问题关系到人民生命财产安全和国家经济社会可持续发展，已成为社会关注的热点问题。因此，涉及大坝安全的共性问题成为今后研究的方向。

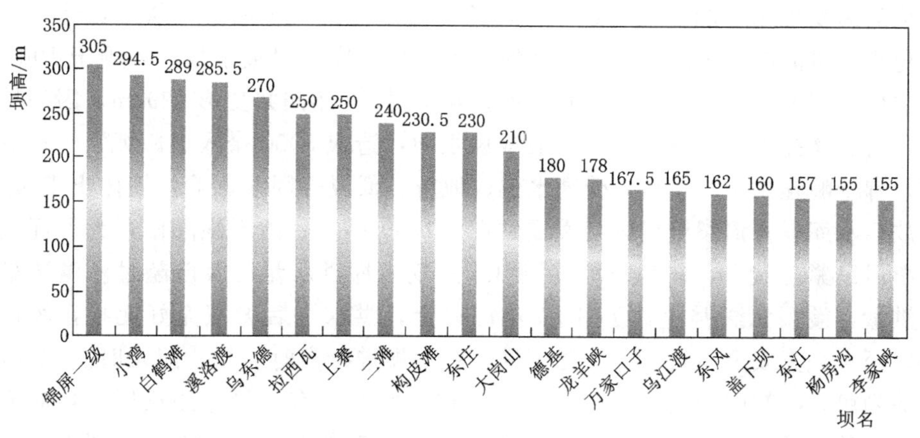

图1.1 目前我国已建和在建的坝高排名前二十位的混凝土拱坝

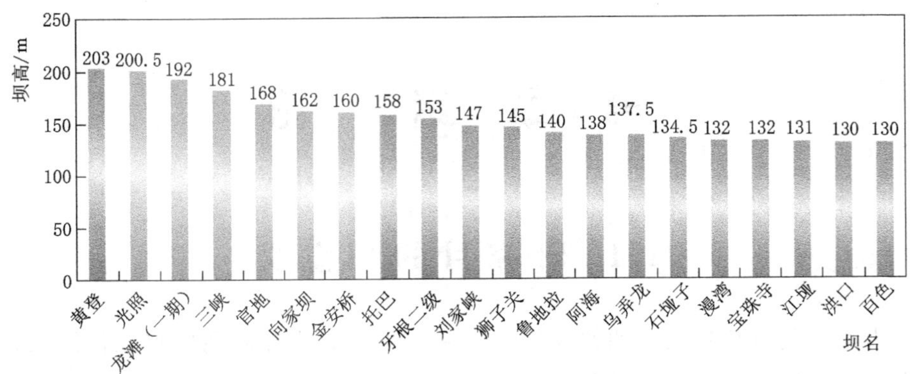

图 1.2　目前我国已建和在建的坝高前二十位的混凝土重力坝

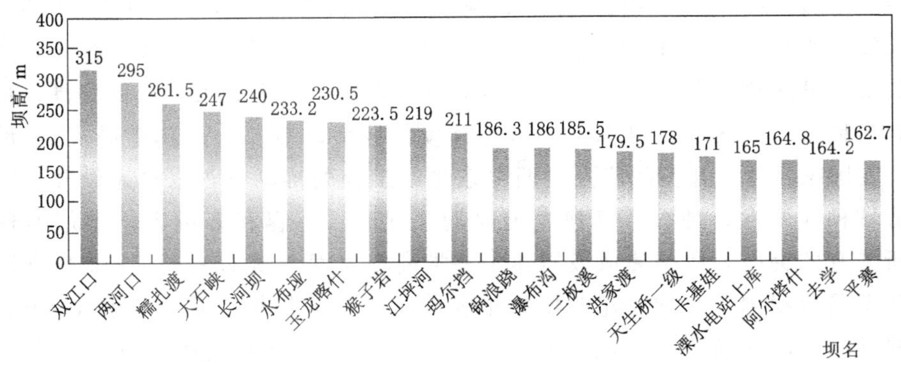

图 1.3　目前我国已建和在建的坝高前二十位的土石坝

高坝大库的失事一般都要经历从渐变到突变的过程，在此发展演变过程中，大坝的演变规律若能被准确地掌握，并能实时监控大坝的运行状态，就有可能避免重大事故的发生。如：意大利的瓦依昂拱坝库区滑坡事故，该坝于 1960 年蓄水后，坝前左岸岩石发生缓慢蠕动，经实测，3 年间共变形 429cm，因一场暴雨，滑坡体掉入水库形成巨大涌浪漫过坝顶，造成 3000 余人失踪死亡[4]；1954 年，佛子岭连拱坝竣工后，受高水位、地震、低温等因素影响，坝体出现裂缝，遂放空水库，查清裂缝成因与发展情况，1969 年 7 月由于强降雨，为保证大坝下游居民紧急撤离，放流较小，但由于后期入库洪水量巨大已超过溢洪道最大泄洪量，漫顶无法避免，历时 25 小时以上，洪水过后大坝完好无损，经过加高，至今一直安全运行[5]。由此可见，对大坝进行实时监控，能及时发现问题，消除隐患，减轻财产与生命的损失。坝体内常布置有大量监测仪器，自动或人工获取的大量原位监测数据是评价大坝运行状态的基础。由于施工期大坝工作环境和受荷条件复杂多变，监测对象的外部环境亦不断变化，导致监测数据常具有突变性和不连续性，施工期原始监测数据往往不能直观清晰地展示大坝性态，监测时间短，监测数据无法避免规律性较差、信息匮乏等缺点；另外，针对服役期较长的大坝，由于筑坝时代条件的限制，坝内没有埋设监测设施或监测仪器老化失效也会造成监测数据缺失或监测信息匮乏的情况，导致采用常规的分析方法无法合理评估大坝的安全状况。

综上所述，为准确把握大坝的运行性态，需充分利用已有的大坝监测效应量的监测信息，基于坝工理论、工程力学、现代数学和智能算法，针对提前蓄水的特高拱坝、施工期高心墙堆石坝、运行期库水位变动下以及无实测水温资料混凝土坝，研究其结构性态和演变规律，客观评价和安全监控其结构性态，建立适合、有效的安全监控模型，这对保障工程安全运行具有重要的意义。

1.2 大坝的时变效应及安全监控模型研究进展

1.2.1 混凝土坝的时变效应及安全监控模型研究进展

1.2.1.1 混凝土坝的时变效应研究进展

针对混凝土坝的时变效应的研究，目前主要基于两个方面：一是混凝土坝的固有时效变形，主要针对坝体混凝土的徐变和坝基岩体及软弱结构面的蠕变进行研究；二是服役期内环境和荷载等多因素协同作用下，筑坝材料性能衰退所引起的变形演变，即混凝土坝的老化问题[6]。

试验表明，当应力保持为常量时，坝体混凝土在长期荷载作用下的变形将随时间增加，这种现象称为徐变。混凝土徐变主要由硬化水泥浆体在高应力作用下产生的微裂纹以及骨料、水泥浆之间黏着力的破坏而产生。一般情况下，混凝土的徐变比瞬时弹性变形大1～3倍，包含可恢复徐变和不可恢复徐变，其中可恢复徐变占总徐变的5%～50%；低应力水平下混凝土的徐变速率随时间减小，而高应力水平下徐变速率随时间不断增加直至破坏[7]。

现场和室内试验表明，坝基岩体和软弱结构面的变形都具有明显的时变效应，表现为定常荷载作用下变形随时间逐渐增大的现象，即蠕变。长期荷载作用下，岩石内部矿物晶体结构不断重组调整，导致其应力、应变状态随时间变化，体现出蠕变、应力松弛、长期强度、弹性后效和滞后效应等流变特性，其中蠕变与工程关系最为密切[8]。许多大坝、高边坡和地下洞室等工程的失事，都不是工程形成或受载之后就立刻发生的，而是在岩体和软弱结构面流变特性的影响下，变形随时间的推移而不断发展并最终导致失事；工程的长期安全性受坝基岩体和软弱结构面等流变特性的显著影响[9-12]。

混凝土老化机理研究是其结构老化管理的核心[13]。筑坝材料物理力学性能的退化是导致混凝土坝服役期内结构变形性态具有时变效应，并引起长期变形的内在原因之一，在荷载和环境等多因素的协同作用下，坝体混凝土和坝基岩体将出现软化、开裂、孔隙率增大等劣化现象，进而导致大坝变形加大、渗漏加剧和坝体开裂严重等问题。对于国内混凝土坝的老化病害，主要包括冻融、渗透溶蚀、温度裂缝和碱骨料反应等[14,15]。

1.2.1.2 混凝土坝监测效应量安全监控模型研究进展

为了对混凝土坝工作性态进行跟踪分析，通常针对混凝土坝开展变形、应力应变、渗流、环境量等监测项目，国内外许多学者在监测效应量跟踪分析模型的构建方法及模型影响因素重要性分析等方面开展了许多研究，取得了一批有价值的研究成果。

1. 常规分析模型

大坝效应量分析模型不但可以指导大坝的施工和运行，而且通过分离水压分量、温度分量以及时效分量，解释和分析大坝的施工及运行性态。目前，大坝常规安全监控模型主要包括确定性模型、混合模型和统计模型，除此之外，还包括基于智能算法的分析模型。如，吴子平等[16]将实测资料与有限元结构分析方法相结合，考虑施工期对坝体监测数据的影响，基于原位监测数据构建了熊渡拱坝的混合模型；胡德秀等[17]结合原位监测资料，构建了基于稳健估计极限学习机的大坝变形监控模型；黄梦婧等[18]通过支持向量机解决大坝监测数据的非线性时间序列，研究了粒子群算法对大坝安全监控的可靠性，有效提高了大坝安全监控模型的精度；杜辉等[19]采用 RBF 神经网络对位移监测数据进行分析，有效解决了计算时传统监控模型易产生局部最优解的情况；王甜等[20]通过改进已有的粗集推理预报模型，结合贝叶斯定理对规则进行约简，构建了一种改进的大坝安全监控粗集推理预报模型；李小奇等[21]基于 Copula 熵理论研究了因子优化选取方法，对传统渗流统计模型进行改进，工程实例表明所建模型效果较好；杨晓晓等[22]通过将粒子群算法和支持向量机相结合的方法，对惯性权重和学习权重进行改进，有效解决了模型对缺失数据敏感和精度不高的问题；杨令强等[23]采用免记忆推算法对坝体加固数据进行处理，分别对应力、位移进行分析，构建了加固前后监测数学模型；Yang 等[24]同时考虑刚度和强度折减的有限元方法，重点研究了蓄水期边坡及地基变形，并将研究结果应用于锦屏一级拱坝，研究结果表明蓄水对拱坝坝体变形和应力的影响仅限于局部；顾冲时等[25]针对碾压混凝土坝的结构特性，基于不同力学本构模型对各种不同工况下碾压混凝土的水压、温度和时效分量进行了探讨，构建了适用于碾压混凝土坝的安全监控模型，实例分析表明，该模型预测效果较好；Li 等[26]通过对大坝效应量与影响因子的成因关系进行分析，利用误差修正模型对大坝进行了建模与预测；Lin 等[27]针对混凝土坝变形与渗流问题，基于主成分分析法和

LS－SVM 法，建立了环境量与结构响应量之间的非线性映射，在上述研究的基础上，构建了安全监控模型；李占超等[28] 针对混凝土坝的结构特征，引入 Bootstrap 法，提出了小样本变形监控模型，算例分析表明该模型效果较好；Tatin 等[29] 通过分离变形监控模型中温度分量，考虑日温差变形对于变形效应量的影响，由此改进传统变形监控统计模型，结果表明模型有较强的适应能力；梁通等[30] 基于有限元方法，在考虑扬压力和渗透力的情况下，对水荷载的施加方式进行普适性研究，结果表明水荷载施加方式对坝体应力及位移有明显影响；徐宝松等[31] 通过对监测日数据进行多元函数泰勒展开，基于坝体内部温度相较于环境温度的滞后现象，对传统大坝位移安全监控模型的温度分量进行改进，提出了适用于内部温度计缺失或失效时的大坝安全监控模型；吴邦彬等[32] 通过弹性理论推导了对称 V 形河谷两侧横河向表面水平位移的计算公式，并利用有限元数值仿真方法模拟了分汊河道的库盘库型，有效分析了河谷谷幅变形的分布规律，结果表明坝前水深及河道分叉处至大坝距离是影响库盘变形和坝体变形的显著因素。以上研究成果利用统计模型、确定性模型和混合模型等常规分析模型对大坝运行性态进行了分析和监控，为大坝的施工、设计及决策提供了重要参考。但常规分析模型中影响因子繁多，因子与因子之间相关性较强，影响因子与效应量之间的关系也复杂，很难保证模型的稳健性及拟合预测效果，因此，大坝安全监控常规模型特别是施工期的特高拱坝安全监控模型还有待进一步改进。

2. 人工智能分析模型

近年来，随着人工神经网络的极速发展，人工神经网络建模思想已经深入到大坝安全监控领域并为之做出了突出贡献。人工神经网络方法[33] 是由大量神经元相互连接组成，对数据进行学习、训练并给予综合判断的人工智能方法。多层前馈神经网络（BP 算法）[34] 是现阶段较为常用的人工智能方法，其主要通过输入测点变形和影响因素的监测序列，通过计算机进行自主机器学习，并调节各神经元之间连接权重，不断逼近与输出样本之间的距离，由此达到输入与输出的动态平衡。人工神经网络法在大坝安全监控分析方面的应用十分广泛，魏博文等[35] 基于粗糙集理论与神经网络建立参数反演修正混合模型，并结合工程实例有效解决了结构监测时序及性能退化等因素的影响，为混凝土坝长期服役和运行提供决策依据；刘武等[36] 针对坝体渗流场在工程施工及运行的动态特征，通过 BP 神经网络和遗传算法进行反演分析，有效解决了岩体渗透系数反分析的唯一性和可靠性问题；罗丹等[37] 通过微粒群－BP 神经网络建立安全监控模型，较好地反映了大坝应力变形的非线性问题，结果表明所建模型有较好的收敛性及预测精度；张豪等[38] 通过分析大坝各变形分量特征及相关影响因素，在经验模态分解和支持向量机的基础上，建立了多尺度预测模型，实例表明该模型收敛速度快、精度高；李波等[39] 利用最小二乘支持向量机与有限元相结合的方法对坝体水压分量的相对值进行反演，有效反映了坝体变形水压分量和力学参数间复杂的非线性关系；闫滨等[40] 针对大坝安全评价问题的复杂性和多样性，提出了基于径向基函数神经网络的大坝安全监控模型，结果表明所建模型具有良好的抗干扰能力和较好的收敛性；魏博文等[41] 针对混凝土坝变形监控模型中大坝变形与环境影响因素之间的复杂非线性问题，为提升大坝变形监控模型的预报能力，提出了一种基于鸡群算法（CSO）优化相关向量机（RVM）的混凝土坝变形预报模型；牛景太[42] 针对混凝土坝自动化变形监测数据存在噪声成分，且变形与环境影响因素间呈现出复杂的非线性关系等问题，提出了基于奇异谱分析（SSA）与粒子群算法（PSO）优化支持向量机（SVM）的混凝土坝变形监控模型；欧斌等[43] 为提升混凝土坝变形预测的精度，采用具有出色的非线性数据挖掘能力与时间序列长、短期预测性能的长短期记忆网络（LSTM），提出了基于 LSTM 网络的混凝土坝变形预测模型。

3. 多测点分析模型

上述针对常规分析模型和人工智能分析模型研究中，研究对象多限于单测点，但对于特高拱坝而言，测点与测点之间存在相互关联性，坝体各部位联合作用来响应特高拱坝动态演变过程，仅对单测点进行分析略显单薄，故亟须建立能够展现特高拱坝整体空间效应的多测点模型。为此，近年来国内外专家学者对其进行了诸多研究。李端有等[44] 基于清江隔河岩重力拱坝构建有限元模型，并通过气温、水温确定模型边界条件，构建了拱坝多测点分析模型，实例结果表明该模型拟合精度和外延性均较好；李明超等[45] 从维度、关联、检验、措施及模型五个层次进行阐述，通过非线性模型合理量化和集成构建了统一的大坝变形动态模型，结果表明集成多维复杂关联性的动态监控模型预测结果较好；蔡忍等[46] 通过投影寻踪法对大坝典型断面多测点位移序列进行降维处理，有效解决了传统单测点对整体结构变形性态表达不足的缺点，实现了大坝安全性态与定量监测之间的合理映射；安慧琳等[47] 对重力坝挠度进行研究，建立了重力坝的多测点空间模型，对大坝时空变形特性预测、缺失数据补齐等方面进行解释，弥补了传统单测点模型的不足；刘斌等[48] 引入独立分量对大坝构建多测点模型，有效解决了多测点模型中各影响因子多重相关性问题，结果表明多测点模型能有效解释大坝整体空间特性；魏博文等[49] 针对混凝土拱坝单测点变形监控模型难以合理表征拱坝空间变形场协同响应特性以及传统回归方法诠释环境量与大坝变形间的复杂函数关系具有明显局限性问题，提出了融合粒子群算法优化支持向量机（PSO－SVM）的混凝土拱坝多测点变形监控混合模型。

1.2.2 土石坝的时变效应及安全监控模型研究进展

1.2.2.1 土石坝的时变效应研究进展

针对土石坝的时变效应的研究，目前主要基于两个方面：一是土石坝筑坝材料的颗粒破碎引起的时效变形，主要针对筑坝材料颗粒破碎的量化指标、演变规律和力学效应进行研究；二是由于筑坝土石料在高应力和环境因素共同作用下具有显著的流变特性，按照流变的变形机理，土石料流变总体可分为荷载引起的加载流变和环境变化导致的劣化流变。

1. 颗粒破碎引起的时变效应

土石料在高应力作用下会发生颗粒破碎，进而改变土石料的强度和变形特性，主要表现为峰值内摩擦角减小以及压缩和剪缩变形增大等[50-54]。为此，诸多学者对土石料的颗粒破碎开展了大量试验和理论研究，主要包括颗粒破碎的量化指标、演变规律和力学效应等。

(1) 颗粒破碎的量化指标。颗粒破碎的量化指标，即破碎指标，是衡量土石料颗粒破碎程度的变量，它是定量研究颗粒破碎的演变规律和力学效应的基础。颗粒破碎直接导致土石料颗粒级配改变，故破碎指标通常根据颗粒级配的变化进行定义。目前，破碎指标主要包括两类：一是基于特征粒径变化的破碎指标[55-59]；二是基于级配曲线变化的破碎指标[60-66]。

(2) 颗粒破碎的演变规律。颗粒破碎的演变规律主要研究颗粒破碎随应力变形的演化规律，据此构建颗粒破碎的演化方程。Hardin[60] 构建了一个基于有效平均应力和广义剪应力的颗粒破碎演化方程；Lade 等[57] 建立了破碎指标与总输入能的双曲线关系方程；Indraratna 和 Salim[67,68] 通过三轴试验，发现粗粒料的 Marsal 破碎指标随围压和轴向应变的增大而增大，据此构建了一个基于塑性广义剪应变和平均应力的颗粒破碎演化方程；刘汉龙等[50] 通过大型三轴试验，发现粗粒料的颗粒破碎率随围压的增大而增大，两者之间具有双曲线关系；张季如等[65] 通过侧限压缩试验，发现石英粗砂和细砾的颗粒破碎量随着压力的增加而增加，Hardin 破碎率与压应力之间存在着半对数线性关系，破碎分维数与压应力之间具有双曲线关系；魏松等[69] 研究了某粗粒料等压固结、不同应力水平下的颗粒破碎规律，结果表明，在相同围压下，颗粒破碎率随应力水平的增大而增大，且呈加速增大趋势，据此提出了一个基于应力水平的颗粒破碎演化方程；杨光等[70] 研究了粗粒料在不同应力路径下的颗粒破碎，结果表明，颗粒相对破碎率随塑性功的增加而增加，两者具有较好的双曲线关系；孔宪京等[71] 通过单调和循环荷载下的固结排水剪切试验，发现单调和循环荷载条件下，堆石料颗粒破碎率与塑性功之间存在一致的双曲线关系；贾宇峰等[72] 通过三轴固结排水试验，发现堆石料的颗粒破碎同时受围压和剪切变形的影响，低围压下剪切过程中的颗粒破碎不明显，高围压下颗粒破碎随着剪切应变的增加而增加，相同围压下，相对破碎参量与剪应变之间具有双曲线关系；童晨曦和张升等[73,74]提出了多粒径组颗粒有效破碎概率的概念，据此建立了一个多粒径组颗粒破碎的马尔可夫链演化模型；韩华强等[66]通过大型动力三轴试验，研究了循环荷载作用下堆石料的颗粒破碎特性及其影响因素，并建立了堆石料破碎率与动剪应变及体变的幂函数关系式。

(3) 颗粒破碎的力学效应。颗粒破碎的力学效应是指颗粒破碎对土石料强度和变形的影响，是工程最关心的问题，也是构建考虑颗粒破碎的土石料本构模型的核心。研究颗粒破碎的力学效应既可基于破碎指标，也可基于颗粒破碎演化方程的参变量（应力、应变或能量），前者属于显式模式，结合颗粒破碎的演化方程，描述土石料颗粒破碎的力学效应，后者属于隐式模式，所建本构模型相对简单，但难以反映土石料变形过程中的颗粒破碎情况。

高应力作用下的颗粒破碎导致土石料的峰值摩擦角减小，使得土石料的抗剪强度具有非线性，故一些土石料的非线性强度准则[75-77]被提出，但这些强度准则大都基于围压或平均应力，可能仅适合单调加载的情况。另外，一些学者建立了粗粒料的峰值内摩擦角与破碎指标之间的函数关系式[50,70,78]，在此基础上，结合合适的颗粒破碎演化方程，可以构建普适的土石料非线性强度准则。

2. 土石料流变本构模型

工程实践表明，土石坝往往具有较大的长期变形[79-83]，这主要是由于筑坝土石料在高应力和环境因素共同作用下具有显著的流变特性。土石料流变通常指恒定应力作用下随时间增长的变形。按照流变的变形机理，土石料流变总体可分为荷载引起的加载流变和环境变化导致的劣化流变[84]，有关学者对土石料流变本构模型进行了大量研究，取得了一批有价值的成果。

(1) 土石料经验流变模型。土石料经验流变模型是通过拟合流变试验的应变-应力-时间关系曲线建立的，其中应变与时间关系常采用对数函数、幂函数、指数函数和双曲函数等。早期，学者通过侧限压缩试验研究黏土的次固结，提出了对数型流变模型[85-88]，其中流变压缩系数主要与竖向有效应力、时间和孔隙比等有关，该模型形式简单，但只适合侧限压缩条件，且存在次固结的起始时间难以确定以及流变无限增长等不足；Singh 和 Mitchell[89]根据黏土三轴流变试验结果，提出了关于轴向应变率-应力水平-时间的三参数流变模型，其中轴向应变率与应力水平和时间分别呈指数函数关系和幂函数关系，该模型可以模拟衰减型和非衰减型两种流变，但适合一维常应力压缩条件；Kavazanjian 和 Mitchell[90]采用对数型流变模型表征细粒土的体积流变，并结合 Singh 和 Mitchell 的三参数流变模型，构建了适合一般应力条件的流变模型；沈珠江等[91]采用衰减型指数函数统一描述土石料的体积流变和广义剪切流变，据此建立了三参数流变模型，该模型的最终体积流变量为围压的线性函数，最终广义剪切流变量为应力水平的双曲线函数；米占宽和李国英等[92,93] 通过堆石料的大型三轴流变试验，发现高应力条件下堆石料的最终体积流变量不仅与围压有关，还与轴向应力有关，据此对沈珠江三参数流变模型进行修正，构建了六参数流变模型，后又进一步对最终广义剪切流变量进行修正，建立了七参数流变模型；Fu 等[94] 通过大型三轴试验研究了饱和堆石料的流变特性，发现流变剪胀比随应力比线性减小，并建立了对数型流变模型；程展林和丁红顺[95] 构建了九参数幂型流变模型，其中，轴向流变的幂函数指数与围压具有幂函数关系，体积流变的幂函数指数为常数，最终轴向流变量与围压呈线性关系，其系数与应力水平呈双曲函数关系，最终体积流变量与围压呈线性关系，其系数与应力水平具有幂函数关系；黄耀英等[96] 考虑一个指数函数难以同时反映堆石坝蓄水初期和运行期的流变规律，基于沈珠江三参数流变模型，建立了组合指数型流变模型；朱晟等[97] 基于继效理论，提出了七参数增量流变模型，该模型中，最终体积流变量与体积应力之间呈线性关系，最终广义剪切流变量与广义剪应力之间具有双曲线关系。

（2）土石料理论流变模型。土石料理论流变模型主要包括元件流变模型和弹黏塑性模型两种。元件流变模型是通过弹簧、滑块以及黏壶三个元件的串并联组合来描述土石料流变，常用的元件流变模型包括 Maxwell 模型、Kelvin 模型、Merchant 模型和 Bingham 模型等。元件流变模型概念简单、直观、物理意义明确，被众多学者采用，但由于采用的基本元件是线性的，不足以表征实际土石料的非线性变形特性，为此一些学者通过构造非线性元件建立了土石料非线性流变模型[98-102]。弹黏塑性模型是将流变变形和塑性变形统一起来考虑，进而借鉴弹塑性理论进行建模，其优点是可以模拟一般应力条件下的土石料流变行为，且能考虑加载变形和流变变形的相互影响，常用的弹黏塑性模型主要有过应力模型和非稳态流动面模型两类[103]。过应力模型[104-106] 假定弹性域（静态屈服面内）的流变可以忽略，将总应变率分为弹性应变率和黏塑性应变率，其中黏塑性应变率的大小与过应力（静、动态屈服面之间的差异）有关，但该模型假定黏塑性应变率只与当前应力状态有关，而与应力历史无关，不满足一致性条件。非稳态流动面模型[107-109] 将时间引入传统弹塑性模型的屈服面中，使得屈服面可以随时间发生变化，即在恒定应力情况下土石料也会随时间产生黏塑性应变，但当土石料初始应力位于弹性域（如超固结土），则该模型难以模拟流变变形。

（3）土石料劣化流变模型。工程实践表明，天气变化、日晒雨淋、温度循环、干湿循环等现场因素对工程的长期变形具有重要影响。为此，诸多学者开展了环境因素相关的室内流变试验研究，并建立了一些土石料劣化流变模型。

王海俊和殷宗泽[110] 研究了干湿循环对堆石料变形的影响，构建了体积流变和广义剪切流变与干湿循环次数的双曲线模型，其中模型系数分别与平均应力和应力水平近似呈线性关系，张清振等[111] 进行了相似的试验研究，同样建立了堆石料双曲型劣化流变模型；曹光栩等[112] 采用特制的大型侧限固结仪，研究了干湿循环对碎石料变形的影响，结果表明干湿循环明显增大了碎石料流变变形，并构建了竖向流变关于干湿循环次数的对数型劣化流变模型，其中模型系数与竖向应力有关；邱珍锋[113] 和杨洋[114] 分别采用三轴压缩试验和单向压缩试验，研究了周期性饱水（干湿循环）对砂泥岩混合料力学特性的影响，前者构建了关于轴向流变和体积流变的八参数对数型劣化流变模型，后者建立了侧压力系数与饱水循环次数之间的对数函数关系式，并据此构建了 K_0 条件下的周期性饱水砂泥岩混合料的劣化变形弹塑性模型；石北啸等[115] 采用研制的大型劣化三轴试验仪研究了温度循环对堆石料变形的影响，结果表明体积和轴向流变量均随温度循环次数的增大而增大，流变时间明显延长；孙国亮[116] 和张丙印等[117] 利用研发的风化固结仪，研究了堆石料在干湿循环、冷热循环以及湿冷-干热耦合循环等作用下的变形特性，建立了竖向应变关于试验循环次数的指数型劣化流变模型，其中最终竖向流变量与竖向应力具有双曲线关系。

1.2.2.2 土石坝安全监控模型研究进展

随着众多大坝安全监控模型的提出，土石坝安全监测资料的分析引入了各种新的理论和方法。杜治华[118] 采用确定性模型、统计模型、经验公式三位一体的方式来对土石坝变形监测资料进行分析，并预测了变形的变化规律；Shi 等[119] 针对土石坝沉降量大这一特点，对传统的统计模型进行修改，建立了包含填筑高度分量的改进的土石坝统计模型，该模型为 CFRD 施工过程中变形监测数据的定量分析提供了一种新的建模方法；魏迎奇等[120] 探讨了灰色理论动态预测非稳态沉降的方法，构建了大坝沉降变形的灰色预测模型；吴邦彬等[121] 针对影响施工期堆石坝心墙沉降监测数据因素多，且数据存在非等间距离散的情况，提出了改进非等间距 GM（1，1）的施工期堆石坝心墙沉降安全监控模型；蔡德所等[122] 采用灰色动态聚类方法对面板堆石坝挠度变形开展研究；黄铭等[123] 针对施工期填筑的特点，考虑了填筑进程及材料蠕变特性对沉降的影响，在有限元基础上建立沉降填筑确定模型部分，采用遗传蠕变思想构造能体现填筑进程影响的统计因子，提出遗传蠕变理论的土石坝沉降监测混合模型；姜景山[124] 采用遗传算法和模拟退火算法来优化变形监测模型，构建了模拟土石坝沉降的遗传-退火算法模型；张柯[125,126]、陈伟[127] 等在基于遗传算法、支持向量机的优化算法研究基础上，对土石坝变形监测资料分析方法进行了改进，提高了模型的稳定性；马春辉等[128] 针对土石坝坝体沉降存在多变量、强耦合、强干扰的复杂问题，提出 KPCA - RVM 的土石坝沉降预测模型；闵恺艺[129] 基于面板堆石坝沉降变形物理成因分析和空间分量拓展的思路，综合分析了蓄水与运行期的水位荷载传递、堆石体流变以及土料特性对沉降的影响作用，建立了多因素作用下堆石坝运行期的时空分布模型。

1.3 重点解决的关键科学问题

综上所述，对于大坝效应量安全监控模型的构建，尤其是运行期的服役性态的研究已取得一定的研究成果。然而，由于大坝结构的特殊性和复杂性，在承受非常规荷载及特殊工况的情况下，若采用有限的贫信息及常规的模型构建方法对其服役性态进行分析，往往难以获得较为理想的效果。为此亟须研究针对非常规荷载及特殊作用工况下的大坝效应量安全监控模型的构建方法，尤其是对提前蓄水的特高拱坝施工期应力、高心墙堆石坝施工期沉降、考虑库水位变动下以及无实测水温资料混凝土坝变形安全监控等问题亟待深入研究。

（1）混凝土坝应力是混凝土坝工程设计和安全复核的一个控制性指标，混凝土坝尤其是特高拱坝应力监测则显得尤为重要，可实时反映大坝应力状态的发展规律，同时构建应力安全监控模型可及时评价特高拱坝的工作性态。然而，传统的应力监控模型大多针对运行期展开研究，关于施工期应力监控模型研究较少，尚未形成十分成熟的模型构建方法。为此，需考虑施工期特高拱坝提前蓄水和封拱灌浆对坝体应力的影响，合理确定自重应力分量的表征模式，以此构建施工期特高拱坝应力监控模型。

（2）针对高心墙堆石坝施工期工作环境和受荷条件复杂多变的特点，填筑高度、温度、降雨、坝体及坝基岩体蠕变对大坝沉降变形的影响，传统的单一测点安全监控模型还难以期望做到跟踪分析的目的，导致模型预测的能力不足。为此，需在考虑填筑高度、降雨、坝体和坝基岩体蠕变的基础上，建立高心墙堆石坝施工期沉降非线性时变统计模型；同时考虑坝体不同监测之间存在的时空相关性，构建大坝多测点时空模型，提高模型的建模精度和预测能力。

（3）在复杂荷载作用下，混凝土坝可视为一个复杂的系统，其结构响应呈现耦合性和多样性的特点，在常规的大坝变形安全监控模型中对于库水位变动引起的变形效应，通常采用多项式函数进行表征，而时效因子往往以线性函数加对数函数表示，导致建模精度不高。究其原因，坝体混凝土材料具有徐变特性，在库水位变动工况下坝体混凝土徐变受荷载变动呈现徐变增加与徐变恢复交替进行，库水位变动速率对混凝土徐变产生较大影响，为此在构建混凝土坝变形监控模型时，需考虑水位变化与其变动速率协同作用对混凝土坝的影响，从而提高混凝土坝变形监控模型的拟合精度。

（4）针对服役期运行环境相当复杂的大坝，传统的大坝位移安全监控模型容易发生部分欠拟合的问题，尤其是缺乏水温和坝体内部温度资料的情况下，采用谐波函数来表征温度影响因子易造成建模精度不高的情况。为此，需从水库坝前水温的影响因素及变化规律出发，研究坝前水温及气温变化对坝体位移的影响，通过表征坝前水温的变化特征及其对坝体位移的影响的确定关系，构建一种新的大坝位移安全监控分析模型，以此来达到监控大坝安全运行性态的目的。

1.4 主要成果概述

针对大坝在非常规荷载及特殊工况作用下监测效应量安全监控这一重要科学问题研究，在多项国家自然科学基金项目和相关省厅级课题的资助下，将数学、力学理论与方法、大坝安全相关知识以及计算机技术多种手段相结合，基于大坝原型监测资料，对提前蓄水的特高拱坝施工期应力、高心墙堆石坝施工期沉降、考虑库水位变动下以及无实测水温资料混凝土坝变形安全监控等问题进行了深入系统的研究。

1.4.1 考虑提前蓄水的特高拱坝施工期应力监控模型构建方法

通过对特高拱坝施工期应力应变监测数据的分析，针对特高拱坝可能承受各种非常规荷载及特殊作用的影响，考虑施工期提前蓄水这一工况影响，综合运用数学和力学方法，引入面板数据分析方法，构建考虑提前蓄水的特高拱坝施工期应力监控模型，探索特高拱坝应力的演变规律，为特高拱坝的设计与施工提供指导和决策。

(1) 考虑施工期特高拱坝提前蓄水和封拱灌浆对坝体应力的影响，分别推导未封拱阶段和下部封拱蓄水上部继续浇筑混凝土自重因子的数学表达式，基于流变力学理论，推导施工期特高拱混凝土拱坝时效分量表达式，基于大坝安全监控理论，进一步构建考虑提前蓄水特高拱坝施工期应力监控统计模型。

(2) 利用大坝不同部位的关联信息和动态变化特征，对测点监测信息中的时间维度和空间结构进行深入挖掘，应用面板数据理论，建立特高拱坝施工期应力变截距面板模型；运用 Hausman 检验方法对面板数据中特异效应量进行检验，构建考虑提前蓄水的特高拱坝施工期应力时空分析模型。

(3) 基于面板聚类理论方法，提出了特高拱坝应力测点的相似性指标判据，结合熵权法对特高拱坝应力进行分区，探究了特高拱坝施工期提前蓄水工况下的应力演变规律，在特高拱坝应力分区的基础上，进一步寻找最危险区域并结合典型小概率法对其进行应力预警指标的拟定。

1.4.2 高心墙堆石坝施工期沉降监控模型构建方法

通过对高心墙堆石坝施工期沉降监测数据的分析，考虑施工期沉降变形受多种因素影响，依据相关数学理论和高心墙堆石坝施工期实际监测数据，综合利用灰色理论、马尔可夫链理论、统计模型、非线性多元回归分析法、ARIMA理论、BP神经网络等方法，运用C++高级语言，在MATLAB平台上开发相应程序，并将该程序用于某高心墙堆石坝施工期的沉降变形预测。构建高心墙堆石坝施工期沉降监控模型，探索高心墙堆石坝沉降的演变规律，揭示沉降变形机理，指导高心墙堆石坝的施工。

(1) 针对高心墙堆石坝施工期工作环境和受荷条件复杂多变的特点，对高心墙堆石坝施工期监测数据进行分析，分析了填筑高度、温度、降雨、坝体及坝基岩体蠕变对大坝沉降变形的影响特性，并基于高心墙堆石坝施工期沉降实测数据，综合运用灰色理论和马尔可夫链理论，构建高心墙堆石坝施工期灰色-马尔可夫链预测模型。

(2) 为了进一步探讨高心墙堆石坝施工期沉降变形的特点，研究了大坝沉降因子的选择，探讨了填筑历史对坝体蠕变的影响规律，在考虑填筑高度、降雨、坝体和坝基岩体蠕变的基础上，基于邓肯-张模型和流变模型理论，建立高心墙堆石坝施工期沉降非线性时变统计模型。在此基础上运用ARIMA理论进一步对残差序列进行分析预测，并将残差预测结果添加到未考虑的常规监控模型中，以提高模型的预测效果。

(3) 考虑高心墙堆石坝施工期不同测点之间存在时间相关性和空间相关性，且传统的单测点模型并不能从整体上解释高心墙堆石坝施工期的沉降变形规律。因此，采用BP神经网络算法，将填筑高度因子、坝体蠕变、坝基流变及各测点的坐标位置信息作为输入变量，沉降变形实测数据作为输出变量，以此来训练模型，构建基于BP神经网络算法的大坝多测点监控模型。

1.4.3 考虑库水位变动下混凝土坝变形监控模型构建方法

通过考虑库水位变动对混凝土坝徐变的影响，综合运用坝工知识、力学及数学方法，探究混凝土坝变形性态演变规律，构建考虑库水位变动下混凝土坝位移单测点监控模型和时空监控模型，为混凝土坝的正常运行提供理论与技术支持。

(1) 基于混凝土徐变特性，分析库水位变动工况下坝体混凝土徐变演变规律，推导出库水位变动下坝内混凝土徐变表达式，进而探究库水压变化与水位变动速率协同作用下坝体混凝土徐变变形，基于传统位移统计模型理论，改进其时效分量表达式，构建考虑库水位变动下混凝土坝位移统计模型。

(2) 由于外界环境中不确定因素的影响，构建的考虑库水位变动下混凝土坝位移统计模型存在变形残差，考虑残差序列的周期性、随机性以及趋势性，基于差分自回归移动平均 ARIMA 模型修正残差时间序列，构建考虑库水位变动下基于 ARIMA 修正的混凝土坝变形监控模型。

(3) 针对混凝土坝单测点变形监控模型无法反映大坝整体位移场变化的情况，考虑各测点间的相关性，在构建单测点混凝土坝位移统计模型的基础上，基于 BP 神经网络，将位移统计模型分离的水压分量、温度分量、时效分量以及位置信息进行综合分析，构建考虑库水位变动下基于 BP 神经网络的混凝土坝变形监控时空模型。

1.4.4 无实测水温资料的混凝土坝变形监控模型的构建方法

针对大中型水库坝前水温以及混凝土坝安全监控模型的温度变形进行研究，将数学、力学理论与方法、大坝安全相关知识以及计算机技术多种手段相结合，基于大坝原型监测资料，通过数值模拟和仿真分析，对混凝土坝安全监控进行了深入系统的研究。

(1) 在探究水库水温分层判定方法的基础上，研究水库垂向水温特性，基于 Boltzmann 拟合模型，提出无温度监测设施的坝前垂向水体温度计算方法。在此基础上，提出无实测温度资料的坝前垂向水体水温计算公式，探究参数的确定方法，基于随机森林模型构建了未知参数的回归预测模型。

(2) 探究了传统温度分量因子存在的不足，基于物体内部的热传导定律和傅里叶热传导理论研究环境温度为变量时的坝体混凝土内部温度场解析方法。探究了环境温度在混凝土坝体中热传导滞后效应，建立了单个脉冲环境温度变化引起坝体内部变形的表达式，将连续变化的环境温度离散化，基于线性叠加原理，据此改进了温度分量表达式，构建了精度较高的混凝土坝安全监控模型。

第2章 考虑提前蓄水的特高拱坝施工期应力监控模型研究

2.1 概 述

施工期和蓄水初期是大坝失事或事故的多发期，与运行期相比，其失效概率大、风险度高，直接影响工程结构的安全[130,131]。目前，关于特高拱坝施工期及初次蓄水的安全监控研究也受到越来越多国内外专家学者的重视，有关学者[132-135]从特高拱坝应力、应变分布规律及监控模型方面进行了深入的研究，取得了一定的成就，但对于施工期的特高拱坝来说，大坝浇筑与封拱存在时间差，拱坝横缝灌浆后将形成整体，后续施工坝体自重将参与拱梁分载，因此，不能直接将全部后续浇筑自重作为其下部应力监控模型的影响因子；实际运行中的特高拱坝，工程规模大、水位高，且工作条件十分复杂，目前针对特高拱坝应力监控方面的研究主要集中于单测点、一维分析，单测点模型由于没有联合考虑监测序列的空间结构和时间特性，难以刻画特高拱坝不同区域的实际应力状态及应力演变规律；处于施工期的特高混凝土拱坝，由于其体型的特殊性以及施工荷载的复杂性，致使坝体应力变化频繁，应力是表征混凝土状态的重要指标，目前国内外学者在预警监控指标研究方面做了大量的工作，但特高拱坝作为高次超静定结构，局部单测点应力监控指标不等同于大坝整体安全性态，若能综合考虑大坝动态区域特征，由传统的局部分析转向整体结构分析，在整体把握特高拱坝应力性态的基础上，建立更精确有效的安全预警指标。

针对上述问题，本章针对考虑提前蓄水的施工期特高拱坝的实际工作性态，综合利用应力、环境量等多源时空监测信息的原型监测资料，结合特高拱坝结构系统力学特性和数值分析研究成果，建立考虑提前蓄水的特高拱坝施工期应力监控模型；利用大坝不同部位的关联信息和动态变化特征，考虑存在于横截面序列中的结构内在关联性，兼顾时间序列中的时间效应，基于面板数据理论，提出考虑提前蓄水的特高拱坝施工期应力时空分析模型的构建方法。在此基础上，基于面板聚类理论方法，提出特高拱坝应力测点的相似性指标判据，结合熵权法对特高拱坝应力进行分区，探究特高拱坝施工期提前蓄水工况下的应力演变规律，进一步寻找最危险区域并结合典型小概率法对其进行应力预警指标的拟定。

2.2　考虑提前蓄水的特高拱坝施工期应力监控统计模型

施工期是大坝失事的高发期，提前封拱蓄水使特高拱坝承受的荷载更加复杂；封拱灌浆后上部继续浇筑的混凝土自重将参与拱梁分载，不能直接将其全部自重作为下部应力监控模型的影响因子，同时考虑到施工期坝体混凝土为新浇筑混凝土，时效分量的主要成分为混凝土徐变。因此，传统的混凝土坝安全监控模型已不能完全满足考虑提前蓄水的施工期特高拱坝安全监控的需要。综合考虑施工期提前蓄水特高拱坝应力的各个影响因子，分析不同影响因子对特高拱坝应力的影响效果，选择不同的影响因子描述不同施工阶段应力的变化趋势，由此全面了解坝体内部应力随外界荷载的变化规律，以评价考虑提前蓄水的施工期特高拱坝安全状态。现将针对下部封拱蓄水上部继续浇筑上升时特高拱坝的应力分布特点，分析坝体自重、温度荷载、坝前水位、时效作用对坝体应力的影响，基于力学知识和坝工原理，推导自重因子的数学表达式；结合坝体混凝土加、卸载实验求证施工期坝体混凝土徐变的力学本构模型，修正传统施工期大坝应力监控模型，从而构建考虑提前蓄水的特高拱坝施工期应力监控模型。

2.2.1　应力影响因子的表征

2.2.1.1　混凝土应力自重分量的数学表达式

1. 未封拱阶段自重分量的数学表达式

施工初期，坝体混凝土逐层浇筑但尚未封拱，自重为拱坝水平截面垂直正应力的主要影响因素。取单位厚度的拱冠梁为研究对象，如图 2.1 所示。对于某一固定测点 P 来说，随着坝体的不断升高，测点 P 所在截面承受的坝体自重不断增大。测点 P 处由于混凝土自重产生的水平截面垂直正应力 e_h 也将随着大坝高度的上升而增加，现推导施工期自重因子的表达式。

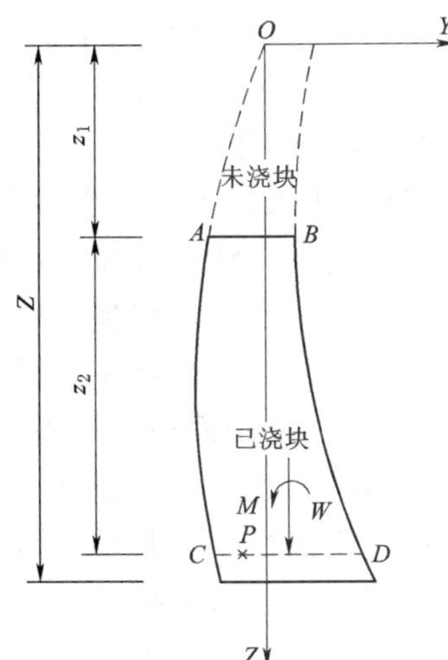

图 2.1　测点部位应力计算简图

结合特高拱坝形体特征以及材料力学知识，坝体最大、最小垂直正应力一般出现在坝体上、下游两端，计算 P 点垂直正应力 e_h，应先计算 C、D 两点垂直正应力。通过材料力学偏心受压公式计算 C 点和 D 点的垂直正应力为

$$\begin{cases} e_C = \dfrac{W}{T_2} + 6M/T_2^2 \\ e_D = \dfrac{W}{T_2} - 6M/T_2^2 \end{cases} \tag{2.1}$$

式中：e_C、e_D 分别为测点 P 所在水平截面上、下游边缘垂直正应力；W 为作用在测点 P 所在水平截面以上混凝土自重；M 为作用在测点 P 所在水平截面以上混凝土自重对截面形心的力矩；T_2 为测点 P 所在水平截面沿上、下游方向拱圈的厚度。

结合拱坝体形参数，由式（2.1）计算 C、D 两点处垂直正应力 e_C、e_D 为

$$\begin{cases} e_C=\dfrac{r_c z_2}{2}(T_1+T_2)/T_2+3T_1 r_c z_2\{[a_1 z_1-a_2(z_1^2+2z_1 z_2)]/ZT_2^2+(T_2-T_1)/2T_2^2\} \\ e_D=\dfrac{r_c z_2}{2}(T_1+T_2)/T_2-3T_1 r_c z_2\{[a_1 z_1-a_2(z_1^2+2z_1 z_2)]/ZT_2^2+(T_2-T_1)/2T_2^2\} \end{cases} \tag{2.2}$$

式中：r_c 为坝体混凝土容重；z_2 为测点 P 所在水平截面到坝体已浇块顶部的距离；z_1 为大坝总体未浇筑高度；T_1 为已浇筑坝体的顶部厚度；Z 为大坝整体高度；a_1、a_2 为拱坝的体形参数；其他参数意义同前。

测点 P 处的垂直正应力 e_h 为

$$\begin{aligned} e_h &= T_2(e_D-e_C)/L+e_C \\ &=\frac{r_c z_2}{2T_2}(T_1+T_2)/L+3T_1 r_c z_2(L-2T_2)\{[a_1 z_1-a_2(z_1^2+2z_1 z_2)]/ \\ &\quad ZT_2^2+(T_2-T_1)/2T_2^2 L\} \end{aligned} \tag{2.3}$$

式中：L 为测点 P 到上游坝面的水平距离。

将 $z_1=Z-z_2$ 代入到式（2.3）中，得

$$\begin{aligned} e_h=&\frac{r_c}{2T_2L}(\alpha z_2^3+\beta z_2^2+\gamma z_2+T_2 z_2)-\frac{3r_c}{2T_2^2L}(L-2T_2) \\ &\times(\alpha z_2^3+\beta z_2^2+\gamma z_2)[(a_2+\alpha)z_2^2+(a_1+\beta)z_2+a_2Z^2-a_1Z-T_2+\gamma] \end{aligned} \tag{2.4}$$

式中：α、β、γ 分别为拱坝的体型参数。

对于某一固定测点 P 来说，r_c、a_1、a_2、Z、L 和 T_2 均为常数，T_1 为 z_2 的二次方关系，其他参数同上。由式（2.4）可知，拱坝自重产生的应力与浇筑高度的 5 次方相关，故未封拱阶段混凝土自重因子表达式为

$$\sigma_G(H)=\sum_{i=1}^{5}a_i H^i \tag{2.5}$$

式中：H 为拱坝的浇筑总高度。

2. 下部封拱上部继续浇筑阶段自重分量的数学表达式

区别于特高拱坝未封拱阶段，下部封拱蓄水上部继续浇筑上升时，特高拱坝的自重分量不仅与坝体结构形态有关，而且与施工步骤及工序等因素也有关。随着坝体接缝灌浆、提前蓄水等施工工序的持续进行，已封拱高度的混凝土自

重产生的应力已在施工过程中完成，悬臂梁最终的应力状态是其自重产生的应力与拱梁分载法计算所得应力之和，不需要参与拱梁分载法的变位调整。对于下部封拱蓄水上部继续浇筑上升时来说，灌浆后浇筑的混凝土自重需要进行拱梁分载法中的变位调整，因此，在拱坝坝体应力计算时不能将其全部自重施加于悬臂梁。换言之，封拱之后其上部新浇混凝土自重分量表达式不能简单按照坝体持续上升但未封拱阶段的表达式计算。

设特高拱坝浇筑总高度为 H，其封拱高度为 h，由于已封拱高度部分的悬臂梁自重产生的应力在封拱前已完成，其应力为常数 σ_0，而新浇筑的混凝土要参与拱梁分载法中的变位调整，因此，根据前文自重分量表达式的推导，其自重表达式为

$$\sigma_{G新浇筑}(H,h)=\sum_{i=1}^{5}a_i(H-h)^i \tag{2.6}$$

综合上述分析，对于下部封拱蓄水上部继续浇筑上升时特高拱坝，其自重分量表达式应为封拱前自重产生应力与封拱后新浇筑混凝土自重所产生应力之和，因此，该阶段自重分量表达式为

$$\sigma_G(H,h)=\sigma_0+\sum_{i=1}^{5}a_i(H-h)^i \tag{2.7}$$

2.2.1.2 应力的温度分量

坝体内部一般埋设大量温度计对坝内环境变化进行监测，对于温度分量而言，其主要有混凝土水化热和外界温度影响，但坝体内部测点数量庞大，通过面积矩相等的原理，如图 2.2 所示，可对温度计测值进行一定程度的简化，即将坝体某一测点所在高程的温度计测值绘出温度分布图 OBCA（$T-x$），用 OBC′A′（T_e-x）代替，坝体平均温度 $\overline{T}$ 和温度梯度 β 作为温度影响因子。

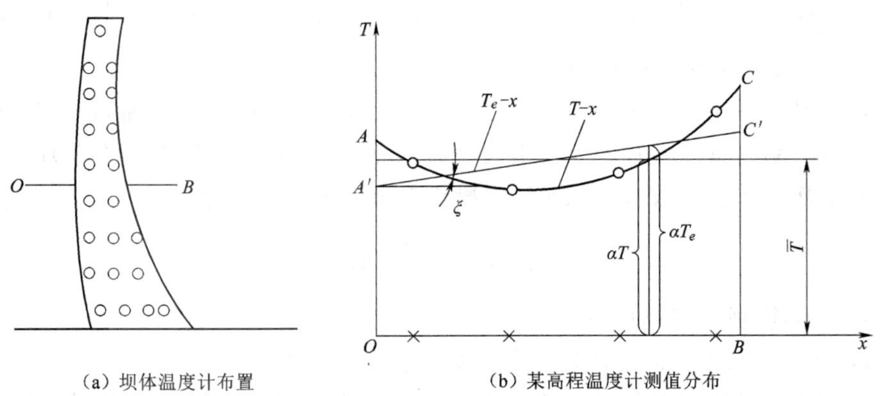

(a) 坝体温度计布置　　(b) 某高程温度计测值分布

图 2.2　等效温度和准稳定温度场计算简图

采用等效温度代替温度计测值后，温度分量的表达式为

$$\sigma_T = \sum_{i=1}^{m_2} b_{1i} \overline{T}_i + \sum_{i=1}^{m_2} b_{2i} \beta_i \tag{2.8}$$

式中：$\overline{T}_i$、β_i 分别为第 i 层等效温度的平均温度和梯度的变化值；m_2 为温度计的层数。

对于稳定温度场的坝体来说，当坝体内没有温度计、温度计失效或出现故障时，混凝土温度变化主要受水温和气温影响，考虑水温和气温做简谐变化，且只有一个相位差，此时采用多周期的谐波作为温度因子[136]，即

$$\sigma_T = \sum_{i=1}^{m_3} [b_{1i} \sin(2\pi it/365) + b_{2i} \cos(2\pi it/365)] \tag{2.9}$$

式中：$i=1$ 表示年周期，$i=2$ 表示半年周期；一般 m_3 取 1 或 2。

2.2.1.3 应力的水压分量

由坝工理论和力学知识可知，水压分量表达式可以用水位 H_1 的 n 次多项式表示，但因特高拱坝悬臂梁及水平拱圈的双重作用，水荷载 p_c 对特高拱坝呈现出非线性变化形式，如图 2.3 所示，故拱坝或连拱坝 n 取 4。

因此水压分量的表达式可表示为

$$\sigma_H(H) = \sum_{i=1}^{4} c_i H_1^i \tag{2.10}$$

式中：H_1 为水位。

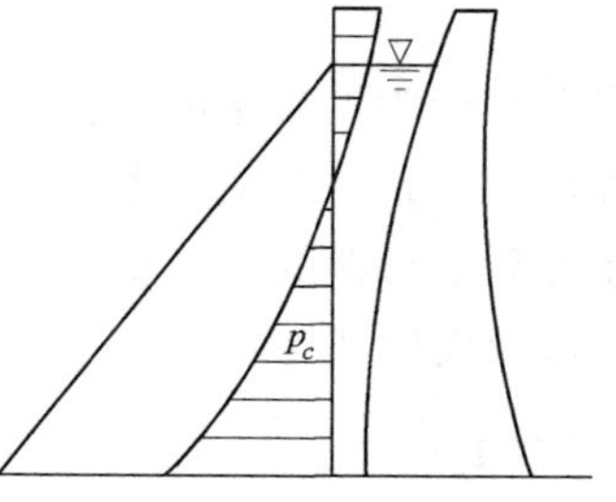

图 2.3 拱坝悬臂梁的分配荷载

2.2.1.4 应力的时效分量

处于施工期的混凝土坝，应力状态一直处于变化之中，其应力变化趋势的发展不仅与应变大小有关，且同应力作用时间关系密切，因此，可以通过构建混凝土力学本构模型，在找到应力-应变关系的基础上得到应力时效分量表达式。坝体混凝土内部应力、应变均与时间有关，但其内部变化机理自始至终都是一个黑箱[137]，力学元件本构模型[8]将有助于从概念上深层次地认识坝体混凝土应力应变特性，然而，在众多力学元件本构模型中，如何选取适合坝体混凝土的本构模型，是亟待解决的问题。

基于力学元件组合模型的思想，不同的黏弹塑性材料可用 15 种力学本构模型表达，通过对其分析可对各种流变性态的变形分量进行辨识和分离，并分别确定其流变力学模型参数，利用材料在不同应力水平下的加卸载蠕变试验结果，可按三个步骤对 15 种流变性态进行辨识，见表 2.1。因此，通过力学本构模型辨识表可以准确得到某种特定的黏弹塑性材料的力学本构模型。大量的工程实践表明，在应力长时间作用下，坝体混凝土会产生黏弹塑性变形，其总应变包括弹性应变、黏性应变以及塑性应变三部分。因此，针对坝体混凝土徐变特性及其试件在不同应力水平下的加、卸载试验曲线，构建适合坝体混凝土的力学

本构模型，建立相应的本构方程，从而得到应力时效分量表达式。

（1）在较低应力水平下，即 $\sigma \leqslant \min(\sigma_{s1},\ \sigma_{s2})$，其中 σ_{s1}、σ_{s2} 为统一力学本构模型中的塑性屈服应力，经过现场观测和室内试验表明，在荷载作用下，坝体混凝土材料首先产生瞬时线弹性应变，继而产生徐变变形，并随着时间的推移，徐变变形逐渐增大，最终达到稳定值，混凝土徐变曲线如图 2.4 所示，从图 2.4 中可以看出，混凝土的徐变曲线为衰减流变，而且没有流变下限。

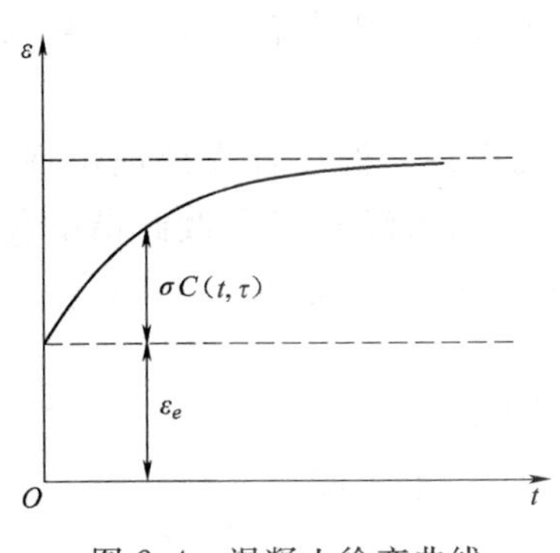

图 2.4　混凝土徐变曲线

在任意时刻 t，混凝土的总应变为

$$\varepsilon = \varepsilon_e + \varepsilon_c(t) = \frac{\sigma}{E} + \sigma C(t,\tau) \tag{2.11}$$

其中

$$C(t,\tau) = C[1 - e^{-\lambda(t-\tau)}] \tag{2.12}$$

式中：ε_e 为混凝土的弹性变形；$\varepsilon_c(t)$ 为混凝土的徐变变形；E 为混凝土的弹性模量；$C(t,\ \tau)$ 为混凝土的徐变度，表示在单位应力作用下的徐变量，用来描述混凝土材料的徐变特性，徐变度是龄期 t 及时间 τ 的函数，C 为徐变总量，λ 为徐变发展速度。

表 2.1　力学本构模型辨识类型

<table>
<tr><th rowspan="2">模型编号</th><th rowspan="2">力学性态</th><th rowspan="2">模型结构</th><th rowspan="2">模型名称</th><th colspan="2">变形曲线类型</th><th rowspan="2">蠕变应变与滞后回弹应变的关系</th><th rowspan="2">定常蠕变速率与应力的关系</th></tr>
<tr><th>低应力</th><th>高应力</th></tr>
<tr><td>1</td><td>黏弹塑性</td><td>H－H|N|S</td><td>Murayama 模型</td><td rowspan="3">无蠕变</td><td>衰减蠕变</td><td></td><td></td></tr>
<tr><td>2</td><td>黏塑性</td><td>H－N|S</td><td>Bingham 模型</td><td>定常蠕变</td><td></td><td></td></tr>
<tr><td>3</td><td>黏弹塑性-黏弹性</td><td>H－H|N|S－N|S</td><td>Modified Schofield－Scott－Blair 模型</td><td>两者兼有[①]</td><td></td><td></td></tr>
<tr><td>4</td><td>黏弹性</td><td>H－H|N</td><td>Kelvin 模型</td><td rowspan="4">衰减蠕变</td><td rowspan="2">衰减蠕变</td><td>$\varepsilon_c(t)=\varepsilon_{ce}(t)$</td><td></td></tr>
<tr><td>5</td><td>黏弹性-黏弹塑性</td><td>H－H|N－H|N|S</td><td>—</td><td>$\varepsilon_c(t)>\varepsilon_{ce}(t)$</td><td></td></tr>
<tr><td>6</td><td>黏弹性-黏塑性</td><td>H－H|N－N|S</td><td>西原模型</td><td rowspan="2">两者兼有</td><td>$\varepsilon_{c1}(t)=\varepsilon_{ce}(t)$</td><td></td></tr>
<tr><td>7</td><td>黏弹性-黏弹塑性-黏塑性</td><td>H－H|N－H|N|S－N|S</td><td>Schfueld 模型</td><td>$\varepsilon_{c1}(t)>\varepsilon_{ce}(t)$</td><td></td></tr>
</table>

续表

<table>
<tr><th rowspan="2">模型编号</th><th rowspan="2">力学性态</th><th rowspan="2">模型结构</th><th rowspan="2">模型名称</th><th colspan="2">变形曲线类型</th><th rowspan="2">蠕变应变与滞后回弹应变的关系</th><th rowspan="2">定常蠕变速率与应力的关系</th></tr>
<tr><th>低应力</th><th>高应力</th></tr>
<tr><td>8</td><td>黏性</td><td>H-N</td><td>Maxwell 模型</td><td rowspan="4">定常蠕变</td><td rowspan="2">定常蠕变</td><td></td><td>$\dot{\varepsilon}_{cs}/\sigma=\mathrm{const}$</td></tr>
<tr><td>9</td><td>黏性-黏塑性</td><td>H-N-N|S</td><td>—</td><td></td><td>$\dot{\varepsilon}_{cs}/\sigma\neq\mathrm{const}$</td></tr>
<tr><td>10</td><td>黏弹塑性-黏性</td><td>H-H|N|S-N</td><td>Schwedloff 模型</td><td rowspan="2">两者兼有</td><td></td><td>$\dot{\varepsilon}_{cs}/\sigma=\mathrm{const}$</td></tr>
<tr><td>11</td><td>黏性-黏塑性-黏弹塑性</td><td>H-H|N|S-N-N|S</td><td>—</td><td></td><td>$\dot{\varepsilon}_{cs}/\sigma\neq\mathrm{const}$</td></tr>
<tr><td>12</td><td>黏弹性-黏性</td><td>H-H|N-N</td><td>Burgers</td><td rowspan="4">两者兼有</td><td rowspan="4">两者兼有</td><td rowspan="2">$\varepsilon_{ct}(t)=\varepsilon_{ce}(t)$</td><td>$\dot{\varepsilon}_{cs}/\sigma=\mathrm{const}$</td></tr>
<tr><td>13</td><td>黏弹性-黏性-黏塑性</td><td>H-H|N-N-N|S</td><td>孙均模型</td><td>$\dot{\varepsilon}_{cs}/\sigma\neq\mathrm{const}$</td></tr>
<tr><td>14</td><td>黏弹性-黏弹塑性-黏性</td><td>H-H|N-H|N|S-N</td><td>—</td><td rowspan="2">$\varepsilon_{ct}(t)>\varepsilon_{ce}(t)$</td><td>$\dot{\varepsilon}_{cs}/\sigma=\mathrm{const}$</td></tr>
<tr><td>15</td><td>黏弹性-黏弹塑性-黏性-黏塑性</td><td>H-H|N-H|N|S-N-N|S</td><td>统一力学本构模型</td><td>$\dot{\varepsilon}_{cs}/\sigma\neq\mathrm{const}$</td></tr>
</table>

① “两者兼有”指定常蠕变和衰减蠕变两者兼有；$\varepsilon_c(t)$ 为混凝土的徐变变形；$\varepsilon_{ce}(t)$ 为滞后回弹变形；$\varepsilon_{c1}(t)$ 为衰减蠕变变形；$\dot{\varepsilon}_{cs}(t)$ 为定常蠕变的速率。

同时，式（2.11）也可以改写成

$$\frac{\mathrm{d}\varepsilon_c}{\mathrm{d}t}=a\sigma+b\varepsilon_c \tag{2.13}$$

式中：a 和 b 均为混凝土的材料参数。

式（2.13）与黏弹性体具有一致的本构方程，对混凝土来说其徐变性能即为黏弹性，黏弹性流变是存在滞后效应的流变，但最终可以恢复，因此，混凝土的滞后回弹应变等于衰减流变。

（2）当 $\sigma\geqslant\max(\sigma_{s1},\sigma_{s2})$ 时，即在较高应力水平下，混凝土会产生加速流变，该过程类似岩石的加速流变，由缓慢流变直接过渡到加速流变阶段，加速流变阶段出现的时间随着应力水平的提高越来越提前。此时，混凝土的流变曲线不但包含衰减流变，而且还包含定常流变。

综上所述，针对坝体混凝土在高应力和低应力下的流变特性，其衰减流变变形始终与滞后回弹变形相等，因此坝体混凝土本构模型采用西原模型，西原模型可以全面描述坝体混凝土在各种荷载水平作用下的变形，其力学组合元件本构模型如图 2.5 所示。

其本构方程为

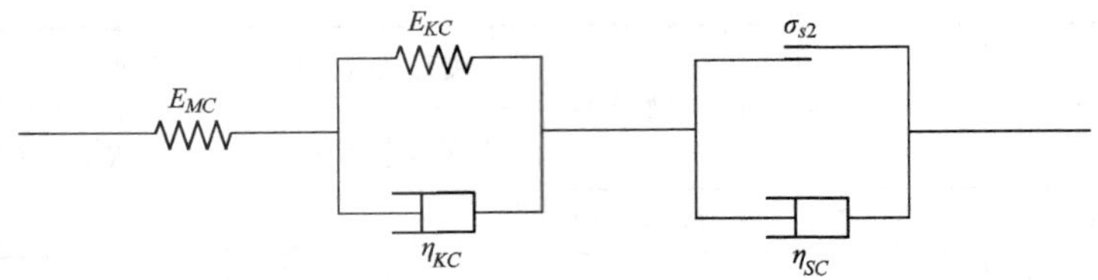

图 2.5 坝体混凝土的力学本构模型

$$\begin{cases} \sigma \leqslant \sigma_{s2} & \varepsilon = \dfrac{\sigma}{E_{MC}} + \dfrac{\sigma}{E_{KC}}\left[1-\exp\left(-\dfrac{E_{KC}}{\eta_{KC}}t\right)\right] \\ \sigma > \sigma_{s2} & \varepsilon = \dfrac{\sigma}{E_{MC}} + \dfrac{\sigma}{E_{KC}}\left[1-\exp\left(-\dfrac{E_{KC}}{\eta_{KC}}t\right)\right] + \dfrac{\sigma-\sigma_{s2}}{\eta_{SC}}t \end{cases} \tag{2.14}$$

式中：σ_{s2} 为塑性屈服应力；E_{MC} 为坝体混凝土弹性模量；E_{KC} 为坝体混凝土黏弹性模量；η_{KC} 为坝体混凝土黏滞系数。

式（2.14）第一个方程由两个变形组成，考虑坝体混凝土刚浇筑成形，其受力小于塑性屈服应力，即 $\sigma \leqslant \sigma_{s2}$；因此，混凝土徐变变形可表示为

$$\varepsilon_c = \frac{\sigma}{E_{KC}}\left[1-\exp\left(-\frac{E_{KC}}{\eta_{KC}}t\right)\right] \tag{2.15}$$

式（2.15）可改写为

$$\sigma = \varepsilon_c E_{KC}\left[1-\exp\left(-\frac{E_{KC}}{\eta_{KC}}t\right)\right]^{-1} \tag{2.16}$$

由式（2.16）可知，当应变恒定时，应力为时间 t 的函数，且 E_{MC}、E_{KC}、η_{KC} 均为常数，故式（2.16）可表达为

$$\sigma_C(t) = d_1(1-e^{-r_1 t})^{-1} \tag{2.17}$$

2.2.2 考虑提前蓄水的施工期特高拱坝应力监控统计模型的构建

综上所述，考虑提前蓄水的施工期特高拱坝应力监控统计模型应为自重分量、水压分量、温度分量与时效分量之和，故其综合表达式为

$$\sigma(H,h,H_1,T,t) = \sigma_0 + \sum_{i=1}^{5} a_i (H-h)^i + \sum_{i=1}^{m_2} b_{1i}\overline{T}_i + \sum_{i=1}^{m_2} b_{2i}\beta_i + \sum_{i=1}^{4} c_i H_1^i + d_1(1-e^{-r_1 t})^{-1} \tag{2.18}$$

或
$$\sigma(H,h,H_1,t) = \sigma_0 + \sum_{i=1}^{5} a_i (H-h)^i + \sum_{i=1}^{m_3}\left[b_{1i}\sin(2\pi i t/365) + b_{2i}\cos(2\pi i t/365)\right] + \sum_{i=1}^{4} c_i H_1^i + d_1(1-e^{-r_1 t})^{-1} \tag{2.19}$$

2.3 考虑提前蓄水的特高拱坝施工期应力时空分析模型

2.2 节推导了特高拱坝未封拱阶段和下部封拱蓄水上部继续浇筑阶段混凝土自重因子的数学表达式，构建了考虑提前蓄水特高拱坝施工期应力监控统计模型。实际运行中的特高拱坝，坝高库大，承受多因素荷载的协同作用，且服役环境异常多变，导致工作性态十分复杂，目前针对特高拱坝应力监控方面的研究主要集中于单测点的一维模型分析。上述单测点模型由于没有联合考虑监测序列的空间结构和时间特性，难以刻画特高拱坝不同区域的实际应力状态及应力演变规律。鉴于上述问题，利用大坝不同部位的关联信息和动态变化特征，考虑存在于横截面序列中的结构内在关联性，兼顾时间序列中的时间效应，基于面板数据理论，在上一节考虑提前蓄水特高拱坝施工期应力监控统计模型的基础上，建立特高拱坝施工期应力变截距面板模型，应用 Hausman 检验方法对面板数据中特异效应量进行检验，依此进一步构建考虑提前蓄水的特高拱坝施工期应力时空分析模型。

2.3.1 特高拱坝监测信息的时空特性

坝体内常布置有大量监测仪器，大量原型监测数据为评价大坝运行状态提供了基础。作为同时具有时间和空间多维数据结构的特高混凝土拱坝，有必要对监测数据进行分析和挖掘，通过数据分析处理，找出关键信息，有效解释效应量之间关联性以及测点之间的差异性等问题，及时掌握特高拱坝坝体应力特征、发展趋势和演变规律。

2.3.1.1 应力监测数据的时间序列

特高拱坝应力的时间序列表示系统结构应力随时间变化的过程，是一个随机变量，可以用 y_t 表示，特高拱坝应力的时间序列 $\{y_t\}$ 的基本统计学特征一般可以用均值函数、协方差函数及自相关函数等来描述。

（1）均值函数，设 $\{y_t\}$ 的均值函数可以表示为

$$u(t)=E[y_t]\quad (t=1,2,3,\cdots) \tag{2.20}$$

一般来说，应力值是一个随机变量，但固定 t，$u(t)$ 即为定值。当 t 变化时，$u(t)$ 则是 t 的函数，为 y_t 中所有样本函数在 t 时刻函数值的平均。

（2）自协方差函数，应力值 $\{y_t\}$ 的自协方差函数为

$$\gamma(t,s)=\mathrm{cov}(y_t,y_s)=E[(y_t-u(t))(y_s-u(s))]\quad (t,s=1,2,3,\cdots) \tag{2.21}$$

如果 $t=s$，则有

$$\gamma(t,t)=E[y_t-u(t)]^2=\mathrm{var}(y_t) \tag{2.22}$$

称为时间序列 y_t 的方差函数，记为 σ_t^2，表示 y_t 在 t 时刻对于均值 $u(t)$ 的偏离程度。

（3）自相关函数，应力值 $\{y_t\}$ 的自相关函数定义为

$$\rho(t,s)=\frac{\gamma(t,s)}{\sqrt{\gamma(t,t)}\sqrt{\gamma(s,s)}} \tag{2.23}$$

自相关函数表示在不同时刻随机变量的线性相关程度。

处于施工期的特高混凝土拱坝，除承受常规荷载作用外，还可能承受各种非常规荷载及特殊作用的影响，要全面掌握其真实的应力特征，还需对可能经受的偶然荷载、不利荷载组合作用下的应力响应以及施工期大坝应力性态演变过程进行研究。仅从监测时间序列分析坝体某单一部位的应力状态，将会出现以下问题：①不能表现出特高拱坝应力演变特征；②当监测数据出现缺失或错误时，分析结果往往不够准确或缺乏数据支撑；③特高拱坝应力影响因子繁多，影响因子之间的共线性问题较为突出，且受应力与其影响因素之间非确定性复杂关系的干扰，难以保证模型的拟合精度和稳健性。

2.3.1.2　应力监测数据的横截面序列

特高拱坝监测点一般安装于大坝、岸坡及坝基、库盘等位置，目的是全面掌握特高拱坝的工作状态，如图 2.6 所示。多部位、多高程的监测点形成了一张监测网，全面监测特高拱坝整体结构系统。

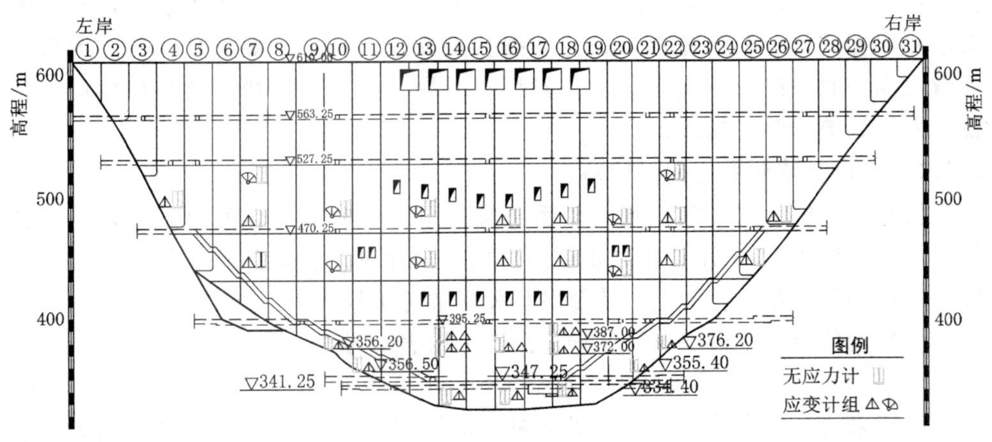

图 2.6　大坝测点监测布置图

各点对坝体内不同效应量（应变、渗流量、温度等）进行监测记录形成监测序列，对于某一时间来说（时间段或时间点），各监测序列反映了坝体各部位不同的工作性态，此时监测点中所有监测值构成了大坝整体横截面序列 $x_i=\{x_1, x_2, \cdots, x_N\}$（$N$ 为监测点个数）。对上述时空数据进行整理分析，即可真实反映出特高拱坝的实际工作性态，又可反映出特高拱坝不同部位之间的关

联性与差异性。特高拱坝作为一个复杂的动态结构，以往单纯从时间维度或空间维度对其进行分析显然较为片面，由于面板数据理论能同时从时间和空间维度表征和解释变量之间共线性和观测个体之间的差异性，因此，本章基于此理论研究特高拱坝应力性态的演变规律。

2.3.1.3 应力监测数据的面板数据格式

特高拱坝各测点不间断工作为大坝安全分析提供了大量原位监测资料，通过对原型资料进行转换得到应力数据面板格式矩阵，即

$$[y_{it}]=\begin{bmatrix} y_{11} & y_{12} & \cdots & y_{1t} \\ y_{21} & y_{22} & \cdots & y_{2t} \\ \vdots & \vdots & \ddots & \vdots \\ y_{i1} & y_{i2} & \cdots & y_{it} \end{bmatrix} \quad (i=1,2,\cdots,N;t=1,2,\cdots,T) \tag{2.24}$$

式中：i 为监测点个数；t 为监测时间；$[y_{it}]$ 中有两个维度信息，即横截面维度 N 和时间维度 T。

上述监测数据的面板格式包含了坝体各个部位的有效信息，与单一的横截面序列和时间序列相比，同时具备了时间维度和空间结构维度两种数据结构形式。特高拱坝属于高次超静定的空间壳体结构，由于受加载方式、边界条件、材料特性等多因素影响，即使坝体某一部位超出应力极限而产生裂缝，坝体应力也会自行调整，换言之，特高拱坝某一部位破坏并不代表整个坝体的失效，特高拱坝整体处于动态变化之中，同时大坝各部位之间差异性较大，整体应力分布呈现出区域性特征，以往基于单测点的研究忽略了测点与测点之间的异质性，不能全面掌握坝体的实际运行状态。根据上述特高拱坝应力监测数据特征，可以看出特高拱坝的监测数据同时兼顾了横截面数据和时间序列的面板数据特征，为研究结构内在关联性和动态变化过程奠定基础，下面将基于面板数据理论研究施工期特高拱坝时空监控模型的构建方法，有效挖掘应力原型监测数据中的时空信息，有效掌握施工期特高拱坝应力性态的演变规律。

2.3.2 特高拱坝施工期应力变截距面板模型

2.3.2.1 应力分量的选取

特高拱坝应力影响因素复杂，为使模型尽可能充分地刻画大坝应力演变过程，结合坝工理论和安全监控知识，对组成大坝应力效应量表达式进行分析。

1. 效应量的构成

特高拱坝受外界环境变化导致坝体内部受荷情况不断改变，究其原因主要包括水压、温度和时效三部分。同时，坝体任意部位应力矢量分为径向水平应力 σ_x、切向水平应力 σ_y 和垂直应力 σ_z，如图 2.7 所示。但对于施工期特高拱坝而言，已有的坝体测点在承受环境变量不断变化的同时还伴随着坝体的不断上

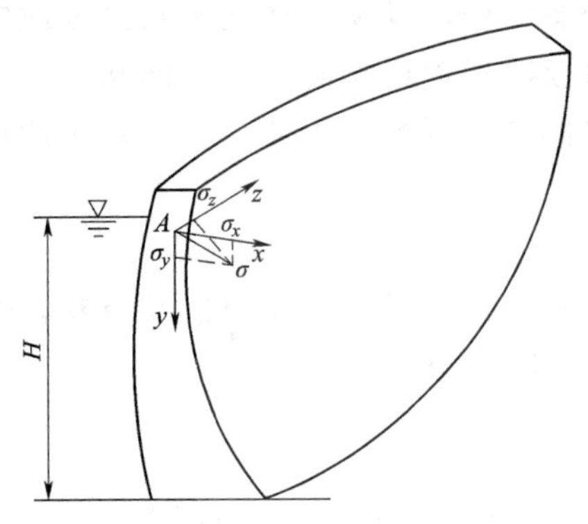

图 2.7　应力效应量组成示意

升，因此，针对施工期这一工况，测点效应量还应包括坝体不断浇筑上升时带来的混凝土自重分量，故任意应力分量应该分解为自重分量 σ_G、温度分量（σ_T）、水压分量（σ_H）和时效分量（σ_θ），其表达式为

$$\sigma(\sigma_x \text{ 或 } \sigma_y \text{ 或 } \sigma_z)=\sigma_G+\sigma_H+\sigma_T+\sigma_\theta \tag{2.25}$$

2. 效应量具体表达式

为了使应力分析模型尽量包含拱坝应力的主要影响因素，结合特高拱坝应力的主要影响因素及施工期结构系统力学特性对应力的影响，引入各分量的计算表达式如下：

（1）自重分量

$$\sigma_{G\text{新浇筑}}(x,y,z,H,h,t)=\sum_{i=1}^{5}a_i(H-h)^i \tag{2.26}$$

（2）温度分量

$$\sigma_T(x,y,z,\overline{T},\beta_i,t)=\sum_{i=1}^{m_2}b_{1i}\overline{T}_i+\sum_{i=1}^{m_2}b_{2i}\beta_i \tag{2.27}$$

或

$$\sigma_T(x,y,z,t)=\sum_{i=1}^{m_3}[b_{1i}\sin(2\pi it/365)+b_{2i}\cos(2\pi it/365)] \tag{2.28}$$

（3）水压分量

$$\sigma_H(x,y,z,H_1,t)=\sum_{i=1}^{4}c_iH_1^i \tag{2.29}$$

（4）时效分量

$$\sigma_\theta(x,y,z,t)=d_1(1-\mathrm{e}^{-r_1t})^{-1} \tag{2.30}$$

即

$$\sigma(x,y,z,H,h,H_1,\overline{T},\beta_i,t)=\sigma_0+\sum_{i=1}^{5}a_i(H-h)^i+\sum_{i=1}^{m_2}b_{1i}\overline{T}_i+\sum_{i=1}^{m_2}b_{2i}\beta_i+\sum_{i=1}^{4}c_iH_1^i+d_1(1-\mathrm{e}^{-r_1t})^{-1} \tag{2.31}$$

式中：（x，y，z）为应力监测所处的某一点位置；t 为监测时间。

经过上述分析可知，特高拱坝施工期坝体任意部位应力监测值可视为一随机变量，通过自重、水压、温度及时效的表达式对其进行描述，但对于实际工程而言，如图 2.8 所示，坝体应力测点 A、B、C、D 分别处于坝顶背水面、坝顶内部、岸坡处和坝基，在相同荷载作用下，其应力大部分可被各影响因子（自重、水压、温度、时效）解释，但由于力矩及荷载作用点分布不同，导致测点 C、D 与测点 A、B 有着截然不同的应力演变过程和应力状态，若使用简单多项式对其解释将带来影响因子之间共线性问题，模型解释力差且拟合效果不佳。对于特高拱坝而言，坝体不同部位由于受加载方式、边界条件、材料特性等多因素协同作用，各测点应力演变规律不尽相同，高坝大库导致坝体应力不断增大的同时，测点应力状况差异也在不断增大，更应该考虑不同测点之间应力效应量带来的不同影响。因此，在拟引入面板数据理论的基础上，针对影响特高拱坝的多种因素，采用应力特异效应量 α_i 对其进行刻画，构建考虑提前蓄水的特高拱坝施工期应力时空分析模型。

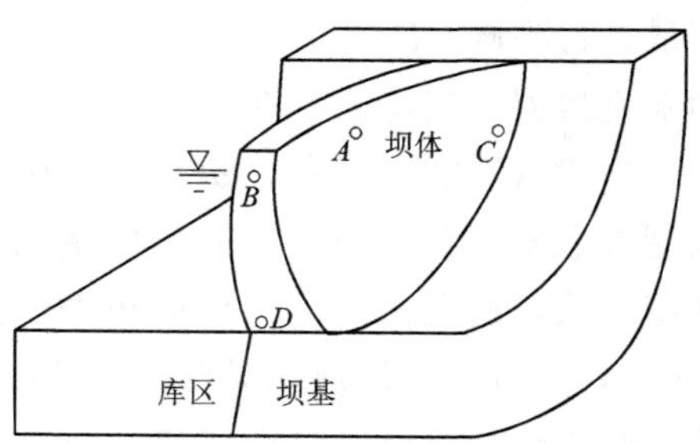

图 2.8　特高拱坝不同测点应力特异效应量示意

2.3.2.2　应力变截距面板模型

1. 应力变截距面板模型的普通形式

变截距面板模型的表达式为

$$\boldsymbol{Y}_{it}=\boldsymbol{\beta X}_{it}+\boldsymbol{\alpha}+\boldsymbol{u}_{it}\quad(i=1,2,\cdots,N;t=1,2,\cdots,T)\tag{2.32}$$

其中

$$\begin{cases}\boldsymbol{X}_{it}=\begin{bmatrix}\boldsymbol{x}_{11} & \boldsymbol{x}_{12} & \cdots & \boldsymbol{x}_{1t}\\ \boldsymbol{x}_{21} & \boldsymbol{x}_{22} & \cdots & \boldsymbol{x}_{2t}\\ \vdots & \vdots & \ddots & \vdots\\ \boldsymbol{x}_{i1} & \boldsymbol{x}_{i2} & \cdots & \boldsymbol{x}_{it}\end{bmatrix}\\ \boldsymbol{Y}_{it}=\begin{bmatrix}y_{11} & y_{12} & \cdots & y_{1t}\\ y_{21} & y_{22} & \cdots & y_{2t}\\ \vdots & \vdots & \ddots & \vdots\\ y_{i1} & y_{i2} & \cdots & y_{it}\end{bmatrix}\end{cases}\quad(i=1,2,\cdots,N;t=1,2,\cdots,T)$$

式中：$\boldsymbol{Y}_{it}$ 为大坝的应力面板序列，y_{it} 为第 i 个测点 t 时期的应力监测值；$\boldsymbol{X}_{it}$ 为自变量，其中，$\boldsymbol{x}_{it}$ 是 $1\times K$ 阶向量，K 为自变量个数，结合特高拱坝的力学特性，选取应力最主要的影响因子作为计算公式，则 $\boldsymbol{x}_{it}=[1,(H-h)_t^1,(H-h)_t^2,\cdots,(1-\mathrm{e}^{-r_1 t})^{-1}]^{\mathrm{T}}$；$\boldsymbol{\alpha}$ 为纯量常数，它表示在特定情况下某些尚未探究的影响因素产生的特异效应量，这些特有的影响因素（如加载方式、材料特性、边界条件、坝体型态等）很难被模型中现有的应力效应量所表示，因此，为防止模型中各变量出现异质性，采用 $\boldsymbol{\alpha}$ 对特高拱坝各测点之间出现的个体特异效应量进行刻画；$\boldsymbol{\beta}=[a_0, a_1, \cdots, d_1]^{\mathrm{T}}$ 为待估参数；$\boldsymbol{u}_{it}$ 作为模型中独立同分布的随机误差，其均值为 0、方差为 σ^2。

当式（2.32）中参数 $\boldsymbol{\alpha}$ 和 $\boldsymbol{\beta}$ 不随应力测点和时间的改变而改变，则表示不同测点之间不存在个体特异效应量的差异性，此时变截距模型与传统统计回归模型一致，满足传统统计回归模型所具有的统计学特征（无偏性、有效性及一致性），已有的成果通过对传统统计回归模型中的参数估计、无偏性检验、显著性检验、统计决策等进行了细致分析和研究。但对实际工程而言，不同监测点之间的个体特异效应差异是客观存在的，若不能对其进行精准刻画和描述，将对模型产生较大的估计偏差。考虑到普通变截距面板模型中个体效应量为纯量常数，不具有显著性差异，而特高拱坝各测点应力表现则不尽相同，高坝大库导致坝体应力不断增大的同时，测点应力状态差异也随之不断增大，故引入随测点变化的特异效应量对特高拱坝实际情况进行更为精准的描述，因此，以下将讨论特异效应量不同的选择形式，由此对应力变截距固定效应和随机效应模型进行选择。

2. 应力固定效应面板模型

通过引入表征测点差异性变化的特异效应量 α_i，将式（2.32）变截距面板模型的一般形式进行改进，得应力固定效应面板模型，即

$$\sigma=F(\cdot)+\alpha_i+\varepsilon=f(H,h,H_1,T,\theta)+\alpha_i+\varepsilon \tag{2.33}$$

式中：$F(\cdot)$ 为施工期特高拱坝应力固定效应面板模型中的变量解释部分，由影响特高拱坝应力的各影响因子组成，可被自重、水压、温度、时效等效应分量所解释，其中 H 为已浇筑高程，h 为已封拱高程，H_1 为坝体上游水位，T 为温度测值，θ 为应力在时间作用下的影响因素；α_i 为随测点变化的固定效应量；ε 为随机误差。

施工期特高拱坝应力固定效应面板模型的矩阵形式为

$$\boldsymbol{Y}_{it}=\boldsymbol{X}_{it}\boldsymbol{\beta}+\boldsymbol{\alpha}_i+\boldsymbol{u}_{it}\quad(i=1,2,3,\cdots,N;t=1,2,3,\cdots,T) \tag{2.34}$$

式中：$\boldsymbol{Y}_{it}$ 为具有面板数据格式的特高拱坝全部监测序列；$\boldsymbol{X}_{it}$ 为自变量，由特高拱坝应力的主要影响因素构成；参数 $\boldsymbol{\beta}$ 不随测点 i 和 t 时间变化，$\boldsymbol{\beta}=[a_0, a_1, \cdots, d_1]^{\mathrm{T}}$；$\boldsymbol{\alpha}_i$ 是表示特高拱坝不同应力监测点之间固有的特异效应量，以此来描述应力测点之间的差异性；$\boldsymbol{\alpha}_i=(\alpha_1, \alpha_2, \alpha_3, \cdots, \alpha_N)$ 和 $\boldsymbol{\beta}$ 为待定参数，则施工期特高拱坝应力固定效应面板模型的矩阵形式可以进一步表示为

$$\boldsymbol{Y}=\begin{bmatrix}\boldsymbol{y}_1\\ \vdots\\ \boldsymbol{y}_i\\ \boldsymbol{y}_N\end{bmatrix}=\begin{bmatrix}\boldsymbol{e}\\ 0\\ \vdots\\ 0\end{bmatrix}\alpha_1+\begin{bmatrix}0\\ \boldsymbol{e}\\ \vdots\\ 0\end{bmatrix}\alpha_2+\cdots+\begin{bmatrix}0\\ 0\\ \vdots\\ \boldsymbol{e}\end{bmatrix}\alpha_N+\begin{bmatrix}\boldsymbol{x}_1\\ \vdots\\ \boldsymbol{x}_i\\ \boldsymbol{x}_N\end{bmatrix}\beta+\begin{bmatrix}\boldsymbol{u}_1\\ \vdots\\ \boldsymbol{u}_i\\ \boldsymbol{u}_N\end{bmatrix} \tag{2.35}$$

其中 $y_i=\begin{bmatrix}y_{i1}\\y_{i2}\\\vdots\\y_{iT}\end{bmatrix}$， $x_i=\begin{bmatrix}x_{1it}&x_{2it}&\cdots&x_{Kit}\\x_{1i2}&x_{2i2}&\cdots&x_{Ki2}\\\vdots&\vdots&&\vdots\\x_{1iT}&x_{2iT}&\cdots&x_{KiT}\end{bmatrix}$， $e=\begin{bmatrix}1\\1\\\vdots\\1\end{bmatrix}$，$u_i=\begin{bmatrix}u_{i1}\\u_{i2}\\\vdots\\u_{iT}\end{bmatrix}$

3. 应力随机效应面板模型

若将变截距面板模型中定常参数用随机变量表示，此时模型将通过两个部分对特高拱坝实际应力状态进行描述，已知应力效应量重点刻画监测值中的应力主要部分，随机变量则表示特高拱坝中不同应力测点的差异性，即 α_i 为应力随机效应面板模型中的随机变量，下面对应力随机效应面板模型进行详细论述。

根据式（2.32)、式（2.34)，施工期特高拱坝应力随机效应面板模型的矩阵形式可以进一步表示为

$$\boldsymbol{Y}_{it}=\boldsymbol{X}_{it}\boldsymbol{\beta}+\boldsymbol{\alpha}_i+\boldsymbol{\varepsilon}_{it}\quad(i=1,2,3,\cdots,N;t=1,2,3,\cdots,T)\tag{2.36}$$

式中：$\boldsymbol{X}_{it}$ 为自变量；$\boldsymbol{\beta}=[a_0,\ a_1,\ \cdots,\ d_1]^{\mathrm{T}}$；$\boldsymbol{\varepsilon}_{it}$ 满足 $E(\boldsymbol{\varepsilon}_{it}|\boldsymbol{x}_{i1},\cdots,\boldsymbol{x}_{iT})=0$ 和 $\boldsymbol{\varepsilon}_{it}\sim(0,\sigma_s^2)$；$\boldsymbol{\alpha}_i$ 为表征大坝不同测点间差异性的随机效应量，对于大坝所有测点 i 和时间 t，$\boldsymbol{\alpha}_i$ 均满足 $E(\alpha_{it}|\boldsymbol{x}_{i1},\cdots,\boldsymbol{x}_{iT})=0$，$E(\boldsymbol{\alpha}_i^2)=\sigma_a^2$，$E(\boldsymbol{\alpha}_i\boldsymbol{\alpha}_j)=0(i\neq j)$，$E(\varepsilon_{it}\alpha_j)=0$，在外界复杂条件下不同测点部位产生的特异效应量通过随机变量进行刻画，且根据 $\boldsymbol{\alpha}_i$ 的分布对大坝不同部位的应力差异性进行描述，进一步反映特高拱坝不同区域之间的关联性。

以上研究表明，通过应力自变量参数和特异效应量对特高拱坝施工期应力值进行描述，可以合理区分特高拱坝实际施工和运行过程中不同区域的外界条件对应力监测值的不同响应，但针对特异效应量取值的两种情况，如何区分面板模型中特异效应量为固定效应还是随机效应也是亟须解决的问题，以下将通过应力监测序列中随机误差项与变量之间的相关性检验对模型型式进行选择，以确定模型为固定效应模型还是随机效应模型。

2.3.3 变截距面板模型的选择

变截距面板模型的选择主要任务是确定特异效应量形式，由上可知，特异效应量分为固定量和随机变量，Hausman 等提出通过对随机误差项与变量之间的相关性检验来确定特异效应量的选择形式，再通过比对有效估计量和非有效估计量的差值是否为零来检验是否满足原假设情况，由此来选择固定效应模型及随机效应模型。

Hausman 设定

$$\hat{\boldsymbol{q}}_1=\hat{\boldsymbol{\beta}}_{\mathrm{GLS}}-\hat{\boldsymbol{\beta}}_{\mathrm{within}}\tag{2.37}$$

其中 $\boldsymbol{\beta}_{\mathrm{GLS}}=(\boldsymbol{X\Omega}^{-1}\boldsymbol{X})^{-1}\boldsymbol{X\Omega}^{-1}\mu+\boldsymbol{\beta}$，$\hat{\boldsymbol{\beta}}_{\mathrm{within}}=(\boldsymbol{X}^{\mathrm{T}}\boldsymbol{Q}\boldsymbol{X})^{-1}\boldsymbol{X}^{\mathrm{T}}\boldsymbol{Q}\mu+\boldsymbol{\beta}$

式中：$\hat{\boldsymbol{\beta}}_{\text{within}}$为组内估计量；$\boldsymbol{\beta}$ 为斜率向量，且有 $\boldsymbol{\beta}=[a_0,a_1,\cdots,d_1]^{\mathrm{T}}$。

原假设为 $H_0:E(\nu_{it}|\boldsymbol{X}_{it})=0$；备择假设为 $H_1:E(\nu_{it}|\boldsymbol{X}_{it})\neq 0$。当原假设 H_0 成立时，有效估计量与非有效估计量差值的协方差为 0，即 $\text{plim}\hat{\boldsymbol{q}}_1=0$，$\text{cov}(\hat{\boldsymbol{q}}_1,\hat{\boldsymbol{\beta}}_{\text{GLS}})=0$，则

$$\begin{cases}E(\hat{\boldsymbol{q}}_1^{\mathrm{T}})=0\\ \text{cov}(\hat{\boldsymbol{\beta}}_{\text{GLS}},\hat{\boldsymbol{q}}_1)=\text{var}(\hat{\boldsymbol{\beta}}_{\text{GLS}})-\text{cov}(\hat{\boldsymbol{\beta}}_{\text{GLS}},\hat{\boldsymbol{\beta}}_{\text{within}})=0\\ \hat{\boldsymbol{\beta}}_{\text{within}}=\hat{\boldsymbol{\beta}}_{\text{GLS}}-\hat{\boldsymbol{q}}_1\end{cases}\tag{2.38}$$

由此得到

$$\text{var}(\hat{\boldsymbol{q}}_1)=\text{var}(\hat{\boldsymbol{\beta}}_{\text{within}})-\text{var}(\hat{\boldsymbol{\beta}}_{\text{GLS}})=\sigma_u^2[\boldsymbol{X}^{\mathrm{T}}\boldsymbol{Q}\boldsymbol{X})^{-1}-(\boldsymbol{X}^{\mathrm{T}}\boldsymbol{\Omega}^{-1}\boldsymbol{X})^{-1}]\tag{2.39}$$

Hausman 检验统计量 m_1 为

$$m_1=\hat{\boldsymbol{q}}_1^{\mathrm{T}}[\text{var}(\hat{\boldsymbol{q}}_1)]^{-1}\hat{\boldsymbol{q}}_1\tag{2.40}$$

当原假设 H_0：$E(v_{it}\mid\boldsymbol{X}_{it})=0$ 成立时，m_1 的渐进分布为 χ_K^2，K 为斜率向量$\boldsymbol{\beta}$ 的维数。同时增加检验量 $\hat{\boldsymbol{q}}_2$、$\hat{\boldsymbol{q}}_3$，以增加特高拱坝施工期变截距面板模型的普适性，设

$$\hat{\boldsymbol{q}}_2=\hat{\boldsymbol{\beta}}_{\text{GLS}}-\hat{\boldsymbol{\beta}}_{\text{Between}}\tag{2.41}$$

$$\hat{\boldsymbol{q}}_3=\hat{\boldsymbol{\beta}}_{\text{within}}-\hat{\boldsymbol{\beta}}_{\text{Between}}\tag{2.42}$$

式中：$\hat{\boldsymbol{\beta}}_{\text{Between}}$ 为组间估计量。

$\hat{\boldsymbol{q}}_2$、$\hat{\boldsymbol{q}}_3$ 的检验统计量 m_2、m_3 分别为

$$m_2=\hat{\boldsymbol{q}}_2^{\mathrm{T}}[\text{var}(\hat{\boldsymbol{q}}_2)]^{-1}\hat{\boldsymbol{q}}_2\tag{2.43}$$

$$m_3=\hat{\boldsymbol{q}}_3^{T}[\text{var}(\hat{\boldsymbol{q}}_3)]^{-1}\hat{\boldsymbol{q}}_3\tag{2.44}$$

当原假设 H_0：$E(\nu_{it}|\boldsymbol{X}_{it})=0$ 成立时，m_2 和 m_3 的渐进分布均为 χ_K^2。

综上所述，若 $E(\nu_{it}|\boldsymbol{X}_{it})=0$ 成立，说明特高拱坝中不确定因素与自变量无关，是随机变化的，应选择应力随机效应面板模型；反之，若 $E(\nu_{it}|\boldsymbol{X}_{it})=0$ 不成立，说明特高拱坝中不确定因素与自变量存在关联性，对模型影响可被捕捉，此时选择应力固定效应面板模型。

2.3.4 参数估计

针对上述模型，分别运用分位数回归和广义最小二乘法进行参数估计，并运用数学分析方法对模型进行有效性评价。

1. 变截距固定效应面板模型的参数估计

基于分位数回归的思想，对变截距固定效应模型通过加权残差绝对值之和的方法进行参数估计，相较于最小二乘法而言，分位数回归方法不对模型中随

机扰动项进行分布假定，且有效区分了被接受变量的变量范围及分布的特征，使模型运行更加平稳且更具信服力，现对施工期应力变截距固定效应模型的参数估计方法进行阐述。

首先，定义 $\boldsymbol{y}$ 的 τ 分位数为

$$Q_n(\tau)=\operatorname{argmin}_\xi\left\{\sum_{i:y_i\geqslant\xi}\tau\mid \boldsymbol{y}_i-\xi\mid+\sum_{i:y_i<\xi}(1-\tau)\mid \boldsymbol{y}_i-\xi\mid\right\}$$
$$=\operatorname{argmin}_\xi\left\{\sum_i\rho_\tau(\boldsymbol{y}_i-\xi)\right\} \tag{2.45}$$

τ 分位数回归的目标函数为

$$F(\boldsymbol{\beta};\tau)=\sum_{y\geqslant\boldsymbol{x}^T\boldsymbol{\beta}}\tau\mid y_{it}-\boldsymbol{x}_{it}^T\boldsymbol{\beta}-\alpha_i\mid+\sum_{y<\boldsymbol{x}^T\boldsymbol{\beta}}(1-\tau)\mid y_{it}-\boldsymbol{x}_{it}^{\mathrm{T}}\boldsymbol{\beta}-\alpha_i\mid \tag{2.46}$$

式中：$0<\tau<1$，$\rho_\tau(u)=u[\tau-I(u<0)]$；$I(\cdot)$ 为示性函数，当 $\boldsymbol{y}_i\leqslant\boldsymbol{y}$ 时，值为 1，其余情况下为 0。

使得函数 $F(\boldsymbol{\beta};\tau)$ 极小的一阶条件为

$$\sum_{i=1}^N\sum_{i=1}^T\boldsymbol{x}_{it}[\tau-I(y_{it}-\boldsymbol{x}_{it}^{\mathrm{T}}\boldsymbol{\beta}-\alpha_i<0)]=0 \tag{2.47}$$

根据式（2.47）求解得到的 $\hat{\boldsymbol{\beta}}$ 为第 τ 分位数回归的回归系数，得到的 $\hat{\alpha}_i$ 即为应力固定效应量。

2. 变截距随机效应面板模型的参数估计

广义最小二乘法作为最优线性无偏估计量，是随机效应模型中对组间估计量和组内估计量的平均，使应力分析模型具有更强的解析能力。

为了有效估计 $\boldsymbol{\beta}$ 和 $\boldsymbol{\alpha}_i$，式（2.36）可用向量形式表示为

$$\boldsymbol{y}_i=\widetilde{X}_i\boldsymbol{\delta}+\boldsymbol{v}_i\quad(i=1,2,\cdots,N) \tag{2.48}$$

其中

$$\begin{cases}\boldsymbol{X}_i=[\boldsymbol{e},\boldsymbol{X}_i]\\ \boldsymbol{\delta}^{\mathrm{T}}=[\mu,\boldsymbol{\beta}^{\mathrm{T}}]\\ \boldsymbol{v}_i^{\mathrm{T}}=[\nu_{i1},\nu_{i2},\cdots,\nu_{iT}]\end{cases}$$

式中：$\boldsymbol{y}_i$ 为大坝监测序列；$\widetilde{\boldsymbol{X}}_i$ 为应力影响因素；$\boldsymbol{\delta}$ 为待估参数；$\boldsymbol{e}$ 为元素均为 1 的 T 维列向量。

因此，对于第 i 个测点的 T 个监测值，令 $\mathbf{V}=E(\boldsymbol{v}_i\boldsymbol{v}_i^{\mathrm{T}})$ 为 $\boldsymbol{v}_i$ 的协方差矩阵，则

$$\mathbf{V}=\begin{pmatrix}\sigma_\varepsilon^2+\sigma_\eta^2 & \sigma_\eta^2 & \sigma_\eta^2 & \cdots & \sigma_\eta^2\\ \sigma_\eta^2 & \sigma_\varepsilon^2+\sigma_\eta^2 & \sigma_\eta^2 & \cdots & \sigma_\eta^2\\ \vdots & \vdots & \vdots & \ddots & \vdots\\ \sigma_\eta^2 & \sigma_\eta^2 & \sigma_\eta^2 & \cdots & \sigma_\varepsilon^2+\sigma_\eta^2\end{pmatrix}=\sigma_\varepsilon^2\boldsymbol{I}_T+\sigma_\eta^2\boldsymbol{e}\boldsymbol{e}^{\mathrm{T}} \tag{2.49}$$

式中：$\boldsymbol{I}_T$ 为 T 阶单位矩阵。

故变截距随机效应面板模型中残差相关的最小二乘估计量的正规方程组为

$$\left[\sum_{i=1}^{N}\boldsymbol{X}_i^{\mathrm{T}}\boldsymbol{V}^{-1}\boldsymbol{X}_i\right]\boldsymbol{\delta}=\sum_{i=1}^{N}\boldsymbol{X}_i^{\mathrm{T}}\boldsymbol{V}^{-1}\boldsymbol{y}_i \tag{2.50}$$

其中

$$\boldsymbol{V}^{-1}=\frac{1}{\sigma_u^2}\left[\left(\boldsymbol{I}_T-\frac{1}{T}\boldsymbol{e}\boldsymbol{e}^{\mathrm{T}}\right)+\varphi\,\frac{1}{T}\boldsymbol{e}\boldsymbol{e}^{\mathrm{T}}\right]=\frac{1}{\sigma_u^2}\left[\boldsymbol{Q}+\varphi\,\frac{1}{T}\boldsymbol{e}\boldsymbol{e}^{\mathrm{T}}\right]$$

令 $\varphi=\dfrac{\sigma_u^2}{\sigma_u^2+T\sigma_\alpha^2}$，则式（2.50）可表示为

$$[\boldsymbol{W}_{\tilde{X}\tilde{X}}+\varphi\boldsymbol{B}_{\tilde{X}\tilde{X}}]\begin{bmatrix}\hat{\mu}\\ \hat{\boldsymbol{\beta}}\end{bmatrix}=\boldsymbol{W}_{\tilde{X}y}+\varphi\boldsymbol{B}_{\tilde{X}y} \tag{2.51}$$

整理式（2.50），得

$$\begin{bmatrix}\varphi NT & \varphi T\sum_{i=1}^{N}\overline{\boldsymbol{x}}_i\\ \varphi T\sum_{i=1}^{N}\overline{\boldsymbol{x}}_i & \sum_{i=1}^{N}\boldsymbol{X}_i^{\mathrm{T}}\boldsymbol{Q}\boldsymbol{X}_i+\varphi T\sum_{i=1}^{N}\overline{\boldsymbol{x}}_i\overline{\boldsymbol{x}}_i^{\mathrm{T}}\end{bmatrix}\begin{bmatrix}\hat{\mu}\\ \boldsymbol{\beta}\end{bmatrix}=\begin{bmatrix}\varphi NT\overline{\boldsymbol{y}}\\ \sum_{i=1}^{N}\boldsymbol{X}_i^{\mathrm{T}}\boldsymbol{Q}+\varphi T\sum_{i=1}^{N}\overline{\boldsymbol{x}}_i\overline{\boldsymbol{y}}_i\end{bmatrix} \tag{2.52}$$

利用分块矩阵求逆，得

$$\begin{aligned}\hat{\boldsymbol{\beta}}&=\left[\frac{1}{T}\sum_{i=1}^{N}\boldsymbol{X}_i^{\mathrm{T}}\boldsymbol{Q}\boldsymbol{X}_i+\varphi\sum_{i=1}^{N}(\overline{\boldsymbol{x}}_i-\overline{\boldsymbol{x}})(\overline{\boldsymbol{x}}_i-\overline{\boldsymbol{x}})^{\mathrm{T}}\right]^{-1}\\&\quad\times\left[\frac{1}{T}\sum_{i=1}^{N}\boldsymbol{X}_i^{\mathrm{T}}\boldsymbol{Q}\boldsymbol{y}_i+\varphi\sum_{i=1}^{N}(\overline{\boldsymbol{x}}_i-\overline{\boldsymbol{x}})(\overline{\boldsymbol{y}}_i-\overline{\boldsymbol{y}})\right]\\&=\Delta\hat{\boldsymbol{\beta}}_b+(\boldsymbol{I}_K-\Delta)\hat{\boldsymbol{\beta}}_{CV}\\ \hat{u}&=\overline{\boldsymbol{y}}-\overline{\boldsymbol{\beta}}^{\mathrm{T}}\overline{\boldsymbol{x}}\end{aligned} \tag{2.53}$$

式中：$\boldsymbol{\beta}_b$ 为组间估计量；$\boldsymbol{\beta}_{CV}$ 为协方差估计量。

由式（2.53）可得 $\boldsymbol{\beta}$ 和 $\hat{u}$ 为模型中的待估参数，其中

$$\begin{cases}\Delta=\varphi T\left[\sum_{i=1}^{N}\boldsymbol{X}_i\boldsymbol{Q}\boldsymbol{X}_i+\varphi T\sum_{i=1}^{N}(\overline{\boldsymbol{x}}_i-\overline{\boldsymbol{x}})(\overline{\boldsymbol{x}}_i-\overline{\boldsymbol{x}})^{\mathrm{T}}\right]^{-1}\sum_{i=1}^{N}[(\overline{\boldsymbol{x}}_i-\overline{\boldsymbol{x}})(\overline{\boldsymbol{x}}_i-\overline{\boldsymbol{x}})^{\mathrm{T}}]\\ \hat{\boldsymbol{\beta}}_b=\left[\sum_{i=1}^{N}(\overline{\boldsymbol{x}}_i-\overline{\boldsymbol{x}})(\overline{\boldsymbol{x}}_i-\overline{\boldsymbol{x}})^{\mathrm{T}}\right]^{-1}\sum_{i=1}^{N}[(\overline{\boldsymbol{x}}_i-\overline{\boldsymbol{x}})(\overline{\boldsymbol{y}}_i-\overline{\boldsymbol{y}})]\end{cases} \tag{2.54}$$

2.3.5　特高拱坝施工期应力时空分析模型的构建

基于上述理论分析，特高拱坝施工期应力变截距面板模型的基本思想是：

首先对施工期特高拱坝应力监测序列进行面板数据格式处理，通过 Hausman 检验对应力监测序列矩阵中随机误差项与变量之间的相关性检验来确定特异效应量形式，满足原假设则选择变截距随机效应模型，不满足原假设则采用变截距固定效应模型，并分别运用广义最小二乘法和分位数回归的方法对模型进行参数估计，最终得出应力预测值及特异效应量。

本章利用大坝不同部位的关联信息和动态变化信息，对测点监测信息中的时间维度和空间结构进行深入挖掘，建立了基于面板数据的特高拱坝施工期应力时空分析模型，给出了计算流程，并以 Stata 软件为平台，开发了相应计算程序。

特高拱坝施工期应力时空分析变截距面板模型构建具体实现步骤如下：

(1) 对监测数据进行面板数据格式处理。

(2) 基于 Hausman 检验对随机误差项与变量进行相关性检验。

(3) 选定模型的具体形式并对其进行参数估计。

(4) 参数回代得出具体模型并进行预测。

(5) 模型有效性评价。

特高拱坝施工期应力时空分析变截距面板模型构建流程如图 2.9 所示。

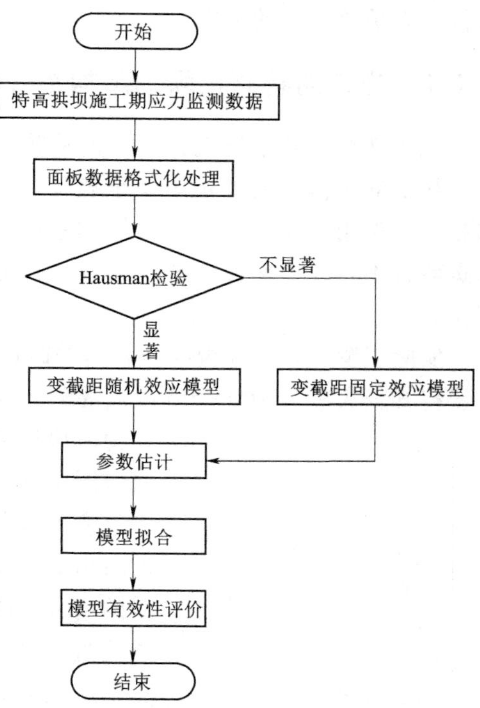

图 2.9 特高拱坝施工期应力时空分析变截距面板模型构建流程

2.4 考虑提前蓄水的特高拱坝施工期应力分区预警指标的拟定

上一节基于面板数据理论，建立了特高拱坝施工期应力变截距面板模型，构建了考虑提前蓄水的特高拱坝施工期应力时空分析模型。处于施工期的特高混凝土拱坝，由于其体型的特殊性以及施工荷载的复杂性，致使坝体应力变化频繁，应力是表征混凝土状态的重要指标，因此，为了有效监控施工期特高混凝土拱坝的应力状态，建立相应的应力预警指标是十分必要的。然而，特高拱坝作为高次超静定结构，局部单测点应力监控指标不等同于大坝整体安全性态，若能综合考虑大坝动态区域特征，由传统的局部分析转向整体结构分析，在整体把握特高拱坝应力性态的基础上，建立更精确有效的安全预警指标。因此，本节基于面板聚类理论方法，提出了特高拱坝应力测点的相似性指标判据，结合熵权法对特高拱坝应力进行分区，并在此基础上探究了特高拱坝施工期提前蓄水工况下的应力演变规律，进一步寻找最危险区域并结合典型小概率法对其进行应力预警指标的拟定。

2.4.1　施工期特高拱坝的结构系统的渐变特性

施工期坝体尚未浇筑完工，但从施工期特高拱坝结构的系统性而言，特高拱坝封拱灌浆蓄水后表现为一个整体，各子系统相互关联，通过各子系统之间的相互间作用，反映特高拱坝结构系统的应力性态。特高拱坝各部位对整体性态贡献各不相同，单纯对某一区域进行分析不能把握特高拱坝整体结构性态的变化。

实际工程中，坝体混凝土材料的破坏过程可通过混凝土材料的全应力-应变曲线得知，大致分为四个阶段：混凝土压密工作阶段、线弹性工作阶段、屈服应力阶段以及应力破坏阶段，如图 2.10 所示，分别对应图中的 *OA* 段、*AB* 段、*BC* 段及 *CD* 段。

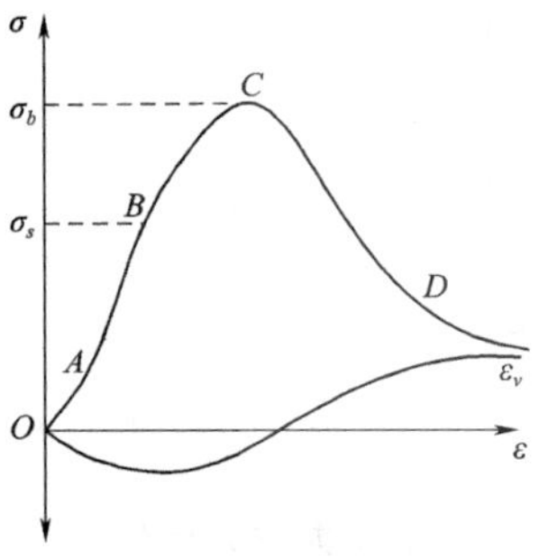

图 2.10　坝体混凝土材料的全应力-应变曲线

在外部荷载作用下，*OA* 段曲线开始缓慢增大，反映出混凝土内裂缝逐渐压密，体积缩小。随着荷载的增大，曲线进入 *AB* 段，此时曲线斜率为常数或接近常数，可视为弹性阶段，直至曲线到达 *B* 点，*B* 点对应的应力称为屈服强度（σ_s 为屈服强度），同时混凝土体积仍有所压缩。随着荷载继续增大，曲线进入 *BC* 段，混凝土变形和荷载呈非线性关系，这种非弹性变形是由于混凝土内微裂隙的发生与发展导致的塑性变形，是混凝土破坏的先行阶段，然而从 *B* 点开始，混凝土出现剪胀现象（即在剪应力作用下出现体积膨胀），当曲线到达 *C* 点，*C* 点对应的应力称为峰值强度（σ_b 为峰值强度），通常混凝土体积变化速率在峰值 *C* 点左右达到最大，并在 *C* 点附近混凝土总体积变形（ε_v）从压缩状态转化为膨胀状态）。随着荷载进一步增加，曲线进入 *CD* 下降段，混凝土开始解体使其成为不稳定材料，其强度从峰值强度下降至残余强度，这种情况称为应变软化，此时混凝土易发生完全破坏，从而丧失继续承载的能力。

特高拱坝属于超静定薄壳结构，在大坝系统的渐变过程中，坝体结构具有明显的自适应调整特性。大坝的宏观力学性质是其内部协同合作、自我调整的整体表现。大坝服役过程中，随着外部环境和荷载的改变，结构内部随之调整，形成新的应力状态。

2.4.2 考虑提前蓄水的特高拱坝施工期应力分区方法

一般来说，建基面是特高拱坝应力重点监控区，由于地形及坝体结构特性等原因，特高拱坝建基面各点的应力大小各不相同，但局部单测点的应力异常并不能代表大坝结构的安全性发生变化，因此，有必要对建基面进行分区，如果相同区域的点均出现异常，那么就预示着特高拱坝有发生整体破坏的可能性。特高拱坝应力分区需要解决如何表征测点应力之间的相似程度和系统分区方法两个核心问题。本节根据特高拱坝应力的面板特征，结合应力时空信息，构建特高拱坝应力的相似性判据，通过研究在时间和横截面两个维度上的结构性态，建立考虑提前蓄水的特高拱坝施工期应力分区方法。

2.4.2.1 应力指标相似性判据

应力指标的相似性判据主要根据特高拱坝测点应力值的远近程度，在应力场不设任何假定的基础上，通过数学方法对特高拱坝各部位测点进行分类。传统应力分区方法主要通过各测点均值体现，只能表示单测点在时间维度上平均水平，且默认各测点在时间维度上同向，如图 2.11 所示。若在整个时间段内对三个测点进行分区，测点 2 与测点 3 应力演变规律类似，应划分为同一类，但采取均值方法进行划分时，测点 1 和测点 3 易分为一类，这将对聚类结果产生较大影响。评价分区聚类结果好坏的标准为：是否通过聚类将应力演变规律一致的测点划分为同一区域，是否不同区域之间测点变化差异最大。由此可见，传统均值法对于分区聚类来说存在一定局限性，现将基于面板数据的聚类思想，拟定测点间应力相似性指标，在横截面维度和时间维度对测点应力进行分区归类。

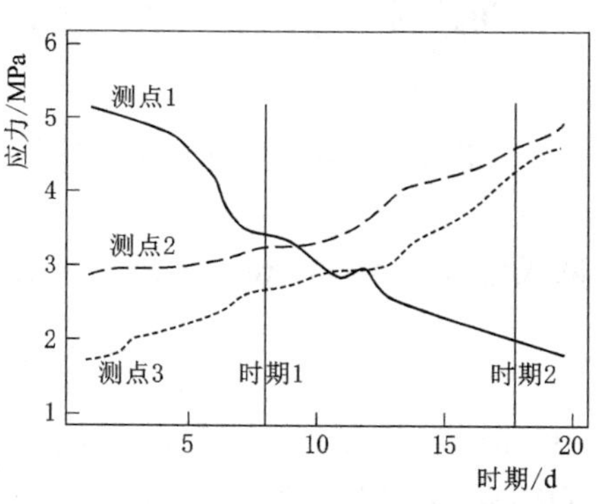

图 2.11 测点应力监测值不同时期的发展规律

特高拱坝应力数据一般具有三方面数据特征：首先是应力的绝对值水平；然后是应力的动态变化水平，即应力随时间变化过程中针对数值上的增减；最后为应力的波动水平，即应力曲线随时间变化过程中出现的波动程度。当特高拱坝结构性态保持不变时，应力时间序列发展较为平稳，采用应力值“绝对量”和“增量”对应力序列的相似性进行评判，开展特高拱坝应力分区聚类研究。

2.4.2.2 考虑提前蓄水的特高拱坝施工期应力指标度量方法

当对特高拱坝应力进行分区时，上述“绝对量”及“增量”指标可用某种距离对该相似性进行描述（图 2.12），常见的距离函数有欧氏距离（Euclidean Distance）、绝对距离（Block Distance）、切比雪夫距离（Chebychev Distance）、闵可夫斯基距离（Minkowski Distance）、马氏距离（Mahalanobis Distance）等，本节综合特高拱坝应力演变规律及测点应力数据特征，采用欧氏距离来表征应力测点间“绝对量”及“增量”指标，推导应力测点空间相似性指标距离公式。

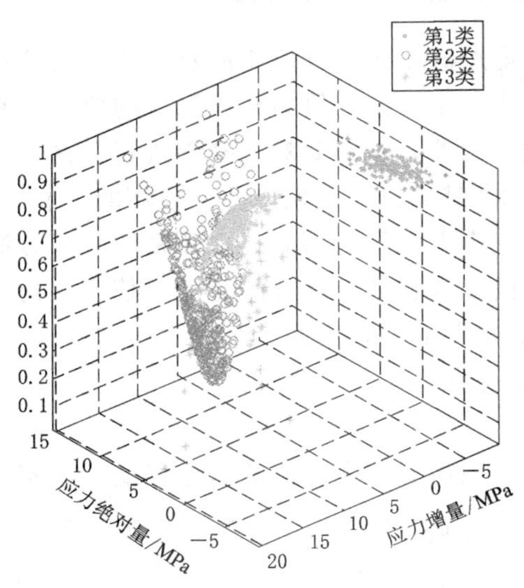

图 2.12 距离相似聚类示意

首先对测点应力监测数据进行处理，令 $\delta_{it}(i=1,2,\cdots,N;\ t=1,2,\cdots,T)$ 为特高拱坝应力数据集合，其中 N 为大坝监测点个数，T 为监测时段总数，即时间序列。定义 S_t 为应力数据集在 t 的标准差；d_{ij} 为测点 i 和测点 j 间的距离，且 d_{ij} 满足以下定义。

定义 1：测点 i 和测点 j 之间的绝对欧氏距离（Absolute Quantity Euclidean Distance），记为 d_{ij}（AQED），即

$$d_{ij}(\text{AQED})=\left[\sum_{t=1}^{T}(\delta_{it}-\delta_{jt})^2\right]^{1/2} \tag{2.55}$$

式中：δ_{it} 为测点 i 在 t 时期的应力值；δ_{jt} 为测点 j 在 t 时期的应力值；d_{ij}（AQED）为测点 i 和测点 j 间在整个时期 T 内的距离远近程度。

定义 2：测点 i 和测点 j 之间的增速欧氏距离（Increment Speed Euclidean Distance），简记为 d_{ij}（ISED），即

$$d_{ij}(\text{ISED})=\left[\sum_{t=1}^{T}\left(\frac{\Delta\delta_{it}}{\Delta\delta_{it-1}}-\frac{\Delta\delta_{jt}}{\Delta\delta_{jt-1}}\right)^2\right]^{1/2} \tag{2.56}$$

其中

$$\Delta\delta_{it}=\delta_{it}-\delta_{it-1},\Delta\delta_{jt}=\delta_{jt}-\delta_{it-1}$$

式中：$\Delta\delta_{it}$ 和 $\Delta\delta_{jt}$ 表示应力两个相邻时期的绝对量差异；d_{ij}（ISED）描述了测点 i 和测点 j 关于时间变化情况的增减差异，d_{ij}（ISED）值越小，则说明两点应力发展随时间变化呈同向变化，两者演变规律类似；d_{ij}（ISED）越大，则说明两点应力发展随时间变化呈反向变化，两者演变规律相差较大。

为详细刻画各测点应力演变规律，同时引入“绝对距离”及“增速距离”

对测点 i 和测点 j 进行综合描述，记为 d_{ij}（CED）综合欧氏距离（Comprehensive Euclidean Distance），则

$$d_{ij}(\text{CED})=\omega_1 d_{ij}(\text{AQED})+\omega_2 d_{ij}(\text{ISED}) \tag{2.57}$$

式中：ω_1、ω_2 为各自权重，且满足 $\omega_1+\omega_2=1$。

综合欧氏距离 $d_{ij}(\text{CED})$ 通过上述两种距离的加权产生，其权重系数应根据所研究问题的实际情况进行客观评判。为综合刻画特高拱坝应力空间发展演变规律的真实特性，通过熵权法对综合距离权重系数进行计算，建立考虑综合欧氏距离的特高拱坝应力相似性指标评价体系，得出符合特高拱坝应力发展的综合欧氏距离权重系数。假设有 m 个评价对象，n 个评价指标，则原始数据由矩阵 $\boldsymbol{R}=(r_{ij})_{n\times m}$ 表示为

$$\boldsymbol{R}=\begin{bmatrix} r_{11} & r_{12} & \cdots & r_{1m} \\ r_{21} & r_{22} & \cdots & r_{2m} \\ \vdots & \vdots & \ddots & \vdots \\ r_{n1} & r_{n2} & \cdots & r_{nm} \end{bmatrix}_{n\times m} \tag{2.58}$$

式中：r_{ij} 为第 i 个评价指标评下第 j 个评价对象的评价值，根据特高拱坝相似性原则，评价指标为测点应力绝对欧氏距离和增速欧氏距离，评价各测点两两之间距离。

（1）计算第 i 个评价指标对第 j 个评价对象的特征比重 p_{ij} 为

$$p_{ij}=\frac{r_{ij}}{\sum_{j=1}^{m} r_{ij}} \quad (i=1,2,\cdots,n;\quad j=1,2,\cdots,m) \tag{2.59}$$

式中：$p_{ij}\in[0,\ 1]$，且未破坏原有应力监测序列的比例关系，$d_{ij}\geqslant 0$，$\sum_{i=1}^{N} d_{ij}>0$。

（2）熵值计算，第 i 个指标的熵值为

$$S_i=-\frac{1}{\ln m}\sum_{j=1}^{m} p_{ij}\ln p_{ij} \quad (i=1,2,\cdots,n) \tag{2.60}$$

（3）熵权确定，第 i 个指标的熵权为

$$\omega_i=\frac{1-S_i}{\sum_{i=1}^{n} 1-S_i} \quad (i=1,2,\cdots,n) \tag{2.61}$$

上述对欧氏距离定义了相似性指标的统计量，提出了一种基于熵权法的应力相似性指标度量方法，通过确定第 i 个指标 ω_i 的权重系数，代入式（2.57）得到各测点间综合欧氏距离值 $d_{ij}(\text{CED})$，有效解决了特高拱坝应力分区中如何刻画测点间相似性程度的问题。以下将通过面板数据系统聚类的方法，确定不

同相似性程度区域的个数，对大坝应力分区的系统方法给出综合论述。

2.4.3 考虑提前蓄水的特高拱坝施工期应力分区区域确定及分区流程

本章基于 Ward 法聚类的思想，并结合相似性度量，确定考虑提前蓄水的特高拱坝施工期应力分区区域。假定已将大坝 N 个测点分成 k 个区域，记为 G_1，G_2，…，G_k，N_l 表示 G_l 类的测点个数，$\overline{X_l}$ 表示 G_l 类的测值重心，X_{il} 表示 G_l 类中第 i（$i=1$，2，…，N_l）个测点的应力值，对于特高拱坝 T 个时期内的 N 个测点的应力数据，大坝 G_l 区域中不同测点序列的离差平方和为

$$W_l^* = \sum_{i=1}^{N_l}\sum_{t=1}^{T}[\omega_1(X_{it}-\overline{X}_t)^{\mathrm{T}}(X_{it}-\overline{X}_t)] + \sum_{t=2}^{T}[\omega_2(Y_{it}-\overline{Y}_t)^{\mathrm{T}}(Y_{it}-\overline{Y}_t)] \tag{2.62}$$

其中
$$\begin{cases} Y_{it} = \dfrac{\Delta X_{it}}{X_{i,t-1}}, \Delta X_{it} = X_{it} - X_{i,t-1} \\ \overline{X}_t = \dfrac{1}{N_l}\sum\limits_{t=1}^{N_l} X_{it}, \overline{Y}_t = \dfrac{1}{N_l}\sum\limits_{t=1}^{N_l} Y_{it} \end{cases}$$

式中：W_l^* 表示 N_l 个测值的总离差平方和；X_{it} 表示 t 时期测点 i 的应力值；Y_{it} 表示 G_l 中 t 时期测点 i 的应力相对增量；ΔX_{it} 表示 G_l 中测点 i 在 t 时期和 $t-1$ 时期应力绝对量差异。

k 个区域的总离差平方和为

$$W^* = \sum_{l=1}^{k} W_l^* \tag{2.63}$$

由以上聚类分区方法，最优分类方法为固定 k 值，使得 W^* 取极小值。但考虑到特高拱坝实际过程中的复杂性，若提前确定分区数则易出现主观性误差，应力分区将存在人为干扰因素，导致分区结果与测点应力演变规律不相符。故基于阈值法确定大坝应力分区个数，假定分区过程中共进行 n 次合并，通过求解第 l 次与最后一次分区的区域距离之比 S_l，即

$$S_l = \frac{D_l}{D_{n-1}} \tag{2.64}$$

当 S_l 与 S_{l+1} 距离小于 S_l 与 S_{l-1} 距离时，此时区域距离 D_l 为应力分区阈值，分区数可由此距离确定。

假定某特高拱坝在 T 时期内共有 N 个应力测点，由以上聚类分区思路，首先通过计算各测点之间“绝对距离”和“增速距离”，并基于熵权法确定各测点之间“综合距离”，此时各测点相互独立；然后将距离最近的测点进行两两分类合并为新区，并计算新区与其他区域的距离，在离差平方和 W^* 最小的基础之上，每次合并减少一个区，直至所有测点合并完成，其应力分区流程具体如图

2.13 所示。

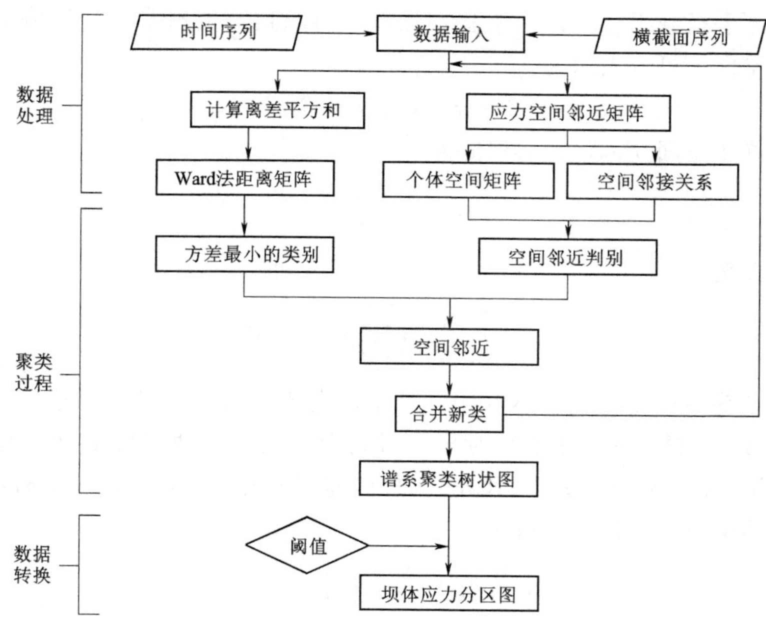

图 2.13 考虑提前蓄水的特高拱坝施工期应力分区流程

2.4.4 应力预警指标拟定方法

2.4.4.1 基本原理

由坝体混凝土材料的全应力-应变曲线可知，混凝土破坏可分为混凝土压密工作阶段、线弹性工作阶段、屈服应力阶段以及应力破坏阶段，其中，混凝土压密工作阶段和线弹性工作阶段对应特高拱坝应力性态为正常状态，屈服应力阶段对应特高拱坝应力性态为异常状态，应力破坏阶段对应特高拱坝应力性态为险情状态，故特高拱坝应力预警监控指标可分为一、二、三级。

特高拱坝安全监控准则为

$$R-S\geqslant 0 \tag{2.65}$$

式中：R 为大坝或地基抗力；S 为临界荷载组合的总效应。

当 R 为设计允许值时，满足式（2.65）的荷载组合所产生的各监测效应量为警戒值；当 R 为极限值时，满足式（2.65）的荷载组合所产生的各监测效应量为极值。但需特别指出的是，特高拱坝在任何情况下都不允许出现三级监控状态。

2.4.4.2 典型效应量的小概率法

特高拱坝预警指标的主要思路是通过大坝和地基已经抵御或承受过的荷载来评估可能发生荷载下特高拱坝的抵御能力，从而确定在某种临界荷载组合下效应量的一、二级预警指标。典型效应量的小概率法是从特高拱坝历史监测资料中，以不利荷载组合情况为前提，选取每时段监测资料中效应监测值的极值组成样本空间，可以表示为

$$\delta=\{\delta_{m1},\delta_{m2},\cdots,\delta_{mn}\} \tag{2.66}$$

对于样本空间 δ 来说，其均值为

$$\bar{\delta}=\frac{1}{n}\sum_{i=1}^{n}\delta_{mi} \tag{2.67}$$

标准差为

$$\sigma_{\delta}=\sqrt{\frac{1}{n-1}\left(\sum_{i=1}^{n}\delta_{mi}^{2}-n\bar{\delta}^{2}\right)} \tag{2.68}$$

一般 δ 为一个小子样样本空间，基于以上统计特征，可通过小子样统计检验方法（A－D 法、K－S 法）对样本进行分布检验，再计算其概率密度函数 $f(\delta)$ 和其分布函数 $F(\delta)$。假设 δ_m 为效应监测值的极值，当 $\delta>\delta_m$ 时，特高拱坝将要发生安全事故的概率可表示为

$$P(\delta>\delta_m)=P_\alpha=\int_{\delta_m}^{\infty}f(\delta)\mathrm{d}\delta \tag{2.69}$$

由式（2.69）可推算出效应监测值的极值为

$$\delta_m=F^{-1}(\bar{\delta},\sigma_\delta,P_\alpha) \tag{2.70}$$

当 $\delta>\delta_m$ 时，大坝出现安全事故；否则，大坝运行正常。

2.5　工　程　实　例

某双曲混凝土拱坝，坝顶高程 610.00m，最大坝高 285.50m，正常蓄水位 600.00m，死水位 540.00m，河床建基面 324.50m，总库容 126.7 亿 m^3，调节库容 64.6 亿 m^3，总装机容量 1386MW。于 2009 年 3 月 27 日开始坝体首仓混凝土浇筑，2010 年 9 月开始封拱灌浆，在 2014 年 8 月 26 日抬升至正常蓄水位 600m。坝身设横缝不设纵缝，从左岸至右岸依次分为 31 个坝段。

2.5.1　考虑提前蓄水的特高拱坝施工期应力监控统计模型的构建

选取某特高拱坝 16 号坝段为研究对象，基于该坝段坝踵处 $S^6$16－4 测点 2009 年 12 月至 2015 年 12 月原位应变监测资料，验证本节所建考虑提前蓄水的特高拱坝施工期应力监控模型的有效性。该特高拱坝 16 号坝段应变监测剖面图如图 2.14 所示，其监测按六拱三梁原则布置，应变计组自上游向下游布置，用于监测上、下游坝面和坝体内部的应力变化状态，并基于变形法将实测应变转化为应力。

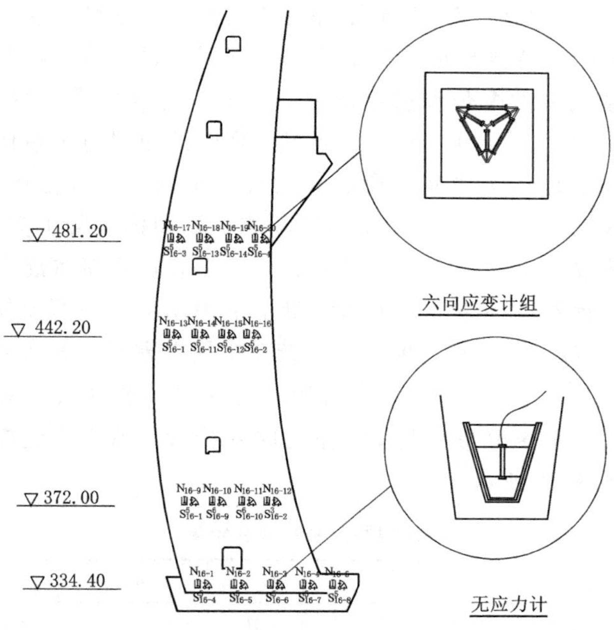

图 2.14 16号坝段应变监测布置（单位：m）

根据提前蓄水施工期特高拱坝的实际施工特点，如图 2.15 所示，考虑自重分量、水压分量、温度分量与时效分量，构建应力安全监控模型，并借助MATLAB平台，研发相应计算程序，通过非线性回归方法求解相关系数。

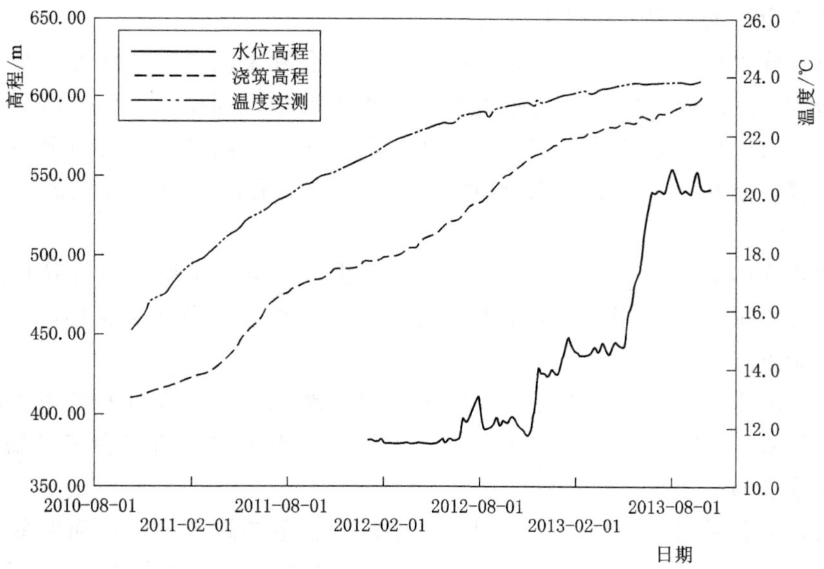

图 2.15 16号坝段浇筑高程与蓄水水位高程

2010 年 10 月至 2013 年 9 月为下部封拱蓄水上部继续浇筑上升阶段，由于已封拱高度部分的悬臂梁自重产生的应力在封拱前已完成，而新浇筑的混凝土要参与拱梁分载法中的变位调整，根据 2.2.1 节自重分量表达式的分析过程，分析自重分量采用式（2.7）；由于该特高拱坝内部布置有大量的温度计且已经开始发挥作用，温度应力以实测资料作为分析依据，温度分量采用式（2.8）；水压分量采用式（2.10）；由于该特高拱坝施工期坝体混凝土为新浇筑混凝土，故主要考虑坝体混凝土徐变效应，根据 2.2.1.4 节有关坝体混凝土本构模型选择方法的分析过程，该特高拱坝坝体混凝土本构模型选用西原模型，其时效分量表达式采用式（2.17）。综上所述，该特高拱坝考虑提前蓄水施工期应力监控统计模型采用式（2.18），基于转换后的应力数据，求得拟合系数，见表 2.2，并分离自重分量、水压分量、温度分量与时效分量。该应力监控模型拟合及各分量过程线如图 2.16 所示。

表 2.2　模型回归系数拟合结果

系数	a_0	a_1	a_2	a_3	a_4	a_5	b_{11}
拟合值	−0.36511	0.06350	−0.00221	1.96×10^{-5}	-7.25×10^{-8}	9.80×10^{-11}	0.02654
系数	c_1	c_2	c_3	c_4	d_1	r_1	R^2
拟合值	−0.02157	0.00057	-4.58×10^{-6}	1.32×10^{-8}	5.07723	−0.04586	0.9864

从表 2.2 和图 2.16 可以看出，所构建的应力监控统计模型精度较高，复相关系数达到 0.9864，拟合效果较好，可以很好地描述施工期考虑提前蓄水特高拱坝的应力发展过程，同时可得出：

（1）施工期内，对坝体应力影响最大的是混凝土的自重，随着坝体高度的不断增大，测点处的压应力也随着混凝土重力的增大而增大，但随着封拱灌浆的进行，由于拱梁分载的作用，自重产生的压应力逐渐减小，自重分量过程线逐渐平缓，总体而言，较温度和时效对应力的影响，混凝土自重的影响更加明显。

（2）坝体应力与温度变化相关性较强，温度升高，坝踵测点处拉应力则增大（压应力减小），温度分量与温度变化之间呈现明显的负相关特性，上述与坝踵处混凝土应力变化规律一致。

（3）水压分量过程线与蓄水过程线高度一致，2013 年 5 月开始第二阶段蓄水，水位从 440.00m 上升至 540.00m，水压分量亦从 2013 年 5 月开始增大，符合水压分量的变化规律。

（4）随着时间的推移，施工期混凝土的徐变效应逐渐增大，而时效变化速率却逐渐减小，反映到实测应力过程线上，坝体实测应力过程线逐渐趋于平稳，这一变化规律被时效分量充分反映出来。

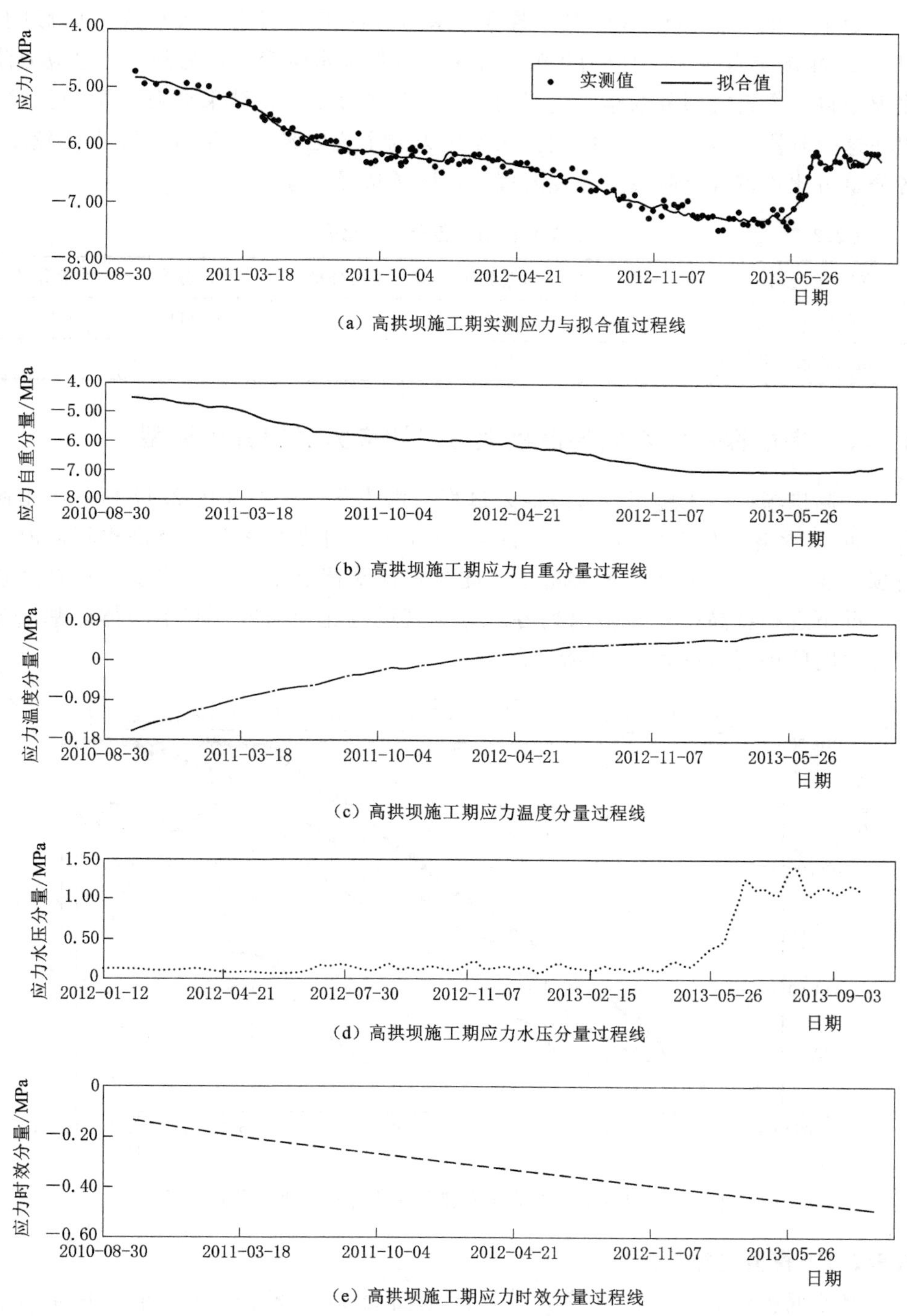

(a) 高拱坝施工期实测应力与拟合值过程线

(b) 高拱坝施工期应力自重分量过程线

(c) 高拱坝施工期应力温度分量过程线

(d) 高拱坝施工期应力水压分量过程线

(e) 高拱坝施工期应力时效分量过程线

图 2.16 高拱坝施工期应力实测、拟合及各分量应力过程线

为了定量分析和评估自重、温度、水压和时效等因素对大坝应力的影响，以2012年测量点$S^6$16的应力年度变化范围（最大水位变化）为例，通过应力监测模型将各个组成部分的年变化范围分离，其各分量占比结果见表2.3。可以看出在这一阶段水压和自重为影响该测点应力的主要因素，温度及时效占比较小，各分量占比均符合该阶段应力发展规律，因子选择合理。

表2.3 年应力变幅及各分量占比表

年应力变幅	总量	自重分量	温度分量	水压分量	时效分量
数值/MPa	1.563	0.442	0.031	0.939	0.124
所占比值/%	100	28.7	2.1	61.1	8.1

2.5.2 考虑提前蓄水的特高拱坝施工期应力时空分析模型

特高拱坝混凝土施工及接缝灌浆过程与水库蓄水关系如图2.17所示，由图2.17可以看出，在2009年3月1日至2014年2月3日之间，特高拱坝同时进行坝体浇筑、横缝灌浆及上游蓄水，此时坝体受荷复杂且情况多变，现针对这一工况下选择特高拱坝建基面处各测点对其进行建模研究，其中坝体建基面测点应力时间序列过程如2.18所示。

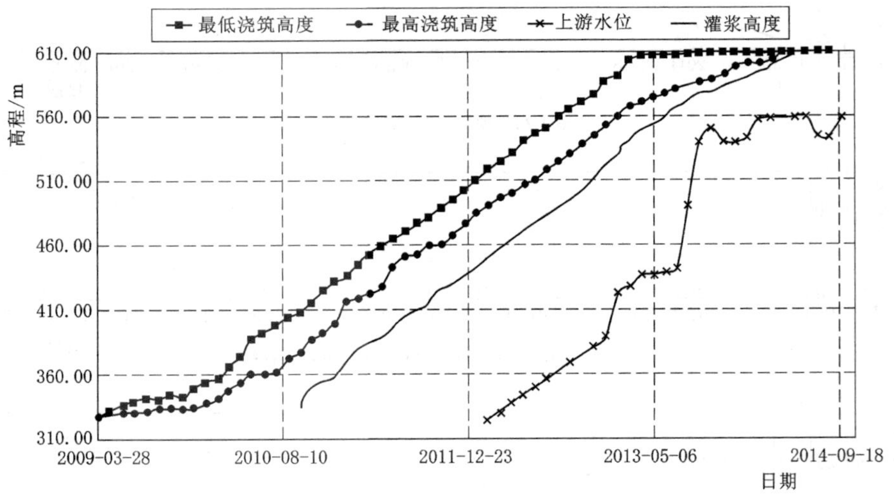

图2.17 拱坝混凝土施工及接缝灌浆过程与水库蓄水关系

2.5.2.1 模型选择与构建

基于面板数据格式，将特高拱坝建基面处11个测点2009年9月4日至2014年3月4日共15532个应变实测值进行转换，得到11×1412的应力监测序列矩阵为

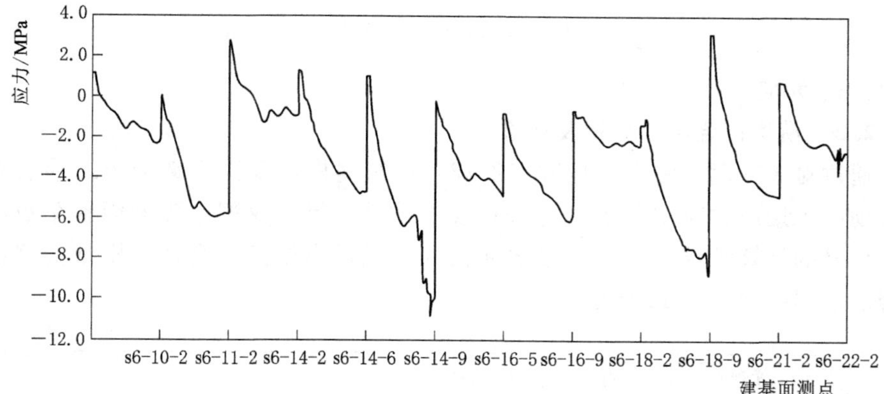

图 2.18　特高拱坝建基面各测点应力过程线

$$y_{it}=\begin{bmatrix}0.750 & 0.763 & \cdots & -2.783\\ 0.056 & 0.051 & \cdots & -5.823\\ \vdots & \vdots & \vdots & \vdots\\ 1.142 & 1.137 & \cdots & -2.154\end{bmatrix}\quad (i=11,\ t=1412) \tag{2.71}$$

通过 Hausman 检验对应力监测序列矩阵中随机误差项与变量之间的相关性检验来确定特异效应量的选择形式进行模型选择，比对有效估计量和非有效估计量的差值是否为零来检验是否满足原假设情况，当符合原假设的情况选择随机效应模型，当不能在 5%的显著水平下拒绝原假设，选择整体随机效应模型，当在 5%的显著水平下拒绝原假设，则选择固定效应模型。

对各应力测点监测序列进行 Hausman 检验结果表明，参数整体显著符合整体随机效应面板模型，由此选择应力随机效应面板模型，根据应力效应量混合回归模型式（2.32）及应力效应量计算公式（2.31），特高拱坝施工期应力变截距面板模型可以表示为

$$\sigma=\sigma_0+\sum_{i=1}^{5}a_i(H-h)^i+\sum_{i=1}^{m_2}b_{1i}\overline{T}_i+\sum_{i=1}^{m_2}b_{2i}\beta_i$$
$$+\sum_{i=1}^{4}c_iH_1^i+d_1(1-\mathrm{e}^{-r_1t})^{-1}+\alpha+u_{it} \tag{2.72}$$

结合特高拱坝实际情况及施工过程中可能出现的不利荷载组合，考虑到不同测点之间复杂差异性的影响，模型引入虚拟变量 α_i 对测点与测点间形成的差异性特征进行描述，并结合面板数据随机效应模型，由此构建特高拱坝施工期应力时空分析模型，其进一步表示为

$$\sigma=\sigma_0+\sum_{i=1}^{5}a_i(H-h)^i+\sum_{i=1}^{m_2}b_{1i}\overline{T}_i+\sum_{i=1}^{m_2}b_{2i}\beta_i$$

$$+\sum_{i=1}^{4} c_i H_1^i + d_1(1-e^{-r_1 t})^{-1} + \alpha_{it} + u_{it} \tag{2.73}$$

式中：α_{it} 为随机效应变量

2.5.2.2　模型拟合结果分析及评价

通过对建基面各测点应用式（2.73）进行建模，采用广义最小二乘法对特高拱坝施工期应力时空分析模型进行参数估计，得出模型中影响因素系数和检验统计量的计算结果，再通过参数回代的方式得出模型拟合值，模型实测值与拟合值过程线如图 2.19 所示。

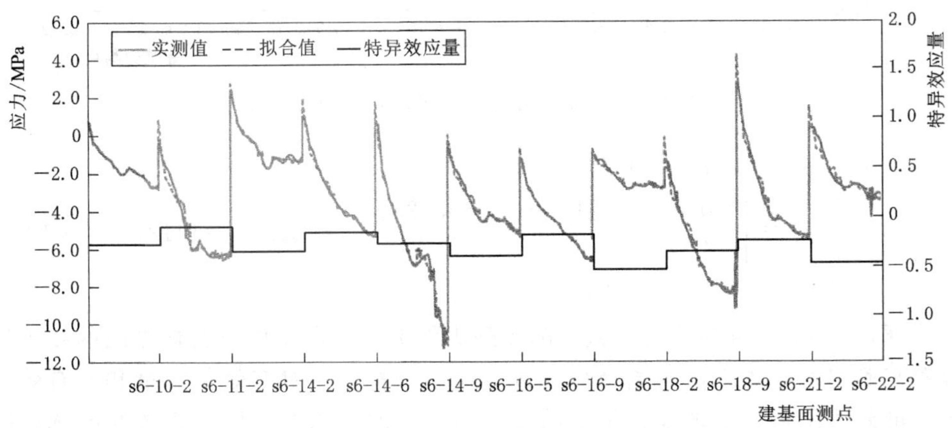

图 2.19　坝体各测点应力实测-拟合过程线

计算结果表明：

（1）模型整体拟合效果较好，特异效应量参数较小，说明模型中各因子能较好地描述坝体应力演变规律。

（2）样本整体检验值 F 为 295.44，说明模型样本整体显著，所建模型样本及参数选择合理。

（3）调整后样本决定系数 R^2 为 0.9812，说明回归离差和与离差平方和总体接近，模型拟合效果较好。

（4）自变量 t 值检验得到各影响因子值均小于 5%，说明各影响因子对因变量结果显著，因子选择合理。

模型通过特异效应量吸收施工过程中不可监测或其他未知影响因素，展现出较好的灵活性及稳健性，并且对测点监测信息中的时间维度和空间结构进行深入挖掘，有效克服了传统模型中的共线性问题，对建基面应力演变规律集中把握，并且模型中考虑了特高拱坝各个部位的应力荷载状况、约束条件及材料特性，可以从整体上把握特高拱坝应力的发展进程，进而提升了模型拟合与预报的精度，避免了伪回归现象的产生，使最终得到的解释变量分离较客观。实例结果表明，该建模方法具有一定的工程实用性，有效弥补了传统大坝应力分析模型的不足，为特高拱坝的施工、设计及决策提供理论支撑。

2.5.3 考虑提前蓄水的特高拱坝施工期应力分区方法

采用上一节特高拱坝建基面处各测点做进一步研究，仍采用2009年3月1日至2014年2月3日之间的时段进行分析，针对特高拱坝同时进行坝体浇筑、横缝灌浆及上游蓄水这一工况下选择特高拱坝建基面处各测点对其进行分区建模。

2.5.3.1 特高拱坝应力测点分区

根据面板数据原理，通过测点应力之间的欧氏综合距离，经过 Trial - and - Error 迭代的过程，通过离差平方和计算其熵权值及欧氏距离值，见表2.4。

表2.4 建基面测点熵权值及欧氏几何距离值

序号	测　点	熵权值	欧氏距离值
X_1	S6-10-2	0.831	36.28
X_2	S6-11-2	0.438	29.45
X_3	S6-14-2	0.864	52.32
X_4	S6-14-6	0.483	16.87
X_5	S6-14-9	0.635	43.63
X_6	S6-16-5	0.428	31.48
X_7	S6-16-9	0.457	29.45
X_8	S6-18-2	0.892	23.64
X_9	S6-18-9	0.676	43.63
X_{10}	S6-21-2	0.438	16.87
X_{11}	S6-22-2	0.886	23.64

将计算所得熵权值代入式（2.57）中可得各测点间综合距离，同时按照特高拱坝应力分区流程对测点进行应力分区，其计算谱系聚类树状图结果如图2.20所示。

由上计算出应力各测点之间的绝对距离和增速距离，并基于熵权法确定各测点之间“综合距离”，此时各测点相互独立；然后将距离最近的测点进行两两分类合并为新区，并计算新区与其他区域的距离，在离差平方和 W 最小的基础之上，每次合并减少一个区，直至所有测点合并完成。此次建基面共11个测点，对其进行阈值处理后分为三个区域，测点聚类结果，见表2.5。

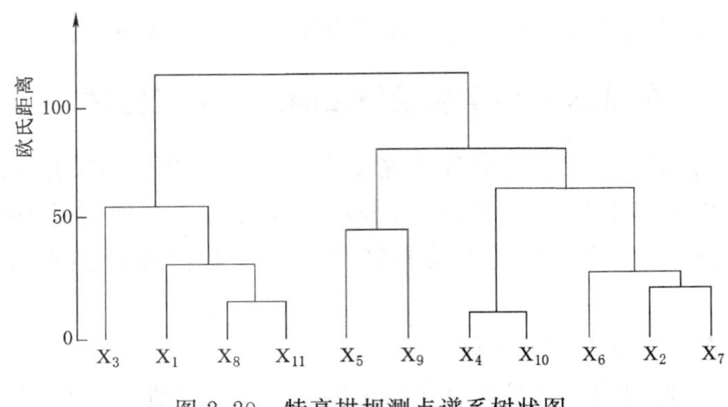

图 2.20 特高拱坝测点谱系树状图

表 2.5 **建基面测点聚类结果**

类别	测点数目	测 点
Ⅰ	4	S6-10-2、S6-14-2、S6-18-2、S6-22-2
Ⅱ	2	S6-14-9、S6-18-9
Ⅲ	5	S6-14-6、S6-16-5、S6-21-2、S6-11-2、S6-16-9

2.5.3.2 特高拱坝应力预警指标拟定

分区结果表明，各区域间测点性质相似，通过比对熵权值大小，选取各区域内最危险测点进行预警指标的拟定。其中测点 S6-14-6 熵权值 $w_i=0.483$、测点 S6-18-2 熵权值 $w_i=0.892$、测点 S6-18-9 熵权值 $w_i=0.676$，对应三个区域。现分别选取显著性水平为 5%和 1%两种情况拟定三个区域内测点最大、最小应力预警指标。

1. 测点 S6-14-6 最大、最小应力预警指标

测点 S6-14-6 月最小应力样本统计量的均值 $\bar{\delta}=-2.778$，标准差 $\sigma_\delta=2.019$，表 2.6 为测点 S6-14-6 月最小应力样本数据统计分布。当显著性水平 $\alpha=5\%$时，预警指标 $\delta_{\min,5\%}$ 可确定为

$$f(\delta<\delta_{\min})=\int_{\delta_m}^{+\infty}\frac{1}{\sqrt{2\pi}\sigma}e^{-\frac{1}{2}\left(\frac{\delta-\bar{\delta}}{\sigma}\right)^2}d\delta=\alpha=0.05$$

$$=\int_{\delta_m}^{+\infty}\frac{1}{2.019\sqrt{2\pi}}e^{-\frac{1}{2}\left(\frac{\delta+2.778}{2.019}\right)^2}d\delta$$

求得 $\delta_{\min,5\%}=-6.099$。同理可知，当显著性水平 $\alpha=1\%$时，其预警指标 $\delta_{\min,1\%}=-7.474$。

表 2.6 测点 S6-14-6 月最小应力样本数据统计分布

月最小应力/MPa	频次	累计频次	经验分布	理论分布	偏差
(−∞，−4.78]	1	1	0.011765	0.158811	0.147046
(−4.78，−3.56]	43	44	0.517647	0.347679	−0.16997
(−3.56，−2.34]	13	57	0.670588	0.585573	−0.08502
(−2.34，−1.12]	8	65	0.764706	0.795012	0.030306
(−1.12，0.09]	8	73	0.858824	0.923885	0.065062
(0.09，1.31]	12	85	1	0.979298	−0.0207

测点 S6-14-6 月最大应力样本统计量的均值 $\bar{\delta}=-2.710$，标准差 $\sigma_\delta=2.047$，表 2.7 为测点 S6-14-6 月最大应力样本数据统计分布。当显著性水平 $\alpha=5\%$时，预警指标 $\delta_{\max,5\%}$可确定为

$$f(\delta>\delta_{\max})=\int_{\delta_m}^{+\infty}\frac{1}{\sqrt{2\pi}\sigma}e^{-\frac{1}{2}\left(\frac{\delta-\bar{\delta}}{\sigma}\right)^2}d\delta=1-\alpha=0.95$$

$$=\int_{\delta_m}^{+\infty}\frac{1}{2.047\sqrt{2\pi}}e^{-\frac{1}{2}\left(\frac{\delta+2.710}{2.047}\right)^2}d\delta$$

求得 $\delta_{\max,5\%}=0.658$。同理可知，当显著性水平 $\alpha=1\%$时，其预警指标 $\delta_{\max,1\%}=2.053$。

因此，测点 S6-14-6 应力预警指标如图 2.21 所示。

表 2.7 测点 S6-14-6 月最大应力样本数据统计分布

月最大应力/MPa	频次	累计频次	经验分布	理论分布	偏差
(−∞，−1.29]	1	1	0.011765	0.154344	0.142579
(−1.29，−0.48]	42	43	0.505882	0.337659	−0.16822
(−0.48，0.32]	13	56	0.658824	0.571524	−0.0873
(0.32，1.14]	8	64	0.752941	0.78212	0.029178
(1.14，1.95]	8	72	0.847059	0.915974	0.068915
(1.95，2.76]	13	85	1	0.976013	−0.02399

2. 测点 S6-18-2 最大、最小应力预警指标

测点 S6-18-2 月最小应力样本统计量的均值 $\bar{\delta}=-1.869$，标准差 $\sigma_\delta=0.597$，表 2.8 为测点 S6-18-2 月最小应力样本数据统计分布。当显著性水平 $\alpha=5\%$时，预警指标 $\delta_{\min,5\%}$可确定为

$$(\delta<\delta_{\min})=\int_{\delta_m}^{+\infty}\frac{1}{\sqrt{2\pi}\sigma}e^{-\frac{1}{2}\left(\frac{\delta-\bar{\delta}}{\sigma}\right)^2}d\delta=\alpha=0.05$$

$$=\int_{\delta_m}^{+\infty}\frac{1}{0.597\sqrt{2\pi}}e^{-\frac{1}{2}\left(\frac{\delta+1.869}{0.597}\right)^2}d\delta$$

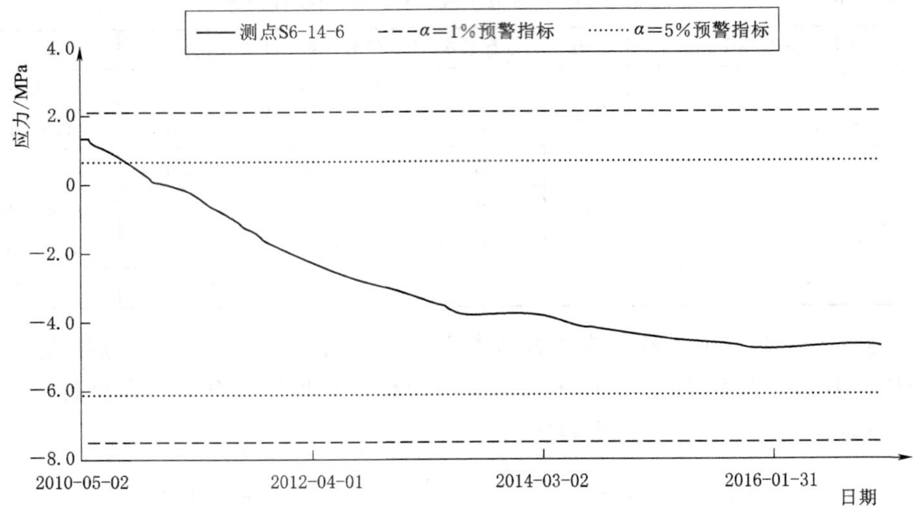

图 2.21　测点 14 坝段 372.00m S6－14－6 应力预警指标

求得 $\delta_{min,5\%}=-2.851$。同理可知，当显著性水平 $\alpha=1\%$时，其预警指标 $\delta_{min,1\%}=-3.256$。

表 2.8　　测点 S6－18－2 月最小应力样本数据统计分布

月最小应力/MPa	频次	累计频次	经验分布	理论分布	偏　差
(−∞，−2.43]	1	1	0.011765	0.168524	0.15676
(−2.43，−2.08]	52	53	0.623529	0.355224	−0.2683
(−2.08，−1.73]	6	59	0.694118	0.586093	−0.10802
(−1.73，−1.39]	4	63	0.741176	0.789955	0.048779
(−1.39，−1.04]	5	68	0.8	0.918496	0.118496
(−1.04，−0.69]	17	85	1	0.97636	−0.02364

测点 S6－18－2 月最大应力样本统计量的均值 $\bar{\delta}=-1.839$，标准差 $\sigma_\delta=0.601$，表 2.9 为测点 S6－18－2 月最大应力样本数据统计分布。当显著性水平 $\alpha=5\%$时，预警指标 $\delta_{max,5\%}$ 可确定为

$$f(\delta>\delta_{max})=\int_{\delta_m}^{+\infty}\frac{1}{\sqrt{2\pi}\sigma}e^{-\frac{1}{2}\left(\frac{\delta-\bar{\delta}}{\sigma}\right)^2}d\delta=1-\alpha=0.95$$

$$=\int_{\delta_m}^{+\infty}\frac{1}{0.601\sqrt{2\pi}}e^{-\frac{1}{2}\left(\frac{\delta+1.839}{0.601}\right)^2}d\delta$$

求得 $\delta_{max,5\%}=-0.849$。同理可知，当显著性水平 $\alpha=1\%$时，其预警指标 $\delta_{max,1\%}=-0.439$。

因此，测点 S6－18－2 应力预警指标如图 2.22 所示。

表 2.9　　测点 S6－18－2 月最大应力样本数据统计分布

月最大应力/MPa	频次	累计频次	经验分布	理论分布	偏差
(−∞，−2.43]	1	1	0.011764706	0.15953211	0.147767404
(−2.43，−2.08]	51	52	0.611764706	0.339639022	−0.272125684
(−2.08，−1.73]	6	58	0.682352941	0.567292701	−0.11506024
(−1.73，−1.38]	4	62	0.729411765	0.774100725	0.044688961
(−1.38，−1.04]	5	67	0.788235294	0.909119774	0.12088448
(−1.04，−0.69]	18	85	1	0.972462775	−0.027537225

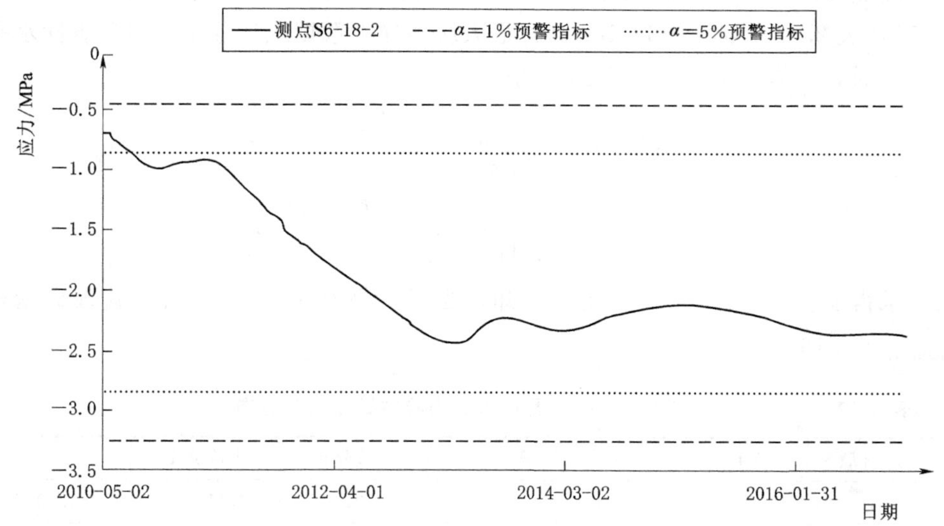

图 2.22　18 坝段 372.00m S6－18－2 应力预警指标

3. 测点 S6－18－9 最大、最小应力预警指标

测点 S6－18－9 月最小应力样本统计量的均值 $\overline{\delta}=-5.753$，标准差 $\sigma_\delta=2.486$，表 2.10 为测点 S6－18－9 月最小应力样本数据统计分布。当显著性水平 $\alpha=5\%$时，预警指标 $\delta_{\min,5\%}$可确定为

$$f(\delta<\delta_{\min})=\int_{\delta_m}^{+\infty}\frac{1}{\sqrt{2\pi}\sigma}e^{-\frac{1}{2}\left(\frac{\delta-\overline{\delta}}{\sigma}\right)^2}d\delta=\alpha=0.05$$

$$=\int_{\delta_m}^{+\infty}\frac{1}{2.486\sqrt{2\pi}}e^{-\frac{1}{2}\left(\frac{\delta+5.753}{2.486}\right)^2}d\delta$$

求得 $\delta_{\min,5\%}=-9.842$。同理可知，当显著性水平 $\alpha=1\%$时，其预警指标

$\delta_{\min,1\%}=-11.537$。

表 2.10　　　　测点 S6－18－9 月最小应力样本数据统计分布

月最小应力/MPa	频次	累计频次	经验分布	理论分布	偏差
(−∞，−8.79]	1	1	0.0118	0.110285	−0.0985
(−8.79，−7.27]	40	41	0.4824	0.270603	0.2117
(−7.27，−5.74]	10	51	0.6000	0.50121	0.0988
(−5.74，−4.21]	10	61	0.7176	0.731401	−0.0138
(−4.21，−2.69]	7	68	0.8000	0.890853	−0.0909
(−2.69，−1.16]	17	85	1.0000	0.967489	0.0325

测点 S6－18－9 月最大应力样本统计量的均值 $\bar{\delta}=-5.584$，标准差 $\sigma_{\delta}=2.471$，表 2.11 为测点 S6－18－9 月最大应力样本数据统计分布。当显著性水平 $\alpha=5\%$时，预警指标 $\delta_{\max,5\%}$可确定为

$$f(\delta>\delta_{\max})=\int_{\delta_m}^{+\infty}\frac{1}{\sqrt{2\pi}\sigma}e^{-\frac{1}{2}\left(\frac{\delta-\bar{\delta}}{\sigma}\right)^2}d\delta=1-\alpha=0.95$$

$$=\int_{\delta_m}^{+\infty}\frac{1}{2.471\sqrt{2\pi}}e^{-\frac{1}{2}\left(\frac{\delta+5.584}{2.471}\right)^2}d\delta$$

求得 $\delta_{\max,5\%}=-1.519$。同理可知，当显著性水平 $\alpha=1\%$时，其预警指标 $\delta_{\max,1\%}=0.165$。

表 2.11　　　　测点 S6－18－9 月最大应力样本数据统计分布

月最大应力/MPa	频次	累计频次	经验分布	理论分布	偏差
(−∞，−8.79]	1	1	0.0118	0.110285	−0.0985
(−8.79，−7.27]	40	41	0.4824	0.270603	0.2117
(−7.27，−5.74]	10	51	0.6000	0.50121	0.0988
(−5.74，−4.21]	10	61	0.7176	0.731401	−0.0138
(−4.21，−2.69]	7	68	0.8000	0.890853	−0.0909
(−2.69，−1.16]	17	85	1.0000	0.967489	0.0325

因此，测点 S6－18－9 应力预警指标如图 2.23 所示。

综上所述，对建基面测点三个区域分别拟定预警显著性水平不同的预警指标，经上述分析可知，当显著性水平不同时应力预警指标也不一样，显著性水平选取越小，监控指标则相对较大，即失效概率越高时，预警指标相应更为严格，故特高拱坝当某一区域内出现预警时，表示整个坝体内部结构出现异常，需加以重视与处理。

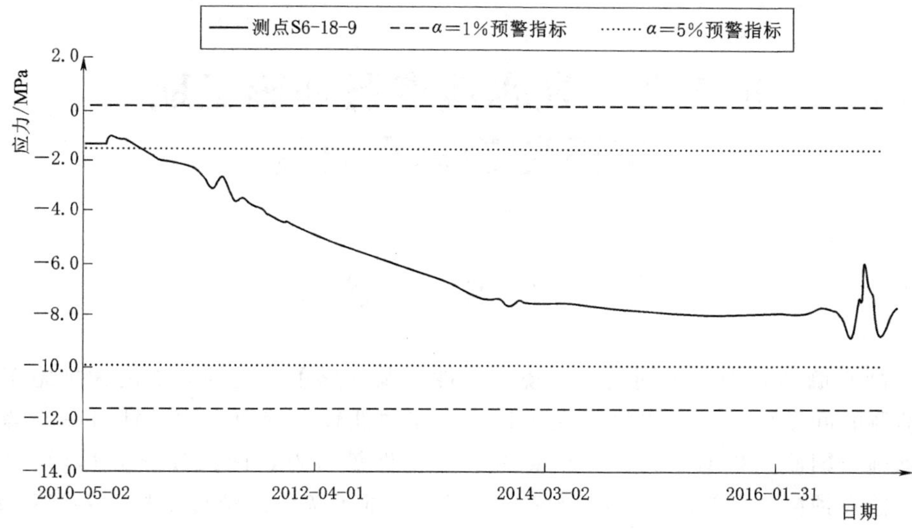

图 2.23 18 坝段 384.00m S6-18-9 应力预警指标

2.6 本 章 小 结

本章针对施工期特高拱坝的应力状态，考虑其提前蓄水这一特殊工况，基于数学、力学及坝工原理与方法，在分析原型监测资料的基础上，构建了考虑提前蓄水的特高拱坝施工期应力监控统计模型，主要工作总结如下：

（1）考虑施工期特高拱坝提前蓄水和封拱灌浆对坝体应力的影响，分别推导了未封拱阶段和下部封拱蓄水上部继续浇筑混凝土自重因子的数学表达式，基于流变力学理论，推导了施工期特高混凝土拱坝时效分量表达式，在考虑水压分量和温度分量的基础上，进一步构建了考虑提前蓄水特高拱坝施工期应力监控统计模型。

（2）利用大坝不同部位的关联信息和动态变化特征，并兼顾特高混凝土拱坝横截面序列中的结构内在关联性和时间序列中的时间效应，应用面板数据理论，建立了特高拱坝施工期应力变截距面板模型；运用 Hausman 检验方法对面板数据中特异效应量进行检验，构建了考虑提前蓄水的特高拱坝施工期应力时空分析模型。

（3）基于面板聚类理论方法，提出了特高拱坝应力测点的相似性指标判据，结合熵权法对特高拱坝应力进行分区，探究了特高拱坝施工期提前蓄水工况下的应力演变规律，在特高拱坝应力分区的基础上，进一步寻找最危险区域并结合典型小概率法对其进行应力预警指标的拟定。

第3章　高心墙堆石坝施工期沉降监控模型研究

3.1 概　　述

高心墙堆石坝施工期具有环境复杂性以及变形不确定性，加之大坝施工阶段监测时间较短，其监测数据往往表现为波动性较大的短序列，针对高心墙堆石坝施工期监测数据序列短、信息贫、突变性等特点，国内外众多学者[138-140]对其监控预测模型开展了一些研究，大部分是基于灰色系统理论构建预测模型，然而灰色预测模型对于具有近似指数规律且单调增长的序列具有较高的预测精度，但对于诸如高心墙堆石坝施工期沉降变形这种波动性较大的数据序列存在不足之处。实际上，高心墙堆石坝施工期的沉降变形主要来源于填筑过程产生的瞬时沉降以及坝体和坝基的蠕变，单纯从监测数据建立监控模型并不能从物理力学成因上描述堆石坝的沉降变形规律。同时，外界荷载对高心墙堆石坝施工期的作用是整体性的，单测点监控模型只反映了单个测点的变形，而不同时间的沉降变形分布规律不同，具有明显的不确定性，即时间相关性；在不同位置的高心墙堆石坝施工期沉降变形具有一定相关性，即空间相关性。因此，单纯地建立单测点监控模型并不能从空间上描述高心墙堆石坝施工期的沉降变形规律，具有一定的局限性。

针对上述问题，基于灰色系统理论建立灰色预测模型，综合考虑高心墙堆石坝施工期沉降变形波动性较大的特点，进一步引入马尔可夫链理论，对灰色预测模型拟合误差进行修正，融合灰色系统理论和马尔可夫链理论，从而构建高心墙堆石坝施工期灰色-马尔可夫链预测模型；为更好地揭示高心墙堆石坝施工期的沉降规律，在研究大坝沉降因子选择的基础上，探讨填筑历史对坝体蠕变的影响规律，采用指数函数的时效分量作为坝基岩体的蠕变，考虑填筑高度、坝体和坝基蠕变以及降雨等因素提出高心墙堆石坝施工期沉降非线性时变统计模型；同时，考虑模型残差序列的周期性、趋势性及随机性，采用ARIMA建立残差序列的修正模型，进一步提高模型的预测精度。在此基础上，采用BP神经网络算法，构建基于BP神经网络算法的大坝多测点监控模型。

3.2 某高心墙堆石坝施工期监测布置及资料分析

3.2.1 某高心墙堆石坝工程概况

掺砾石土心墙堆石坝坝顶高程为821.50m，坝顶长630.06m，坝体基本剖面为中央直立心墙形式，即中央为砾质土直心墙，心墙两侧为反滤层，反滤层以外为堆石体坝壳。坝顶宽度为18m，心墙基础最低建基面高程为560.00m，设计最大坝高为261.50m，上游坝坡坡度为1∶1.9，下游坝坡坡度为1∶1.8。

心墙顶部高程为820.50m，顶宽为10m，上、下游坡度均为1∶0.2。在心墙的上、下游设置了Ⅰ、Ⅱ两层反滤层，上游Ⅰ、Ⅱ两层反滤层的宽度均为4m，下游Ⅰ、Ⅱ两层反滤层的宽度均为6m。在反滤层与堆石料间设置10m宽的细堆石过渡料区，细堆石过渡料区以外为堆石体坝壳。其中上游堆石坝壳将高程615.00～750.00m范围内靠心墙侧内部区域设置为堆石料Ⅱ区，其外部为堆石料Ⅰ区；下游堆石坝壳将高程631.00～760.00m范围内靠心墙侧内部区域设置为堆石料Ⅱ区，其外部为水平宽度22.6m的堆石料Ⅰ区。心墙为掺砾石土料，上下游坝坡采用新鲜花岗岩岩块石护坡。坝体分区如图3.1所示。

心墙为掺砾石土料，混掺比例为65∶35，其中掺和砾石料采用大坝反滤料及砾石料加工系统生产的人工碎石，加工石料取自白莫箐石料场。心墙反滤料由大坝反滤料及砾石料加工系统生产。心墙接触黏土取自农场土料场的Ⅲ采区（坡积层开挖料）。

坝体堆石料包括坝体Ⅰ、Ⅱ区堆石料和细堆石料。Ⅰ区堆石料采用白莫箐石料场开采料、存渣场回采料和开挖直接上坝料；Ⅱ区堆石料采用存渣场回采料和开挖直接上坝料。Ⅰ、Ⅱ区堆石料主要利用溢洪道、电站进水口、尾水渠（1号、2号导流隧洞出口）及地面开关站等工程部位的石方开挖料，不足部分从上游白莫箐石料场开采。坝体细堆石料从白莫箐石料场开采。

3.2.2 监测资料整理分析

3.2.2.1 监测布置

上游堆石体沉降监测主要采用弦式沉降仪，振弦式，量程66m，分辨力0.025%F.S，精度±0.1%F.S，原装进口。弦式沉降仪布置于C—C断面坝0+309.6m上游堆石体，目前在660.00m高程、701.00m高程、738.00m高程和780.00m高程共埋设15套。位于660.00m高程的DB-C-VW-01～05于2010年4月13日取得初始值；位于701.00m高程的DB-C-VW-06～09于2011年7月8日取得初始值，其中DB-C-VW-06测点因施工期间管线受损

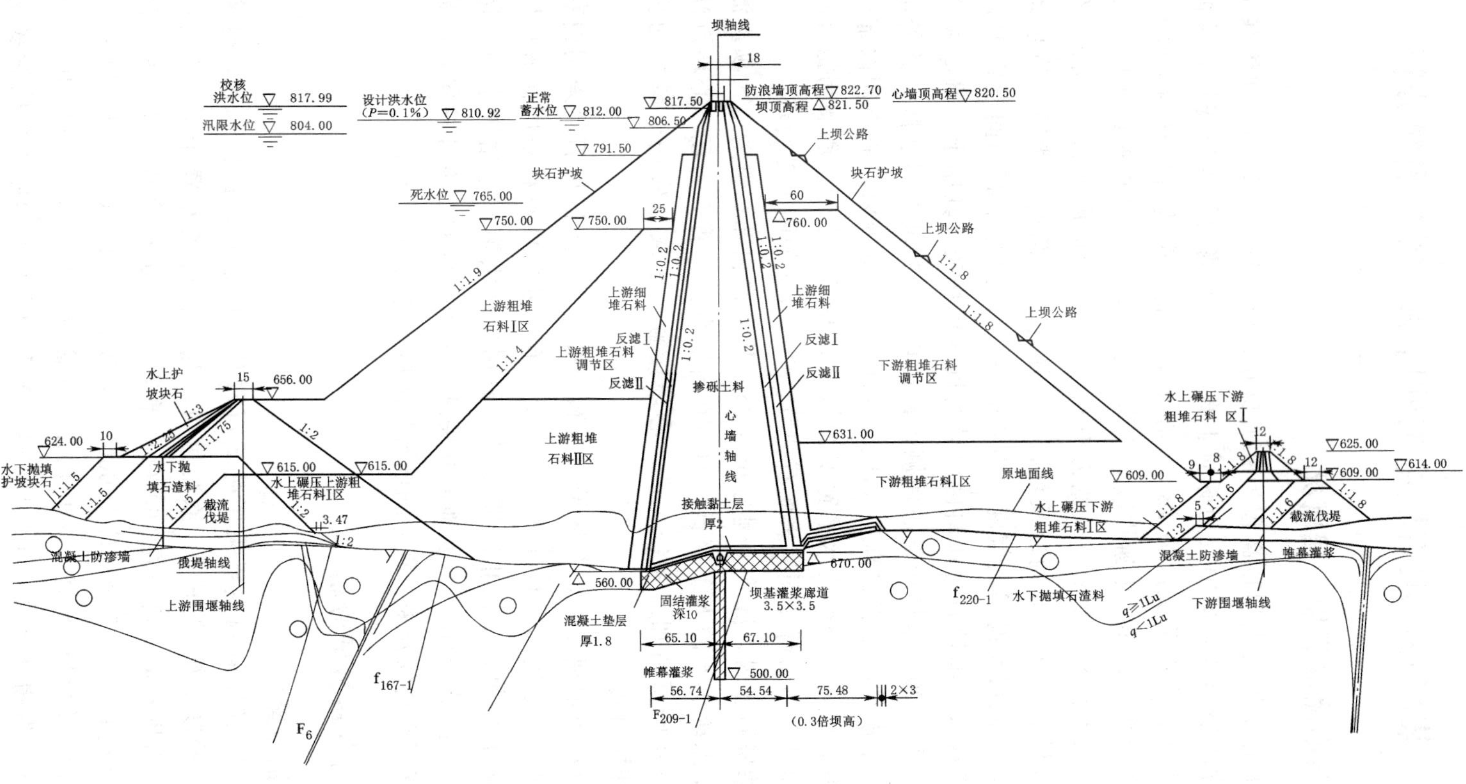

图 3.1 高心墙堆石坝最大横剖面及坝体分区

修复后测值异常；位于738.00m高程的DB-C-VW-10～13于2011年9月28日取得初始值；位于780.00m高程的DB-C-VW-14～15于2012年4月1日取得初始值。C—C断面坝0+309.6m上游堆石体弦式沉降仪布置，如图3.2所示。

环境量监测主要包括上下游水位、水库水温、气象监测等。为监测上下游水位，在水库上游水流平稳地段和下游尾水后分别设置1支水尺和1台自记水位计。为监测水库水温的变化情况，在上游坝面正常蓄水位以下共布置5支温度计。为进行气象监测，在坝区左右岸各设置1座简易气象测站，监测坝区气温、降雨量。

3.2.2.2 环境量分析

1. 上下游水位分析

水电站1号、2号导流洞2011年11月6日下闸、3号导流洞2011年11月29日下闸，4号导流洞2012年2月8日下闸，5号导流洞2012年4月18日下闸，截至2013年2月底，心墙堆石坝上、下游水位分别为773.00m和598.28m，上下游水位随时间变化过程曲线如图3.3所示。

2. 温度分析

高心墙堆石坝位于低热河谷区，长夏无冬，气温高。据坝址附近专用气象站多年气象观测资料统计，多年平均气温为21.89℃，极端最低气温为1.0℃，极端最高气温为40.7℃。水电站气温-时间过程线如图3.4所示。

3. 降水量分析

坝址总体属于西部型季风气候，其显著特点是干、湿二季分明。一般5—10月为雨季，11月至翌年4月为干季。高心墙堆石坝位于低热河谷区，长夏无冬，气温高，降水量充沛，多年平均年降水量为1077.6mm。水电站月降水量柱状图如图3.5所示。

高心墙堆石坝雨季施工根据降水量的不同，停工与复工的时间不同。日降水量小于10mm时正常施工；日降水量在10～30mm之间雨日停工，雨后停半日后复工；日降水量大于30mm时雨日停工，雨后停1日后复工。根据气象台发布的天气情况及降雨量预报成果，合理安排施工任务，提前做好防雨工作，注意坝面排水，充分利用晴天施工，减少雨天对施工的影响。

3.2.2.3 施工因素分析

综合考虑心墙堆石坝施工技术的可靠性、施工工期的保证性、施工的连续性、工程提前发电的效益等技术和经济因素，将坝体填筑规划工期定为51个月。根据现场填筑情况，坝壳区堆石料开工时间是2008年10月3日，心墙掺砾土料开工时间是2008年11月30日。2010年5月3日坝体填筑至高程675.00m以上，具备挡200年重现期洪水度汛条件，提前28d完成；2011年2月28日坝体填筑至高程720.00m以上，具备1～4号导流隧洞下闸封堵条件，提前8.5个

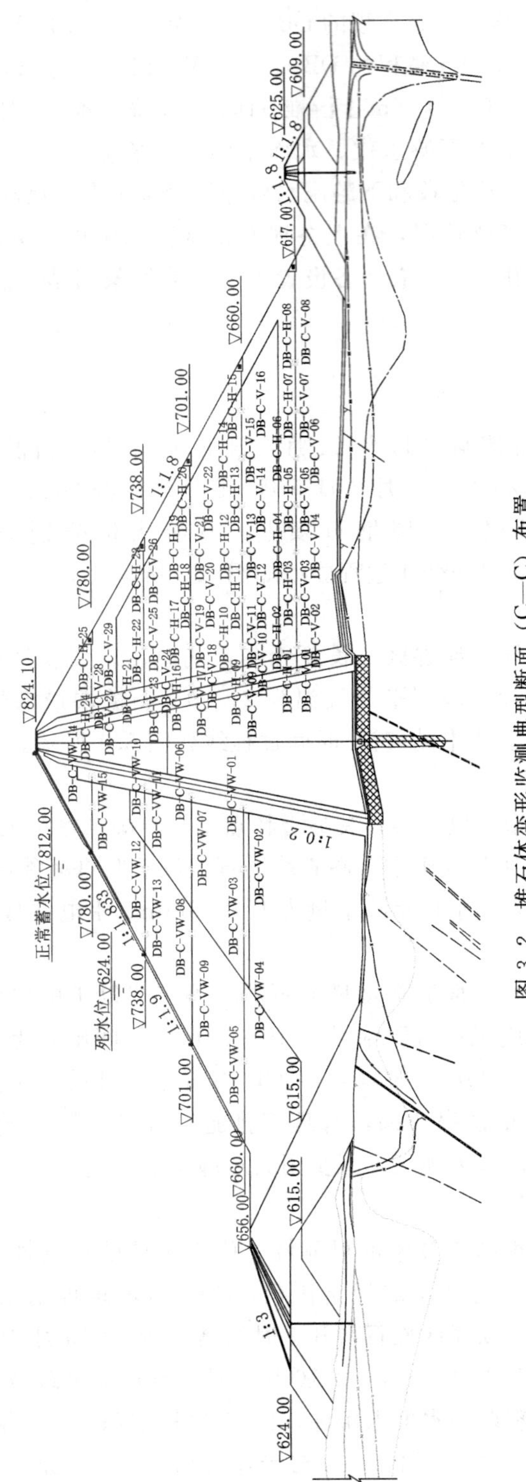

图 3.2 堆石体变形监测典型断面（C—C）布置

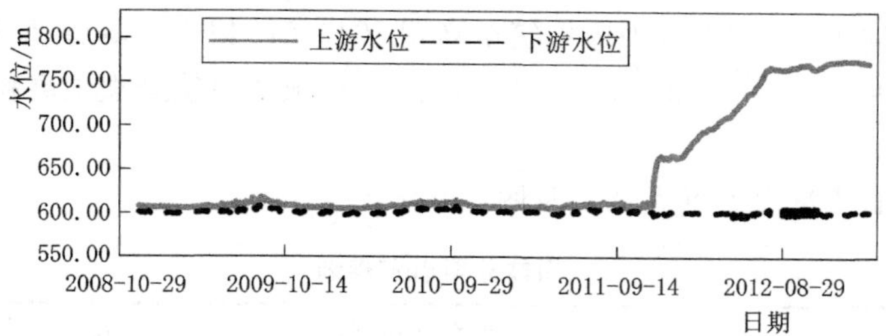

图 3.3 高心墙堆石坝上下游水位-时间过程线

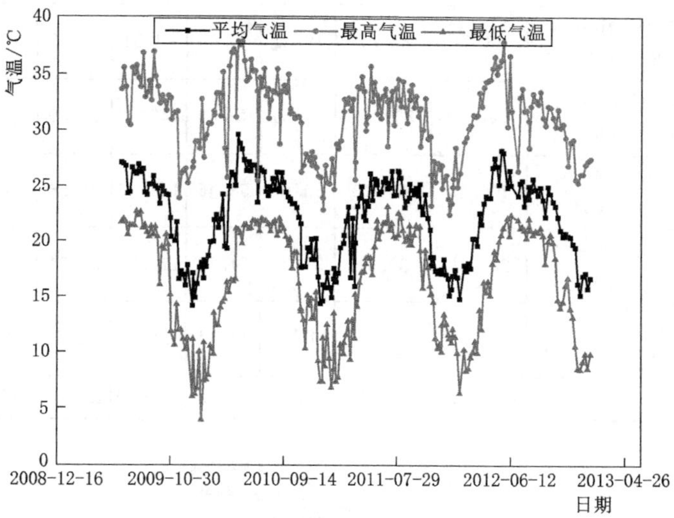

图 3.4 高心墙堆石坝多年气温-时间过程线

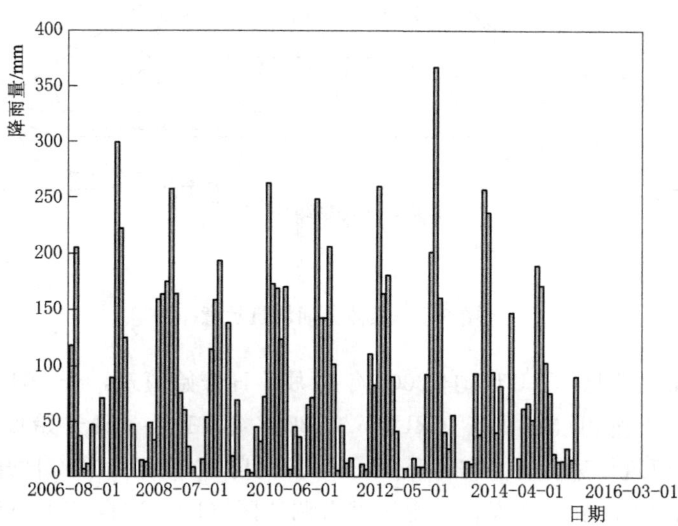

图 3.5 高心墙堆石坝月降水量柱状图

月完成；2012 年 5 月 31 日坝体填筑至高程 804.00m 以上，具备挡 500 年重现期洪水度汛条件，超填 2.0m；2012 年 12 月 18 日坝体填筑至坝顶高程，达到正常挡水条件。

坝体分期填筑规划见表 3.1 及图 3.6。

表 3.1　　坝体分期填筑规划

分期	高程/m	时　间	上游Ⅰ区堆石料/万 m^3	上游Ⅱ区堆石料/万 m^3	上游细堆石料/万 m^3	反滤料/万 m^3	心墙料/万 m^3	下游细堆石料/万 m^3	下游Ⅰ区堆石料/万 m^3	下游Ⅱ区堆石料/万 m^3
Ⅰ	560.00～613.00	2008-10-03—2009-05-31	36.23	68.87	19.31	12.66	43.84	22.32	108.24	0.49
Ⅱ	613.00～679.00	2009-06-01—2010-05-31	171.11	230.59	33.39	40.67	143.27	27.50	95.29	367.87
Ⅲ	679.00～734.00	2010-06-01—2011-05-31	200.36	174.13	29.47	58.45	144.85	34.36	59.98	311.73
Ⅳ	734.00～804.00	2011-06-01—2012-05-31	235.59	30.30	33.78	74.78	114.91	33.91	142.24	102.69
Ⅴ	804.00～821.50	2012-06-01—2012-12-31	12.35	0	1.75	13.41	18.17	0.11	18.77	0
合　计		655.64	503.89	117.70	199.97	465.04	118.20	424.52	782.78	

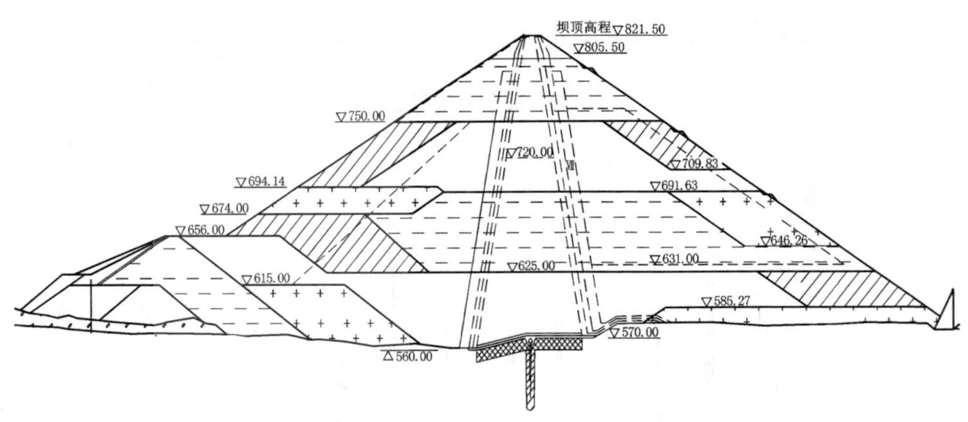

图 3.6　坝体分期填筑示意

上游粗堆石Ⅰ区（RU1）自 2009 年 1 月 6 日开始填筑，于 2012 年 12 月 18 日填筑结束；上游粗堆石Ⅱ区（RU2）自 2008 年 11 月 3 日开始填筑，于 2010 年 1 月 31 日填筑结束；上游细堆石区（RU3）自 2009 年 2 月 4 日开始填筑，于 2012 年 12 月 18 日填筑结束；上游粗堆石调节区（RU4）自 2010 年 8 月开始填筑，于 2011 年 11 月 20 日填筑结束。上游堆石体填筑过程曲线如图 3.7 所示。

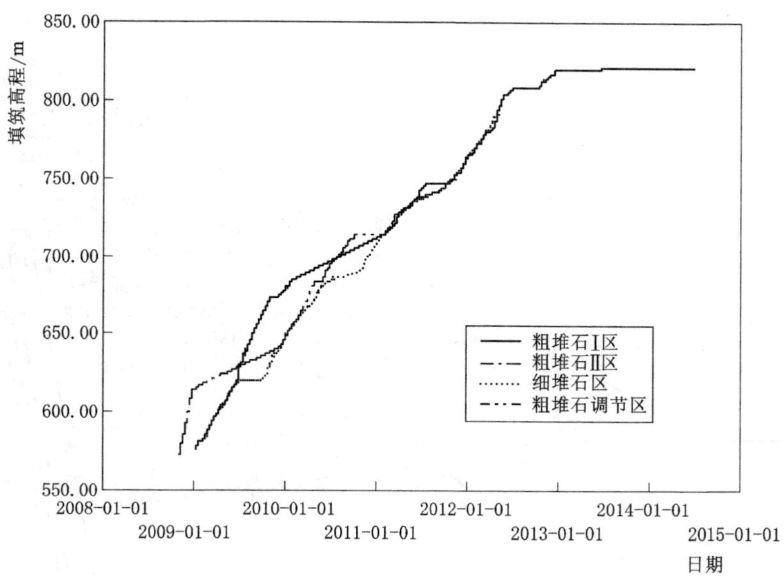

图 3.7 上游堆石体填筑过程曲线

3.2.2.4 效应量监测分析

坝 0+309.6 上游堆石体弦式沉降仪位移过程曲线如图 3.8 所示，上游堆石体位移分布如图 3.9 所示，从图中可以看出：

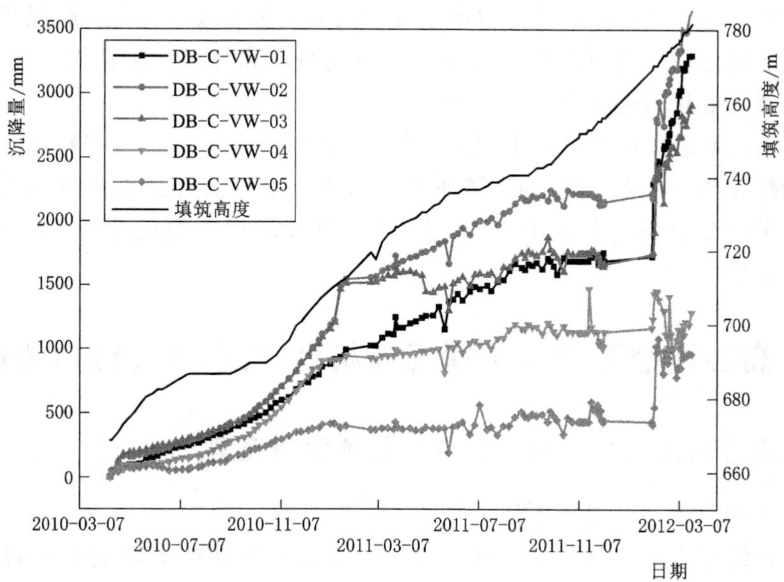

图 3.8 坝 0+309.6 上游堆石体弦式沉降仪位移过程曲线

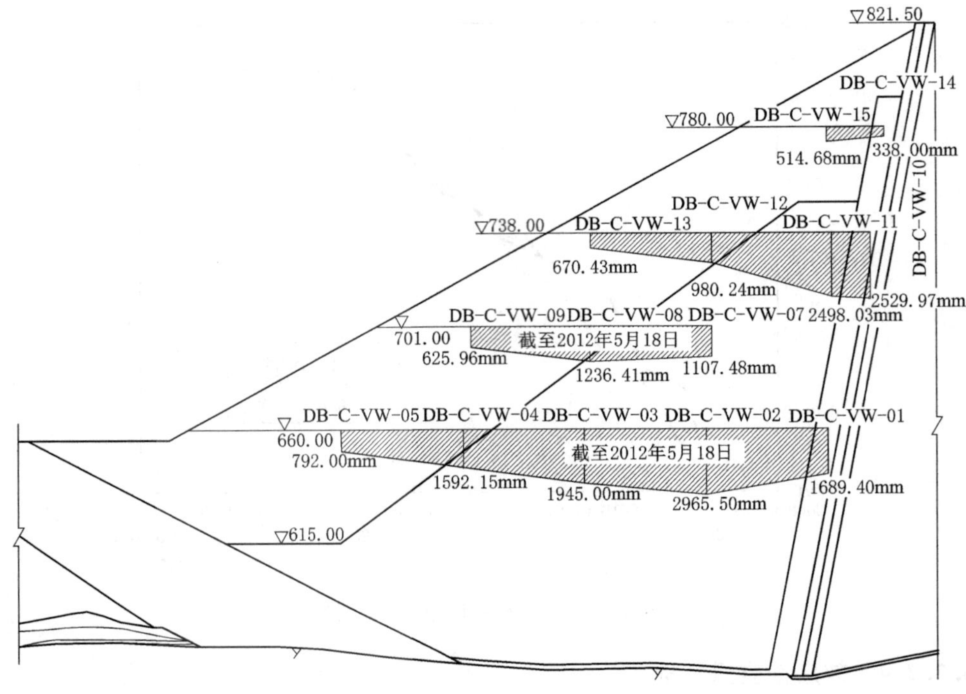

图 3.9　坝 0+309.6 上游堆石体沉降位移分布

(1) 由上游堆石体位移分布图可知，弦式沉降仪最大位移带出现在靠近心墙的堆石体中部，顶部和底部位移由中部向四周逐步递减，符合一般规律。

(2) 上游堆石体各测点沉降与坝体填筑高程紧密相关，坝体沉降随填筑面抬升而增加，变化趋势符合一般规律。

(3) 上游堆石体最大沉降出现在高程 660.00m 的 DB - C - VW - 02 弦式沉降仪，沉降测值为 2965.50mm，该测值占目前上游堆石体最大高度 259.5m 的比例为 1.14%。从其过程线来看，2012 年 2 月观测房受损后测值有一定波动，测值基本平稳。

3.3　高心墙堆石坝施工期沉降灰色-马尔可夫链预测模型

3.3.1　高心墙堆石坝 GM (1, 1) 灰色预测模型

3.3.1.1　GM (1, 1) 建模原理

灰色系统理论主要研究既含有已知信息又含有未知或不确定信息的灰色系统。高心墙堆石坝施工期具有环境复杂性及变形不确定性，坝体和坝基组成的系统为灰色系统，因此，可以通过监测得到的较少信息，建立所需微分方程的

动态模型，研究系统的变形规律，从而进一步认识大坝原型结构特性。

假设大坝施工期沉降变形的监测时间序列为

$$x_{(k)}^{(0)}=\{x_{(1)}^{(0)},x_{(2)}^{(0)},\cdots,x_{(n)}^{(0)}\} \tag{3.1}$$

为了将无规律或弱规律变化的原始数据变为有较强规律变化的生成数据，将式（3.1）作一次累加生成处理得到 1 - AGO 数列，得

$$x_{(k)}^{(1)}=\{x_{(1)}^{(1)},x_{(2)}^{(1)},\cdots,x_{(n)}^{(1)}\} \tag{3.2}$$

构建白化微分方程可表示为

$$\frac{\mathrm{d}x_{(k)}^{(1)}}{\mathrm{d}t}+ax_{(k)}^{(1)}=b \tag{3.3}$$

式中：a 为灰系数；b 为灰作用量。a、b 的取值可根据如下最小二乘法求得

$$[a:b]^{\mathrm{T}}=(B^{\mathrm{T}}B)^{-1}B^{\mathrm{T}}Y \tag{3.4}$$

$$B=\begin{bmatrix} -\frac{1}{2}[x_{(1)}^{(1)}+x_{(2)}^{(1)}] & 1 \\ -\frac{1}{2}[x_{(2)}^{(1)}+x_{(3)}^{(1)}] & 1 \\ \vdots & \vdots \\ -\frac{1}{2}[x_{(n-1)}^{(1)}+x_{(n)}^{(1)}] & 1 \end{bmatrix} \tag{3.5}$$

$$Y=[x_{(2)}^{(0)},x_{(3)}^{(0)},x_{(4)}^{(0)},\cdots,x_{(n)}^{(0)}]^{\mathrm{T}} \tag{3.6}$$

确定 a、b 后，求解微分方程可得到 GM(1，1) 模型的解为

$$\hat{x}_{(k+1)}^{(1)}=\left[x_{(1)}^{(0)}-\frac{b}{a}\right]\mathrm{e}^{-ak}+\frac{b}{a}\quad (k=1,2,\cdots,n) \tag{3.7}$$

由式（3.7）作累减逆还原计算，可得到原始数据的预测值 $\hat{x}_{(k+1)}^{(0)}$，其还原模型为

$$\hat{x}_{(k+1)}^{(0)}=\hat{x}_{(k+1)}^{(1)}-\hat{x}_{(k)}^{(1)}\quad (k=1,2,\cdots,n) \tag{3.8}$$

最终可得出灰色预测模型的预测值

$$\hat{x}_{(k)}^{(0)}=\{\hat{x}_{(1)}^{(0)},\hat{x}_{(2)}^{(0)},\cdots,\hat{x}_{(n)}^{(0)}\}\quad (k=1,2,\cdots,n) \tag{3.9}$$

虽然灰色预测模型对于具有近似指数规律且单调增长的序列具有较高的预测精度，但是在构建灰色预测模型之前，需明确其具体的适用范围[141]。如果预

测范围不在该模型的适用范围，则可能出现模型预测精度达不到要求甚至与预期效果相差很大的情况。对灰色理论模型进行了分析研究，认为GM(1，1)灰色预测模型的计算误差与发展系数 a 紧密关联。因此，a 的取值范围不同，则有不同的预测模型与之相对应[142]：

(1) 当 $-a\in(-\infty, 0.3]$ 时，GM(1，1)灰色预测模型适用于中长期预测。

(2) 当 $-a\in(0.3, 0.5]$ 时，GM(1，1)灰色预测模型适用于短期预测，而对于中长期的预测精度往往不高。

(3) $-a\in(0.5, 0.8]$ 时，GM(1，1)灰色预测模型不太适用于短期预测。

(4) $-a\in(0.8, 1]$ 时，GM(1，1)灰色预测模型需要采用残差修正后方可使用。

(5) $-a\in(1, 2]$ 时，考虑会产生较大误差，所以不适合采用GM(1，1)灰色预测模型。

(6) $-a\in(2, +\infty)$ 时，GM(1，1)灰色预测模型的预测结果没有意义。

3.3.1.2 GM (1，1) 模型的精度检验

鉴于灰色预测模型仅仅对于具有近似指数规律且单调增长的序列具有较高的预测精度，所以上文所建立的灰色预测模型不一定满足精度要求，因此，在进行下一步工作之前需进行精度检验。模型精度检验的方法主要包括以下几种：相对误差检验法、平均相对误差检验法、关联度检验法及后验差检验法，经检验如果所建模型的预测精度不符合要求，则需要对模型或者初始数据进行处理、修正。

1. 相对误差和平均相对误差检验法

由最终得出灰色预测模型的预测值与沉降实测值相减可得到残差

$$e(k)=x_{(k)}^{(0)}-\hat{x}_{(k)}^{(0)} \quad (k=1,2,\cdots,n) \tag{3.10}$$

进而可得相对误差为

$$rel(k)=\frac{e(k)}{x_{(k)}^{(0)}}\times 100\% \quad (k=1,2,\cdots,n) \tag{3.11}$$

平均相对误差为

$$REL=\frac{1}{n}\sum_{k=1}^{n}|rel(k)| \tag{3.12}$$

2. 后验差检验法

令原始数列 $x_{(k)}^{(0)}$ 与残差数列 $e(k)$ 的方差分别为 S_1^2 和 S_2^2，则

$$S_1^2=\frac{1}{n}\sum_{k=1}^{n}[x_{(k)}^{(0)}-\overline{x}^{(0)}]^2$$

$$S_2^2=\frac{1}{n}\sum_{k=1}^{n}[e_{(k)}-\overline{e}]^2$$

$$\overline{x}^{(0)}=\frac{1}{n}\sum_{k=1}^{n}x_{(k)}^{(0)};\overline{e}=\frac{1}{n}\sum_{k=1}^{n}e_{(k)} \tag{3.13}$$

计算后验均方差比值 C

$$C=\frac{S_2}{S_1} \tag{3.14}$$

求小误差概率 P

$$P=P\{|e_{(k)}-\overline{e}|<0.6745S_1\}k \tag{3.15}$$

后验差法检验模型精度由 C 和 P 共同决定，一般将模型精度分为四级[143]，见表 3.2。

表 3.2　后验差检验模型精度等级参照表

模型精度检验	后验差比值 C	小误差概率 P	结果
一级	$C\leqslant0.35$	$0.95\leqslant P$	优秀
二级	$0.35<C\leqslant0.5$	$0.80\leqslant P<0.95$	良好
三级	$0.5<C\leqslant0.65$	$0.70\leqslant P<0.80$	合格
四级	$0.65<C$	$P<0.70$	不合格

注　若存在一指标在高等级区间，另一指标在低等级区间，则最终预测精度为低等级。

3. 关联度检验法

关联度检验法是一种几何检验方法，通常利用模型的拟合曲线和原始数据曲线的紧密程度。

大坝施工期沉降变形的监测数据序列为 $x_{(k)}^{(0)}=\{x_{(1)}^{(0)},x_{(2)}^{(0)},\cdots,x_{(n)}^{(0)}\}$。

对于灰色关联系数 $\xi\in(0,1)$ 有

$$\xi=\frac{1}{n}\sum\frac{\min|x_{(k)}^{(0)}-\hat{x}_{(k)}^{(0)}|+0.5\max|x_{(k)}^{(0)}-\hat{x}_{(k)}^{(0)}|}{|x_{(k)}^{(0)}-\hat{x}_{(k)}^{(0)}|+0.5\max|x_{(k)}^{(0)}-\hat{x}_{(k)}^{(0)}|} \tag{3.16}$$

模型的预测精度一般随着灰色关联系数 ξ 的增大而提高。

3.3.2　马尔可夫链理论

考虑到高心墙堆石坝施工期沉降变形影响因素复杂，且变形监测数据波动较大，而灰色模型只对具有指数型或单调增长趋势的数据具有较高的预测精度，为了进一步提高预测的精度，在灰色预测模型的基础上引入马尔可夫链理论进行修正。马尔可夫链理论对于随机波动较大的动态过程具有较高的预测精度，

这一特点正好弥补了灰色模型的不足。将马尔可夫链预测[144] 与 GM 模型有效结合，进一步提高高心墙堆石坝施工期沉降变形预测结果的可靠性。

3.3.2.1 马尔可夫过程

时间和状态参数均离散的马尔可夫过程称为马尔可夫链。设某概率空间的随机过程为 $\{X(t),\ t=0,\ 1,\ \cdots,\ T\}$，设 $I=\{i_0,\ i_1,\ \cdots,\ i_T\}$ 为状态集，对于任意给定的正整数 T，h，k，任意给定的非负整数 $j_h>\cdots>j_2>j_1(T>j_h)$，与之相对应的随机变量 $X(T+k)$，$X(T)$，$X(j_h)$，$\cdots$，$X(j_2)$，$X(j_1)$ 若满足

$$
\begin{aligned}
&P\{X(T+k)=j\mid X(T)=i_T,X(j_h)=i_{jh},\cdots,X(j_2)=i_{j2},X(j_1)=i_{j1}\}\\
&=P\{X(T+k)=j\mid X(T)=i_T\}
\end{aligned}
\tag{3.17}
$$

则称 $\{X(t),\ t=0,\ 1,\ \cdots,\ T\}$ 为马尔可夫链。式（3.17）右端表示 $X(t)$ 从 T 时刻 i 状态转移到 $T+k$ 时刻的 j 状态的转移概率，记 $P_{ij}(T,\ T+k)$，如果 $P_{ij}(T,\ T+k)$ 与 T 无关，则称为齐次马尔可夫链，且完全由初始概率分布及状态转移概率矩阵决定。

3.3.2.2 沉降变形的状态划分

相对误差序列为高心墙堆石坝施工期沉降实测数据和灰色模型预测值的差值与实测值的比值：$\varepsilon_{(k)}^{(0)}=(\varepsilon_{(1)}^{(0)},\varepsilon_{(2)}^{(0)},\cdots,\varepsilon_{(n)}^{(0)})$，其中

$$
\varepsilon_{(k)}^{(0)}=[x_{(k)}^{(0)}-\hat{x}_{(k)}^{(0)}]/x_{(k)}^{(0)}\quad (k=1,2,\cdots,n)
\tag{3.18}
$$

式中：$x_{(x)}^{(0)}$ 为沉降实测数据；$\hat{x}_{(k)}^{(0)}$ 为灰色模型预测值。

对高心墙堆石坝施工期沉降变形状态的划分以相对误差为研究对象，采用样本均值-均方差方法来划分状态区间。该方法变量的变化范围通过样本均值和方差来刻画，变量的分级标准依靠样本的均值来确定，不涉及变量的物理原因、力学特性以及分布特征，便于操作，在研究中被广泛应用。因此，高心墙堆石坝沉降变形状态划分过程见表 3.3。

表 3.3　均值-均方差法状态划分

状态	分类标准	备　注
E_1	$(-\infty,\ \overline{x}-a_1\sigma)$	$a_1\in[1.0,\ 1.5]$ $a_2\in[0.3,\ 0.6]$
E_2	$(\overline{x}-a_1\sigma,\ \overline{x}-a_2\sigma)$	
E_3	$(\overline{x}-a_2\sigma,\ \overline{x}+a_2\sigma)$	
E_4	$(\overline{x}+a_2\sigma,\ \overline{x}+a_1\sigma)$	
E_5	$(\overline{x}+a_1\sigma,\ +\infty)$	

3.3.2.3 沉降变形状态转移概率矩阵的估计

记划分的状态区间为：E_1，E_2，$\cdots$，E_n，沉降量由状态 i 经过一步转移到状态 j 的概率 p_{ij} 为

$$p_{ij}=\frac{M_{ij}}{M_i} \tag{3.19}$$

式中：M_{ij} 为由状态 i 经过一步转移到状态 j 的个数；M_i 为序列中处于状态 E_i 的个数。

通过计算沉降变形状态转移概率，即可建立相应的状态转移概率矩阵 P

$$P=\begin{bmatrix} p_{11} & p_{12} & \cdots & p_{1n} \\ p_{21} & p_{22} & \cdots & p_{2n} \\ \vdots & \vdots & \ddots & \vdots \\ p_{m1} & p_{m2} & \cdots & p_{mn} \end{bmatrix} \tag{3.20}$$

在利用马尔可夫链预测模型进行预测时，必须检验其预测序列是否符合马氏性，只有当该序列符合马氏性方可建立预测模型，否则不能采用马尔可夫链预测模型进行预测。目前常采用统计量 χ^2 对其进行马氏检验。

$$\chi^2=2\sum_{i=1}^{k}\sum_{j=1}^{k}f_{ij}\left|\ln\frac{p_{ij}}{p_{.j}}\right| \tag{3.21}$$

式中：f_{ij} 为从状态 i 转移到状态 j 的频数；$p_{.j}$ 表示边际概率。

在 k 足够大的情况下，统计量 χ^2 服从自由度为 $k-1$ 的 χ^2 分布。给定置信度 α，即可得到 $\chi^2_\alpha[(k-1)^2]$的值，若 $\chi^2>\chi^2_\alpha[(k-1)^2]$，说明该预测序列符合马氏性，否则该序列不符合马氏性。

3.3.3 灰色-马尔可夫链预测模型构建

基于高心墙堆石坝施工期沉降变形监测数据，综合运用灰色理论和马尔可夫链理论，构建高心墙堆石坝施工期灰色-马尔可夫链预测模型，给出计算流程，以 MATLAB 语言为平台，开发计算程序。

基于上述理论分析，马尔可夫链修正的基本思想是：首先对高心墙堆石坝施工期沉降变形实测数据构建灰色理论预测模型，计算出预测值与实测值之间的误差序列，划分状态区间，计算一步转移概率矩阵，最终得出预测区间以确定预测值。

根据状态转移概率矩阵，可计算未来状态的转向为

$$P_{t+1}=P_0\times P \tag{3.22}$$

式中：P_0 为初始时刻的状态概率；P_{t+1} 为 $t+1$ 时刻的状态概率；P 为一步转移概率矩阵。

确定未来转移状态后，就确定了相对误差的区间范围，从而求出沉降变形预测值的变动区间（α，β），区间中值就是预测值，即高心墙堆石坝施工期沉降变形灰色—马尔可夫链预测模型为

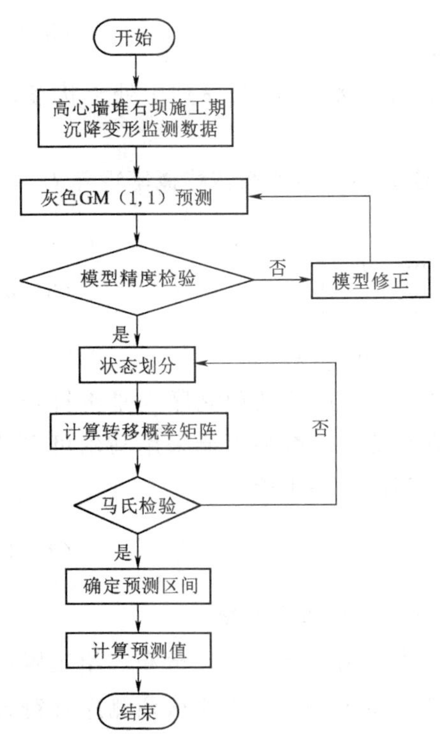

图 3.10 高心墙堆石坝施工期灰色-马尔可夫链预测模型流程

$$y=\frac{1}{2}(\alpha+\beta) \tag{3.23}$$

具体实现步骤如下：

（1）建立灰色 GM(1，1）预测模型。

（2）对建立的灰色预测模型进行精度检验，精度满足要求方可进入下一步工作，否则需修正所建模型。

（3）对计算的误差序列进行状态划分。

（4）马氏检验。由划分的状态区间，求出误差值所处的状态，并计算出一步转移概率矩阵，进而采用统计量 χ^2 检验“马氏性”。

（5）灰色-马尔可夫链预测模型计算预测值。首先确定未来的预测状态，根据所处状态的误差区间求出预测区间值，并将该预测区间中值作为最终的预测值。

高心墙堆石坝施工期灰色-马尔可夫链预测模型的流程如图 3.10 所示。

3.4 高心墙堆石坝施工期沉降非线性时变模型

3.4.1 高心墙堆石坝施工期沉降因子分析

通过对高心墙堆石坝施工期沉降观测资料的分析可知，施工期的堆石坝处于不断填筑的过程，其沉降变形受填筑高度影响较大，同时考虑坝体及坝基材料流变性，时效分量也是影响沉降变形的主要因子；另外，降雨增加了土的含水量，导致水土压力变化和渗透变形，尤其在雨季，堆石坝的沉降监控模型更应加以考虑；考虑到温度对堆石体的影响较小，一般填筑期上下游均为无水情况，因此，在此忽略温度和水位的影响。综上所述，高心墙堆石坝施工期沉降非线性时变统计模型因子可由填筑高度分量 δ_H、降雨分量 δ_U 和时效分量 δ_θ 组成，即

$$\delta=\delta_H+\delta_U+\delta_\theta \tag{3.24}$$

3.4.1.1 填筑高度因子

高心墙堆石坝施工期沉降变形主要是填筑引起的瞬时压缩变形，可表示为

$$\delta_H = \int_0^{H-z}\int_0^{z} \frac{\alpha\gamma}{E_S} \mathrm{d}z_1 \mathrm{d}z_2 \tag{3.25}$$

式中：γ 为填筑材料容重；α 为压应力修正系数；z 为监测点与基准面的距离；E_S 为填筑材料的压缩模量，其中 E_S 计算公式[145] 为

$$E_S = KP_a\left(\frac{\sigma_3}{P_a}\right)^n\left[1-R_f\frac{(\sigma_1-\sigma_3)(1-\sin\varphi)}{2c\cos\varphi+2\sigma_3\sin\varphi}\right]^2 \tag{3.26}$$

式中：K、R_f 为试验常数；P_a 为大气压强；c 为土体黏聚力；φ 为土体内摩擦角；n 为材料的邓肯-张模型参数；大小主应力 σ_1、σ_3 可近似表示为

$$\sigma_1 = \beta\gamma z \tag{3.27}$$

$$\sigma_3 = \eta\gamma z \tag{3.28}$$

式中：β、η 为主应力系数。

将式（3.27）、式（3.28）代入式（3.26），可得

$$E_S = KP_a\left(\frac{\eta\gamma z}{P_a}\right)^n\left[1-R_f\frac{(\beta-\eta)(1-\sin\varphi)}{2\eta\sin\varphi}\right]^2 \tag{3.29}$$

将式（3.29）代入式（3.25），其中令

$$A = 1-R_f\frac{(\beta-\eta)(1-\sin\varphi)}{2\eta\sin\varphi}, B = \frac{\alpha\gamma^{1-n}}{KP_a\left(\frac{\eta}{P_a}\right)^n A}$$

则填筑引起的瞬时压缩变形可表示为

$$\delta_H = \frac{B}{(1-n)(2-n)}\left[H^{2-n}-z^{2-n}-(H-z)^{2-n}\right] \tag{3.30}$$

考虑综合常数 B、n，将式（3.30）改写为

$$\delta_H = Y\left[H^X - z^X - (H-z)^X\right] \tag{3.31}$$

3.4.1.2 降雨因子

由于降雨导致土体含水量改变，降低了土体抗剪强度，进而对高心墙堆石坝施工期的沉降产生影响，且具有一定的滞后性，因此，可采用前 i 天降雨量的平均值作为因子，即

$$\delta_U = \sum_{i=1}^{m} d_i \overline{p}_i \tag{3.32}$$

式中：$\overline{p}_i$ 为前 i 天降雨量的平均值；d_i 为回归系数。

3.4.1.3 时效因子

高心墙堆石坝施工期产生时效位移的原因较为复杂，对于时效因子的研究需考虑渗流滞后及土体的蠕变性质，其包括坝体本身的时效位移和坝基岩体流变，因此该时效分量可表示为

$$\delta_\theta = \delta_1 + \delta_2 \tag{3.33}$$

式中：δ_1 为坝体蠕变位移；δ_2 为坝基岩体流变。

考虑到高心墙堆石坝施工期的填筑高度对沉降变形有很大的影响，因此，高心墙堆石坝施工期本身的蠕变部分不能简单地采用时间函数。黄铭等[123] 基于遗传蠕变理论在蠕变部分考虑了蠕变核 $\varphi(t-\tau)$ 以及应力历史 $\sigma(\tau)$，改善了纯时间函数的缺陷。遗传蠕变理论是一种考虑继效性的本构模型，在岩土体和混凝土中都得到一定的应用，其基本形式如下

$$\varepsilon(t)=\frac{1}{E(t)}\left[\sigma(t)+\sum_{i=1}^{m}\sigma(\tau_i)\varphi(t-\tau_i)\tau_i\right] \tag{3.34}$$

式中：$\varepsilon(t)$ 为 t 时刻应变；$\sigma(t)$ 为 t 时刻应力；τ 为 0 到 t 间的某时刻；m 为 0 到 t 时段内分段数；$\varphi(t-\tau)$ 为蠕变核，本节选用对数 $\lg(t-\tau)$。采用统计回归建立模型，回归因子选择填筑高度的 1～3 次幂，即高心墙堆石坝施工期本身的时效位移部分模型为

$$\begin{aligned}\delta_1=&a_1\sum_{i=1}^{m}H(\tau_i)\lg(t-\tau_i)\Delta\tau_i+a_2\sum_{i=1}^{m}H^2(\tau_i)\lg(t-\tau_i)\Delta\tau_i\\&+a_3\sum_{i=1}^{m}H^3(\tau_i)\lg(t-\tau_i)\Delta\tau_i\end{aligned} \tag{3.35}$$

相对于坝体本身的蠕变特性，坝基岩体的长期变形特性更为复杂，对于坝基岩体流变产生的沉降变形，可采用 Poynting - Thomson 流变模型，该模型由一个马克斯威尔体和一个弹簧元件并联组成[146]，如图 3.11 所示。

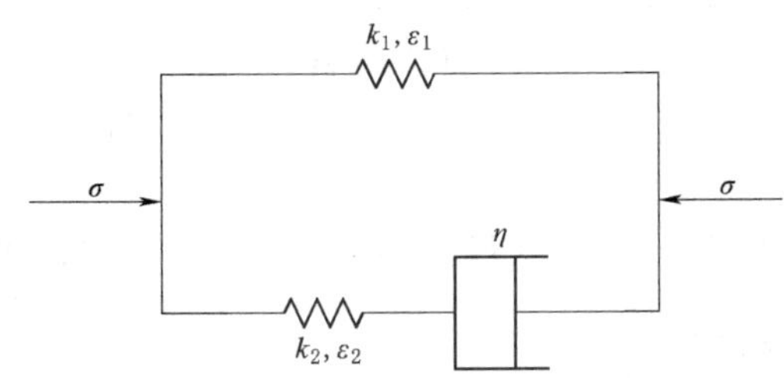

图 3.11　Poynting - Thomson 流变模型

根据 Poynting - Thomson 流变模型[147]，岩体的本构关系[136] 为

$$\frac{\mathrm{d}\sigma}{\mathrm{d}t}+\frac{E_1\sigma}{\eta}=(E_1+E_2)\frac{\mathrm{d}\varepsilon}{\mathrm{d}t}+\frac{E_1E_2}{\eta}\varepsilon \tag{3.36}$$

当 $\sigma=\sigma_0=\text{const}$，且 $\varepsilon|_{t=0}=\dfrac{\sigma_0}{E_1+E_2}$ 时，上式的解为

$$\varepsilon=\frac{\sigma}{E_2}+\sigma\left(\frac{1}{E_1+E_2}-\frac{1}{E_2}\right)\mathrm{e}^{-\frac{E_1E_2}{E_1+E_2}\frac{t}{\eta}} \tag{3.37}$$

式中：右边两项分别表示瞬时变形和蠕变变形。因此，可将式（3.37）改写为

$$\varepsilon(t)=\frac{\sigma}{E_0}+\frac{\sigma}{E'}(1-\mathrm{e}^{-\frac{E'}{\eta}t}) \tag{3.38}$$

式中：E_0 为瞬时弹性模量；E' 为延时弹性模量；η 为黏性系数。

从式（3.38）可得蠕变变形为

$$\delta_2 = \frac{\sigma}{E'}(1 - e^{-\frac{E'}{\eta}t}) \tag{3.39}$$

由式（3.39）可知，当应力恒定时，蠕变变形随时间按指数函数变化，考虑综合常数 σ、E'、η 后，将式（3.39）改写为

$$\delta_2 = a_4(1 - e^{-rt}) \tag{3.40}$$

3.4.2 高心墙堆石坝施工期非线性时变统计模型构建

前文在正确选择时变统计模型因子的基础上，针对每个因子分析并给出了其表达式，根据高心墙堆石坝施工期的特性并考虑初始测值的影响，可构建高心墙堆石坝施工期沉降非线性时变统计模型，其具体表达式为

$$\begin{aligned}\delta = a_0 + Y[H^X - z^X - (H - z)^X] + \sum_{i=1}^{m} d_i \overline{p}_i + a_1 \sum_{i=1}^{m} H(\tau_i)\lg(t - \tau_i)\Delta\tau_i \\ + a_2 \sum_{i=1}^{m} H^2(\tau_i)\lg(t - \tau_i)\Delta\tau_i + a_3 \sum_{i=1}^{m} H^3(\tau_i)\lg(t - \tau_i)\Delta\tau_i + a_4(1 - e^{-rt})\end{aligned} \tag{3.41}$$

由此，建立的高心墙堆石坝施工期沉降监控模型，考虑了高心墙堆石坝施工期填筑阶段坝体的瞬时压缩变形，且在坝体蠕变部分采用了考虑填筑历史的模型因子，弥补了纯时间函数的缺陷。同时，采用指数函数的时效分量作为坝体岩基的蠕变，有利于对高心墙堆石坝施工期沉降规律的认识。

3.4.3 考虑残差效应的高心墙堆石坝施工期沉降监测组合模型

由于高心墙堆石坝施工期的沉降变形受多种不确定因素和随机性的影响及变形监测方法和分析理论的限制，高心墙堆石坝施工期的沉降变形预测较为困难。如何在高心墙堆石坝施工期变形监测资料的基础上建立较高精度的变形预测模型，对及时监控大坝的服役性态以及确保大坝能否长期安全服役具有非常重要的意义。

高心墙堆石坝施工期的变形受内外环境双重作用，传统的统计模型一般基于变形监测序列，综合利用数学和力学方法建立统计模型预测大坝的变形，所建立的模型主要考虑水位、温度、时效的影响，不同坝型和工况对大坝变形影响因子的选择应有所不同。在实际工程中，高心墙堆石坝施工期的变形监测数据影响因素复杂，往往存在噪声，从而限制模型的预测精度。因此，本章在上述研究的基础上引入 ARIMA 时间序列模型对残差进行修正，以进一步提高监控模型的精度。

3.4.3.1 时间序列的预处理

时间序列是指按其先后发生的时间顺序排列而成的数列，其主要目的是根据已有历史数据对未来进行预测。时间序列不是随机排列的偶然序列，而是要

满足一定的规律，即对于时间序列分析，是在按时间先后顺序排列的系统中挖掘数据之间的规律。时间序列分析强调通过已有的历史数据，进而得到序列的运行规律或特征结果。

时间序列分析法的思想是根据已发生的变化趋势预测未来的发展，采用时间序列预测时需满足平稳序列的基本条件，如果不满足平稳序列或者序列无关，则不能直接对该时间序列进行预测，一般采用差分法得到平稳的时间序列重新分析。在大坝安全监控中，大多监测数据都具有一定的随机性，由于高心墙堆石坝施工期的沉降变形受多种因素的影响，直接采用时间序列进行分析预测的结果通常不太理想。因此，在构建时间序列预测模型之前，需要对高心墙堆石坝施工期监测数据序列的不平稳性差分处理，以进一步提高模型的预测精度。

1. 时间序列的平稳性检验

时间序列平稳性主要分为严平稳和宽平稳两类。严平稳是指时间序列在实际应用中的各项性质是固定的，并不随时间的变化而发生变化。在高心墙堆石坝施工过程中，严平稳一般很难实现，因此在实际应用中并不具有可行性。

宽平稳是指时间序列的二阶矩阵平稳，对于二阶以上的矩阵可认为序列指标具有近似稳定性，即不研究是否具有平稳的要求。一般地，宽平稳时间序列有如下性质：

（1）对于任意 $t\in T$，$E[X_t^2]<\infty$。

（2）任取 $t\in T$，$E[X_t^2]=\mu$（μ 为常数）。

（3）任取 t，s，$k\in T$，且 $k+s-t\in T$，有 $\gamma(t,s)=\gamma(k,k+s-t)$。

时间序列平稳性的检验主要有序列相关图法和单位根检验法。序列的相关图法是通过序列的自相关函数（ACF）和偏自相关函数（PACF）判断其平稳性。一般来说，平稳时间序列的下降速度比非平稳时间序列快得多。另外，通过原始数据的序列图，也可判断序列的平稳性，若时间序列在一定范围内围绕一个常数上下波动，也可以初步判断该时间序列是平稳的。

单位根检验法一般常用的是扩展迪基-福勒（Augmented Dickey - Fuller，ADF）检验，主要包括如下三种类型：

（1）p 阶自回归方程无趋势变化且均值并非常数。

（2）p 阶自回归方程变化且均值为常数。

（3）p 阶自回归方程符合线性变化的规律且均值为常数。

2. 时间序列的白噪声检验

对一组监测数据进行时间序列分析、预测时，并不是所有的平稳时间序列就值得建模，只有当这些序列间具有密切的相关性，历史监测数据对未来发展有一定影响的序列，才有必要挖掘历史数据中的有效信息，进而预测未来的发展。如果一组监测数据序列之间没有联系，则称为纯随机序列，是一种没有分析价值的序列。因此，不能利用该序列分析其未来的变化趋势。考虑到高心墙堆石坝施工期的沉降变形影响因素复杂，由差分序列图可以看出差分序列波动剧烈且没有规律性，从而表现的像平稳白噪声序列，需要进一步对平稳序列进行白噪声检验。

白噪声检验的方法有图检验法和统计量检验法两种，是专门检验是否为纯随机序列的一种方法。其中，图检验法是通过观察自相关图中的自相关系数来判断序列的随机性；统计量检验法是构造统计量大小判断序列的随机性。

3. 时间序列的平稳性处理

平稳时间序列的各种性质在一段时间内一般保持不变，如均值、方差及协方差通常保持不变。而对于非平稳序列，这些数值都将随着时间的变化而变化，这个特点决定了非平稳序列的规律难以通过回归方程或模型进行分析、预测。在实际大坝工程中，大坝安全监测数据大多都是非平稳序列。对于非平稳序列，在构建模型之前，需要将监测数据的不平稳序列转化为平稳的时间序列，一般采用差分平稳化处理的方式转化成平稳序列。同时，差分平稳化处理会带来序列减少的问题，过度差分会增加还原原始序列的难度。通常情况下，非平稳监测数据序列最多经过二阶差分就可实现序列的平稳化，过高阶数的差分处理，会丢失许多原始数据的有效信息，造成序列的失真。

以一阶差分为例，采用一阶差分的方法将非平稳序列转化为平稳序列，二阶差分与一阶差分的转化相同。对原始序列 $\{x_t\}$ 一阶差分，差分后的序列 $\Delta x_t = x_t - x_{t-1}$，原始序列 $\{x_t\}$ 用一阶差分和滞后一期的序列表示，展开成 d 阶差分序列为

$$\Delta^d x_t = (1-B)^d x_t = \sum^{d} (-1)^t C_d^t x_{t-1} \tag{3.42}$$

实质上是一个 d 阶自回归过程，可表示为

$$x_t = \sum^{d} (-1)^{t+1} C_d^t x_{t-1} + \Delta^d x_t \tag{3.43}$$

时间序列平稳性处理的本质就是用自回归方程获取信息进行差分计算。

如果高心墙堆石坝施工期的沉降监测数据序列通过时间序列的预处理，判定为非平稳非白噪声序列，其预处理主要包括两个步骤：第一是通过差分平稳化处理将非平稳时间序列转化为平稳时间序列；第二是对转换后的时间序列建模。

3.4.3.2 时间序列的四种常用模型

时间序列预测主要利用移动平均法、指数平滑法、时间序列的分解等，时间序列的四种常用模型主要是：移动平均 MA 模型、自回归 AR 模型、自回归移动平均 ARMA 模型、差分自回归移动平均 ARIMA 模型。

1. 移动平均 MA 模型

MA(q) 模型的表达式为

$$u_t=\mu+\varepsilon_t+\theta_1\varepsilon_{t-1}+\cdots+\theta_q\varepsilon_{t-q}\quad(t=1,2,\cdots,T)\tag{3.44}$$

式中：ε_t 为均值为0、方差为1的白噪声序列，其自协方差 τ_k 为

$$\tau_k=E[u_{t+k}u_t]=E\left(\varepsilon_t+\sum_{j=1}^{q}\theta_j\varepsilon_{t-j}\right)\left(\varepsilon_{t+k}+\sum_{i=1}^{q}\theta_i\varepsilon_{t+k-i}\right)\tag{3.45}$$

经计算可得

$$\tau_k=\begin{cases}\sigma^2(1+\theta_1^2+\cdots+\theta_q^2), & k=0\\ \sigma^2(\theta_k+\theta_1\theta_{k-1}+\cdots+\theta_{q-k}\theta_q), & 0<k\leqslant q\\ 0, & k>q\end{cases}\tag{3.46}$$

进而可以得到

$$\tau_k=\frac{\tau_k}{\tau_0}\begin{cases}1, & k=0\\ \dfrac{\theta_k+\theta_1\theta_{k-1}+\cdots+\theta_{q-k}\theta_q}{1+\theta_1^2+\cdots+\theta_q^2}, & 0<k\leqslant q\\ 0, & k>q\end{cases}\tag{3.47}$$

随着 q 的增加，MA(q) 模型逐渐趋于负值，对于MA(q) 模型很难用具体的表达式表示 q 值，但是AR(p) 模型可以解决这个问题，而且每个MA(q) 模型对应一个AR(∞) 模型，因此，可用AR(∞) 模型间接研究。

2. 自回归AR模型

AR(p) 模型可表示为

$$u_t=c+\phi_1\mu_{t-1}+\phi_2\mu_{t-2}+\cdots+\phi_p\mu_{t-p}+\varepsilon_t\quad(t=1,2,\cdots,T)\tag{3.48}$$

基于算子理论，设 L 为滞后算子，则 $Lu_t=u_{t-1}$、$L^pu_t=u_{t-p}$，当 $L^0u_t=u_t$，式（3.48）可改写为

$$(1-\phi_1L-\phi_2L^2-\cdots-\phi_pL^p)u_t=c+\varepsilon_t\quad(t=1,2,\cdots,T)\tag{3.49}$$

设 $\phi(L)=1-\phi_1L-\phi_2L^2-\cdots-\phi_pL^p$，令

$$\phi(z)=1-\phi_1z-\phi_2z^2-\cdots-\phi_pz^p=0\tag{3.50}$$

由式（3.50）可得，$\phi(z)$ 是关于 z 的 p 次多项式，$\phi(z)$ 的根全部落在单位圆之外是AR(p) 模型平稳的充要条件。式（3.48）可改写成滞后算子多项式形式，即

$$\phi(L)\mu_t=c+\varepsilon_t\quad(t=1,2,\cdots,T)\tag{3.51}$$

式（3.51）可表示为MA(∞) 的形式，可得

$$u_t=\mu+\psi(L)\varepsilon_t=\mu+\varepsilon_t+\psi_1\varepsilon_{t-1}+\psi_2\mu_{t-2}+\cdots=\mu+(\psi_0+\psi_1L+\psi_2L^2+\cdots)\varepsilon_t\tag{3.52}$$

其中

$$\psi(L)=(1-\phi_1L-\phi_2L^2-\cdots-\phi_PL^p)^{-1}=\phi(L)^{-1}\tag{3.53}$$

$\psi_0=1$，$\sum_{j=0}^{\infty}\psi_j^2<\infty$。假设满足平稳性条件，将式（3.48）两端取期望求得均值为

$$u=c+\varphi_1\mu+\varphi_2\mu+\cdots+\varphi_p\mu \tag{3.54}$$

式（3.52）表明，任意 AR(p) 模型都可表示为白噪声序列的线性组合。

3. 自回归移动平均 ARMA 模型

ARMA(p，q) 模型包含一个移动平均 MA(q) 模型和一个自回归 AR(p) 模型，即

$$u_t=c+\phi_1\mu_{t-1}+\phi_2\mu_{t-2}+\cdots+\phi_p\mu_{t-p}+\varepsilon_t+\theta_1\varepsilon_{t-1}+\cdots+\theta_q\varepsilon_{t-q}\quad(t=1,2,\cdots,T) \tag{3.55}$$

滞后算子多项式的表示形式为

$$(1-\phi_1L-\phi_2L^2-\cdots-\phi_pL^p)u_t=c+(1+\theta_1L+\theta_2L^2+\cdots+\theta_qL^q)\varepsilon_t \tag{3.56}$$

令 $\phi(z)=1-\phi_1z-\phi_2z^2-\cdots-\phi_pz^p=0$，将式（3.56）两边除以（$1-\phi_1L-\phi_2L^2-\cdots-\phi_pL^p$），即

$$u_t=\mu+\psi(L)\varepsilon_t\quad(t=1,2,\cdots,T) \tag{3.57}$$

其中

$$\psi(L)=\frac{1+\theta_1L+\theta_2L^2+\cdots+\theta_qL^q}{1-\phi_1L-\phi_2L^2-\cdots-\phi_pL^p} \tag{3.58}$$

$$\sum_{j=0}^{\infty}|\psi_j|<\infty \tag{3.59}$$

$$\mu=c/(1-\phi_1-\phi_2-\cdots-\phi_p) \tag{3.60}$$

自回归移动平均 ARMA(p，q) 模型的白噪声序列近似逼近平稳序列，该模型的平稳性完全取决于自相关模型的各项参数（ϕ_1，ϕ_2，…，ϕ_p），与 MA(q) 模型参数（θ_1，θ_2，…，θ_q）无关。

4. 差分自回归移动平均 ARIMA 模型

对于单整时间序列预测时，需满足构建模型的基本条件，如果不满足平稳序列或者序列无关，可通过差分法将非平稳序列转为平稳序列，构建 ARIMA 模型。假设 y_t 是 d 阶单整序列，即 $y_t\sim I(d)$，则

$$w_t=\Delta^dy_t=(1-L)^dy_t \tag{3.61}$$

式中：w_t 为平稳序列，即 $w_t\sim I(0)$。

因此，对 w_t 建立 ARMA(p，q) 模型为

$$w_t=c+\phi_1w_{t-1}+\phi_2w_{t-2}+\cdots+\phi_pw_{t-p}+\varepsilon_t+\theta_1\varepsilon_{t-1}+\cdots+\theta_q\varepsilon_{t-q} \tag{3.62}$$

滞后算子表示为

$$\Phi(L)w_t=c+\Theta(L)\varepsilon_t \tag{3.63}$$

其中

$$\Phi(L)=1-\phi_1L-\phi_2L^2-\cdots-\phi_pL^p \tag{3.64}$$

$$\Theta(L)=1+\theta_1L+\theta_2L^2+\cdots+\theta_qL^q \tag{3.65}$$

ARMA(p，q) 模型经过 d 阶差分后形成 ARIMA(p，d，q) 模型，ARIMA(p，d，q) 模型构建及参数的确定主要有以下几个步骤：首先构建

ARIMA(p，d，q) 模型的基础是平稳的时间序列，如果是非平稳时间序列，则无法使用 ARIMA(p，d，q) 模型进行预测；对于非平稳时间序列，一般对该时间序列 d 阶差分进行平稳化处理，从而得到 d 阶差分后的平稳序列。然后根据自相关函数和偏自相关函数确定 p、q 的取值，判别时根据表 3.4 进行。在模型各项参数确定后，对模型的显著性进行检验，验证所建模型是否合理。最后，利用构建的 ARIMA(p，d，q) 模型进行预测，将高心墙堆石坝施工期沉降实测值与模型预测值进行对比验证。

表 3.4　　不同模型与 ACF 和 PACF 的关系

自相关函数 ACF	平稳序列模型	偏自相关函数 PACF
拖尾	AR(p)	截尾
截尾	MA(q)	拖尾
拖尾	ARMA(p，q)	拖尾

3.4.3.3　考虑残差效应的高心墙堆石坝施工期沉降监测组合模型构建

基于上述分析，采用 ARIMA 模型对残差进行修正的基本思想是：首先在考虑填筑高度、坝体和坝基蠕变以及降雨等因素的基础上提出高心墙堆石坝施工期沉降非线性时变统计模型，计算出预测值与实测值之间的残差序列，对残差序列进行平稳性检验和白噪声检验，最后采用 ARIMA 模型对残差进行修正并将残差预测值添加到未考虑残差效应的高心墙堆石坝施工期沉降非线性时变统计模型中，从而得出最终预测值。考虑残差效应的高心墙堆石坝施工期沉降监测组合模型的流程，如图 3.12 所示。

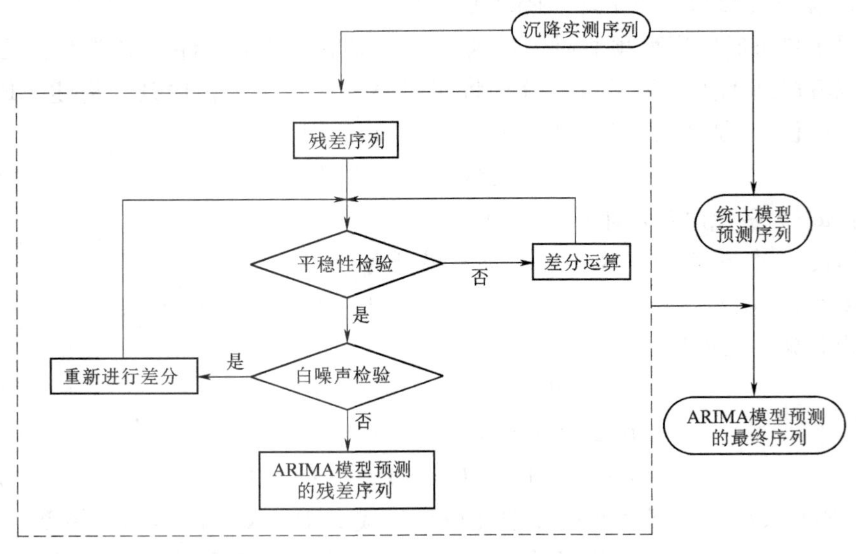

图 3.12　时间序列模型的建模步骤

3.5 基于 BP 神经网络的大坝多测点监控模型

3.5.1 多测点模型构建原理

3.5.1.1 BP 神经网络算法原理

BP 神经网络主要包括信号的前向传播和误差的反向传播两部分。前向传播主要是将信号输入到输入层，经隐含层处理运算后，经输出层输出最终计算结果；误差的反向传播是由于输出结果与目标值相差较大，从而将误差按照输出到隐含层和输入层依次传递，并同时对连接权值和阈值不断调整，通过前向传播和误差的反向传播这两个过程，获得较优的网络参数。

1. 信号的前向传播

假设隐含层第 i 个节点信号大小为 net_i，可表示为

$$net_i = \sum_{j=1}^{M} w_{ij}x_j + \theta_i \tag{3.66}$$

式中：w_{ij} 为输入层与隐含层的连接权值；x_j 为输入样本节点值；θ_i 为隐含层的阈值。

隐含层第 i 个节点输出 o_i 为

$$o_i = \phi(net_i) = \phi\left(\sum_{j=1}^{M} w_{ij}x_j + \theta_i\right) \tag{3.67}$$

输出层第 k 个节点输入 net_k 为

$$net_k = \sum_{i=1}^{q} w_{ki}y_i + a_k = \sum_{i=1}^{q} w_{ki}\phi\left(\sum_{j=1}^{M} w_{ij}x_j + \theta_i\right) + a_k \tag{3.68}$$

式中：w_{ki} 为输出层与隐含层的连接权值；y_i 为输出信号的节点值；a_k 为输出层的阈值。

输出层第 k 个节点输出 o_k 为

$$o_k = \psi(net_k) = \psi\left(\sum_{i=1}^{q} w_{ki}y_i + a_k\right) = \psi\left[\sum_{i=1}^{q} w_{ki}\phi\left(\sum_{j=1}^{M} w_{ij}x_j + \theta_i\right) + a_k\right] \tag{3.69}$$

2. 误差的反向传播

在 k 个样本下，网络的期望值与实际值的均方根误差为

$$E_p = \frac{1}{2}\sum_{k=1}^{L}(T_k - o_k)^2 \tag{3.70}$$

式中：T_k 表示输出层的期望输出。

由梯度下降法可得

$$\left.\begin{aligned}\Delta w_{ki}=-\eta\frac{\partial E_p}{\partial w_{ki}},\ \Delta a_k=-\eta\frac{\partial E_p}{\partial a_k}\\ \Delta w_{ij}=-\eta\frac{\partial E_p}{\partial w_{ij}},\ \Delta\theta_i=-\eta\frac{\partial E_p}{\partial\theta_i}\end{aligned}\right\}\tag{3.71}$$

联立以上 4 个公式可得输出层连接参数，即

$$\Delta w_{ki}=-\eta\frac{\partial E_p}{\partial w_{ki}}=-\eta\frac{\partial E_p}{net_k}\frac{net_k}{\partial w_{ki}}=-\eta\frac{\partial E_p}{\partial o_k}\frac{\partial o_k}{\partial net_k}\frac{\partial net_k}{\partial w_{ki}}\tag{3.72}$$

输出层阈值变化量

$$\Delta a_k=-\eta\frac{\partial E_p}{\partial a_k}=-\eta\frac{\partial E_p}{net_k}\frac{net_k}{\partial a_k}=-\eta\frac{\partial E_p}{\partial o_k}\frac{\partial o_k}{\partial net_k}\frac{\partial net_k}{\partial a_k}\tag{3.73}$$

隐含层权值变化量

$$\Delta w_{ij}=-\eta\frac{\partial E_p}{\partial w_{ij}}=-\eta\frac{\partial E_p}{net_k}\frac{net_k}{\partial w_{ij}}=-\eta\frac{\partial E_p}{\partial o_k}\frac{\partial o_k}{\partial net_k}\frac{\partial net_k}{\partial w_{ij}}\tag{3.74}$$

隐含层阈值变化量

$$\Delta\theta_i=-\eta\frac{\partial E_p}{\partial\theta_i}=-\eta\frac{\partial E_p}{net_k}\frac{net_k}{\partial\theta_i}=-\eta\frac{\partial E_p}{\partial o_k}\frac{\partial o_k}{\partial net_k}\frac{\partial net_k}{\partial\theta_i}\tag{3.75}$$

因为

$$\frac{\partial E_p}{\partial o_k}=-\sum_{P=1}^{P}\sum_{k=1}^{L}(T_k^P-o_k^P)\tag{3.76}$$

$$\frac{\partial net_k}{\partial w_{ki}}=y_i,\frac{\partial net_i}{\partial a_i}=1,\frac{\partial net_i}{\partial w_{ij}}=x_j,\frac{\partial net_i}{\partial\theta_i}=1\tag{3.77}$$

$$\frac{\partial E_p}{\partial y_i}=-\sum_{P=1}^{P}\sum_{k=1}^{L}(T_k^P-o_k^P)\psi'(net_k)w_{ki}\tag{3.78}$$

$$\frac{\partial y_i}{\partial net_i}=\phi'(net_i)\tag{3.79}$$

$$\frac{\partial o_k}{\partial net_k}=\phi'(net_k)\tag{3.80}$$

BP 神经网络输入层、输出层最终对应的权值和阈值修正量为

$$\Delta w_{ij}=\eta\sum_{P=1}^{P}\sum_{k=1}^{L}(T_k^P-o_k^P)\psi'(net_k)w_{ki}\phi'(net_i)x_j\tag{3.81}$$

$$\Delta\theta_i=\eta\sum_{P=1}^{P}\sum_{k=1}^{L}(T_k^P-o_k^P)\psi'(net_k)w_{ki}\phi'(net_i)\tag{3.82}$$

$$\Delta w_{ki}=\eta\sum_{P=1}^{P}\sum_{k=1}^{L}(T_k^P-o_k^P)\psi'(net_k)\cdot y_i\tag{3.83}$$

$$\Delta a_k=\eta\sum_{P=1}^{P}\sum_{k=1}^{L}(T_k^P-o_k^P)\psi'(net_k)\tag{3.84}$$

BP 神经网络对于非连续函数也可以实现逼近，因此，可采用 BP 神经网络

来构建高度非线性的高心墙堆石坝施工期沉降变形预测模型。BP 神经网络计算流程如图 3.13 所示。

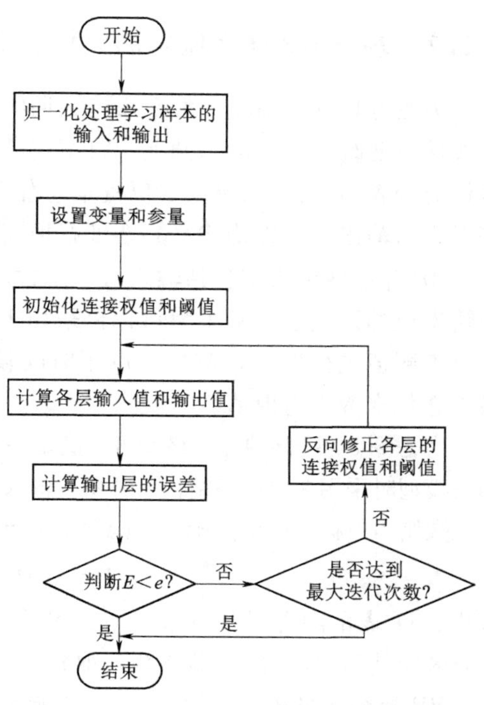

图 3.13　BP 神经网络计算流程

3.5.1.2　样本的归一化处理

考虑 BP 神经网络的输入变量具有不同的量纲和物理意义，为了使各输入变量都集中在一个值域内，采用归一化处理使得各输入变量在 BP 神经网络中具有同等地位。归一化保证了在不改变原始监测数据的基础上，进一步提高了计算的收敛速度；另外，归一化的计算并没有剔除异常点、平滑处理等措施，从而有效保留原始监测数据的真实性。

将输入量归一化为

$$z_i=\frac{Z_i-Z_{\min}}{Z_{\max}-Z_{\min}}\quad (i=1,2,3,\cdots,n) \tag{3.85}$$

式中：z_i 为第 i 个归一化后的值；Z_i 为样本变量第 i 个原始值；$Z_{\max}$ 为原始值中的最大值；$Z_{\min}$ 为原始值中的最小值；n 为样本数。

3.5.1.3　输入层、隐含层、输出层的设计

（1）输入层一般设一层，其神经元个数一般通过输入变量的个数确定，通常与输入变量的个数相等。

（2）理论研究表明，三层 BP 神经网络可以实现任意的 n 维到 m 维的映射，单隐层的 BP 神经网络可以实现对闭区间内连续函数的逼近。因此，一般采用单隐层 BP 神经网络。

确定隐含层神经元个数的方法主要有：

1）Loppmann 认为单隐层 BP 神经网络最大神经元个数为 $M(N+1)$。

2）Kuarycki 认为最大神经元个数为 $3M$。

3）A. J. Maren 认为隐含层神经元个数为 $H=\sqrt{MN}$。

4）隐含层神经元个数可为 $H=\sqrt{M+N}+a$，a 为 1～10 的常数。

其中，M、N 分别表示输出层、输入层神经元个数。

（3）输出层只有一层，其神经元个数由目标值的数量确定。

3.5.2　基于 BP 神经网络的大坝多测点模型构建

为更好地揭示高心墙堆石坝施工期的沉降规律，基于 BP 神经网络算法，在非线性时变统计模型的基础上，将填筑高度因子 δ_H、坝体的蠕变位移 δ_1、坝基岩体流变 δ_2 以及不同测点的位置信息作为 BP 神经网络的输入变量，大坝沉降变形作为输出量，以构建高心墙堆石坝施工期沉降变形的多测点预测模型。

BP 神经网络模型包括输入层、隐含层、输出层。该模型通过以实测值与模型输出值的误差总和最小为目标，采用 Levenberg - Marquardt 算法对连接权值和节点阈值进行迭代，该算法占用时间较少，迭代次数以误差满足要求或达到最大迭代次数进行取值。

考虑到 3 层 BP 神经网络就可以满足一般函数的映射，因此本节在构建 BP 神经网络模型时采用 3 层网络结构。其中，输入层节点数通过输入量的个数确定，输出层节点数则由目标值的数量确定，隐含层节点数一般根据经验可表示为[148]

$$H=\sqrt{M+N}+a \tag{3.86}$$

式中：H 表示隐含层节点数；M、N 分别表示输出层节点数和输入层节点数；a 为区间［1，10］的经验参数，取整数。

BP 神经网络拓扑结构如图 3.14 所示。

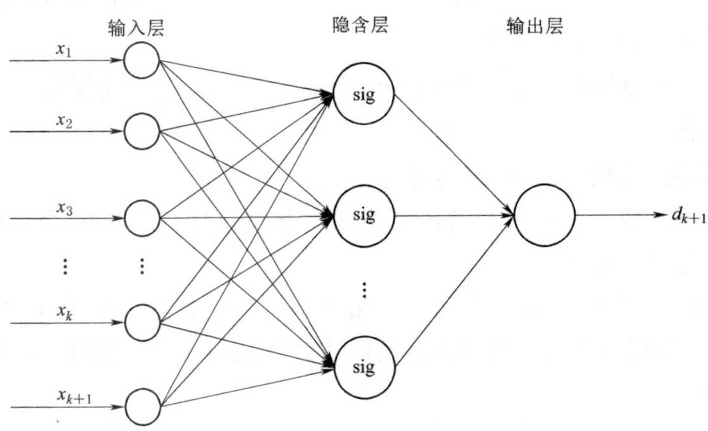

图 3.14　BP 神经网络拓扑结构

3.6　工　程　实　例

3.6.1　灰色-马尔可夫链模型在高心墙堆石坝施工期沉降预测中的应用

由于施工期监测数据贫乏，属于典型的短序列资料，选用沉降量最大的弦式沉降仪 DB－C－VW－02 测点 2010 年 4 月 13 日至 8 月 11 日的监测数据进行分析。该测点位于大坝 0＋310.064 断面高程为 660.186m 坝轴线上游 100.163m，上游坝壳区。

以 2010 年 7 月 30 日为原点，2010 年 8 月 3 日和 2010 年 8 月 11 日为预测对象。分别对序列长度 7～13 的数据进行灰色建模预测，并通过后验差检验法对比不同序列长度的预测精度，计算结果表明以序列长度 $n=12$ 的监测数据建立的预测模型精度最高，因此，选用该序列作为背景数据建立灰色预测模型，预测结果见表 3.5。

表 3.5　　灰色预测结果

监测日期	实测量/mm	灰色预测值/mm	相对误差/%
2010－08－03	316.16	328.86	4.02
2010－08－11	333.63	348.39	4.42

为了进一步提高模型的预测精度，在此基础上运用马尔可夫链预测模型对预测结果进行修正。

以灰色预测值与实测沉降量之间的误差为基准采用均值-均方差法将状态区间划分为五个状态：(－∞，－2.96%]，(－2.96%，－1.08%]，(－1.08%，1.28%]，(1.28%，3.06%]，(3.06%，＋∞) 分别对应 1～5 状态。具体划分情况见表 3.6。

表 3.6　　状态划分

观测日期	相对误差/%	状态
2010－05－12	0.01	3
2010－05－19	1.51	4
2010－05－27	1.18	3
2010－06－04	0.45	3
2010－06－10	0.90	3
2010－06－16	1.47	4
2010－06－24	0.36	3
2010－07－02	－4.59	1
2010－07－10	－3.04	1
2010－07－18	－0.01	3
2010－07－21	0.74	3
2010－07－30	2.23	4

状态转移情况见表 3.7。

表 3.7 状态转移情况

状态	1	2	3	4	5	合计
1	1	0	1	0	0	2
2	0	0	0	0	0	0
3	1	0	3	3	0	7
4	0	0	2	0	0	2
5	0	0	0	0	0	0

由式（3.19）和式（3.20）可得一步转移概率矩阵 P 为

$$P=\begin{bmatrix}0.5 & 0 & 0.5 & 0 & 0\\ 0 & 0 & 0 & 0 & 0\\ 0.14 & 0 & 0.43 & 0.43 & 0\\ 0 & 0 & 1 & 0 & 0\\ 0 & 0 & 0 & 0 & 0\end{bmatrix}$$

马氏检验计算结果表明 $\chi^2=16.09$，给定显著性水平 $\alpha=0.05$，可查得分位点 $\chi^2(16)=7.96$，即 $\chi^2>\chi_\alpha^2[(k-1)^2]$，该序列满足马氏性。最终预测结果见表 3.8。

表 3.8 不同模型的预测效果对比

方法	观测日期	实测值/mm	预测值/mm	相对误差/%
灰色预测	2010-08-03	316.16	328.86	4.02
	2010-08-11	333.63	348.39	4.42
灰色-马尔可夫链预测	2010-08-03	316.16	320.89	1.50
	2010-08-11	333.63	339.95	1.89

由表 3.8 可知，对于 2010 年 8 月 3 日和 2010 年 8 月 11 日沉降量的预测，采用灰色预测方法所得结果的相对误差分别为 4.02%和 4.42%，误差相对较大。而在灰色预测的基础上采用马尔可夫链预测模型进行修正，其预测结果的相对误差分别为 1.50%和 1.89%，有效地提高了预测精度，表明该模型的有效性。

3.6.2 考虑残差效应的组合模型在高心墙堆石坝施工期沉降预测中的应用

基于高心墙堆石坝施工期沉降实测数据构建了高心墙堆石坝施工期灰色-马尔可夫链预测模型，该模型从数据挖掘的角度探究了高心墙堆石坝施工期的变形规律。实际上，高心墙堆石坝施工期的沉降变形主要来源于填筑过程产生的瞬时沉降以及坝体和坝基的蠕变，单纯从监测数据建立预测模型并不能从物理力学成因上描述堆石坝的沉降变形规律，因此，采用指数函数的时效分量作为坝基岩体的蠕变，在考虑填筑高度、坝体和坝基蠕变以及降雨等因素的基础上提出高心墙堆石坝施工期沉降非线性时变统计模型。

选取该高心墙堆石坝的弦式沉降仪 DB-C-VW-01 和 DB-C-VW-02 测点的沉降监测数据，来验证高心墙堆石坝施工期沉降非线性时变统计模型的有效性。测点沉降变形曲线与坝体填筑过程线如图 3.15 所示。

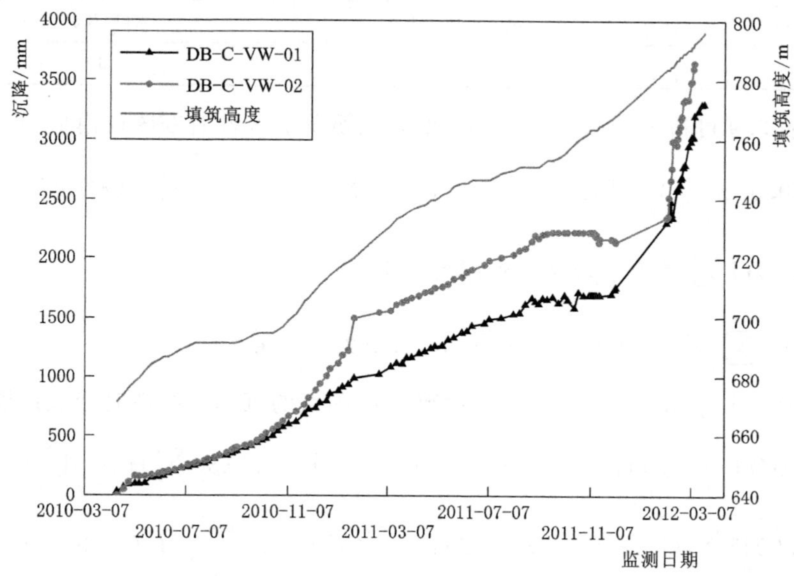

图 3.15 沉降与填筑过程曲线

由于施工期监测数据贫乏，属于典型的短序列资料。从图 3.15 可知，高心墙堆石坝施工期的沉降变形与填筑高度明显相关，因此，高心墙堆石坝施工期的沉降监控模型应考虑填筑高度的影响。

需要说明的是：综合考虑当地天气条件和高心墙堆石坝雨季的施工以及坝体堆石料、细堆石料和反滤料不受降雨影响的特点，高心墙堆石坝可全年施工[149]。因此，降雨因子对该高心墙堆石坝的影响较小，可忽略其对大坝沉降的影响。

以测点 2010 年 4 月至 2012 年 3 月监测数据为例进行分析，借助 MATLAB 平台，开发了计算程序，并通过非线性回归方法求解相关参数。参考有关试验结果，坝体压缩分量中参数 n 取 0.33。

测点 DB-C-VW-01 和 DB-C-VW-02 的非线性时变统计模型相关参数回归结果见表 3.9。

表 3.9 两测点非线性时变统计模型参数回归结果

参数	DB - C - VW - 01	DB - C - VW - 02
Y	−0.1664	−0.9615
a_0	113.1823	584.0129
a_1	−0.0965	−0.4591
a_2	0.0013	0.0063
a_3	4.0952×10^{-6}	-2.0665×10^{-5}
a_4	65.1137	241.7566
r	6	6

由表 3.9 可得 DB - C - VW - 01 测点的沉降非线性时变统计模型为

$$\delta = -70.0333 + 0.16[H^X - z^X - (H-z)^X] + 0.0778\sum_{i=1}^{m}H(\tau_i)\lg(t-\tau_i)\Delta\tau_i - 0.0011\sum_{i=1}^{m}H^2(\tau_i)\lg(t-\tau_i)\Delta\tau_i + 4.4444 \times 10^{-6}\sum_{i=1}^{m}H^3(\tau_i)\lg(t-\tau_i)\Delta\tau_i + 12.0421(1-e^{-6t}) \tag{3.87}$$

同理，由表 3.9 可得 DB - C - VW - 02 测点的沉降非线性时变统计模型为

$$\delta = 409.0571 - 0.6441[H^X - z^X - (H-z)^X] - 0.3336\sum_{i=1}^{m}H(\tau_i)\lg(t-\tau_i)\Delta\tau_i + 0.0045\sum_{i=1}^{m}H^2(\tau_i)\lg(t-\tau_i)\Delta\tau_i - 1.4339\times10^{-5}\sum_{i=1}^{m}H^3(\tau_i)\lg(t-\tau_i)\Delta\tau_i + 197.4476(1-e^{-6t}) \tag{3.88}$$

测点 DB - C - VW - 01 拟合曲线和实测曲线，如图 3.16 所示。

测点 DB - C - VW - 02 拟合曲线和实测曲线如图 3.17 所示。

经检验，该高心墙堆石坝施工期非线性时变统计模型用于测点 DB - C - VW - 01 的复相关系数达到 0.98，而用于测点 DB - C - VW - 02 的复相关系数更是达到 0.99，两测点的平均相对误差分别为 4.31%、7.56%，说明该模型的拟合精度较高。且由图 3.16 和图 3.17 中的沉降曲线与模型拟合曲线可以看出，所建高心墙堆石坝施工期非线性时变统计模型拟合精度较高，效果较好，表明该模型能够较精确地揭示该高心墙堆石坝施工期的沉降规律。

由于传统的统计模型只考虑了主要因子而未加入对残差的分析，往往会出现模型拟合效果不好而预测结果不佳的问题。因此，在构建非线性时变统计模型的基础上，利用模型拟合值与沉降实测值对比得到残差时间序列，采用 ARIMA 建立残差序列的修正模型，进一步提高模型的预测精度。由 3.4.2 节构建的高心墙堆石坝施工期非线性时变统计模型可计算出测点 DB - C - VW - 01 和

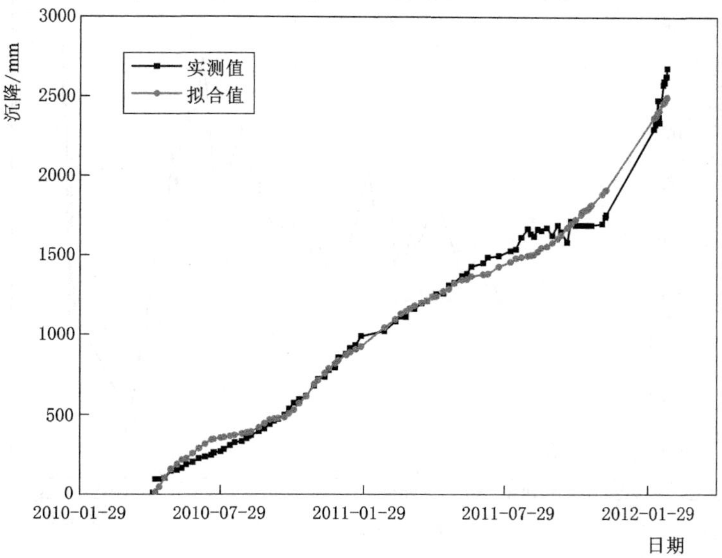

图 3.16 DB－C－VW－01 实测与拟合曲线

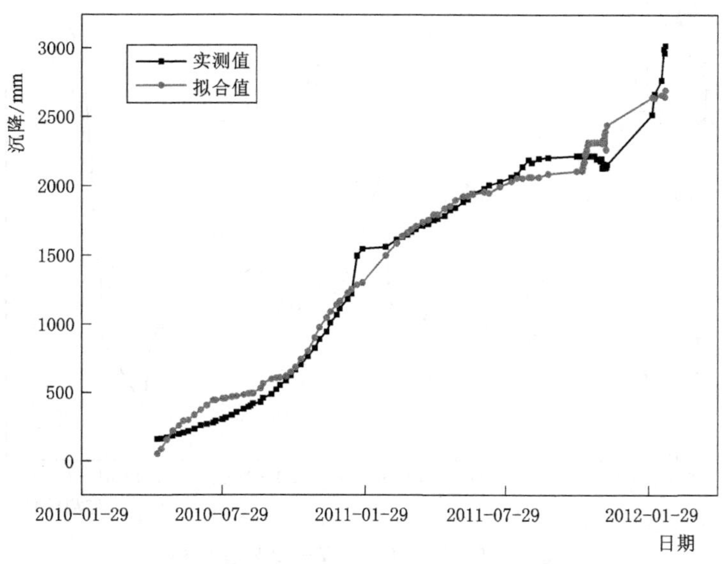

图 3.17 DB－C－VW－02 实测与拟合曲线

DB－C－VW－02 的模型拟合值，从而可以得到沉降实测值与模型拟合值之间的残差序列如图 3.18 和图 3.19 所示。

采用时间序列预测时需满足平稳序列的基本条件，因此，需对残差序列的平稳性进行分析。如图 3.18 和图 3.19 所示，两测点的残差序列并没有在一定范

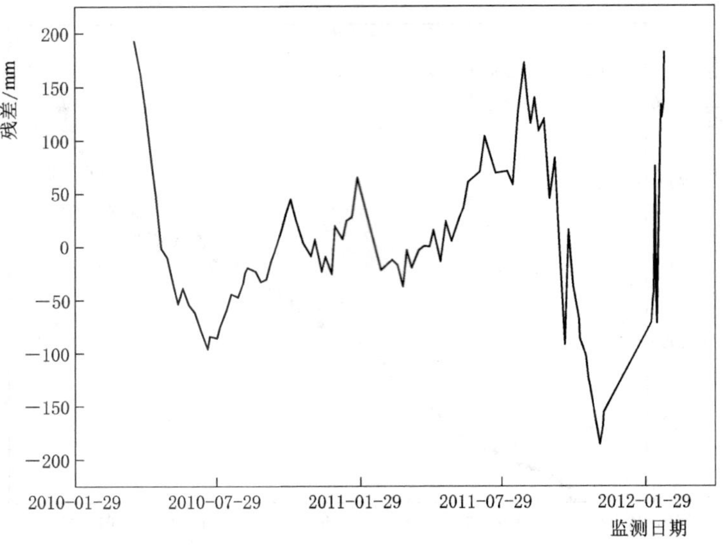

图 3.18 DB - C - VW - 01 残差序列

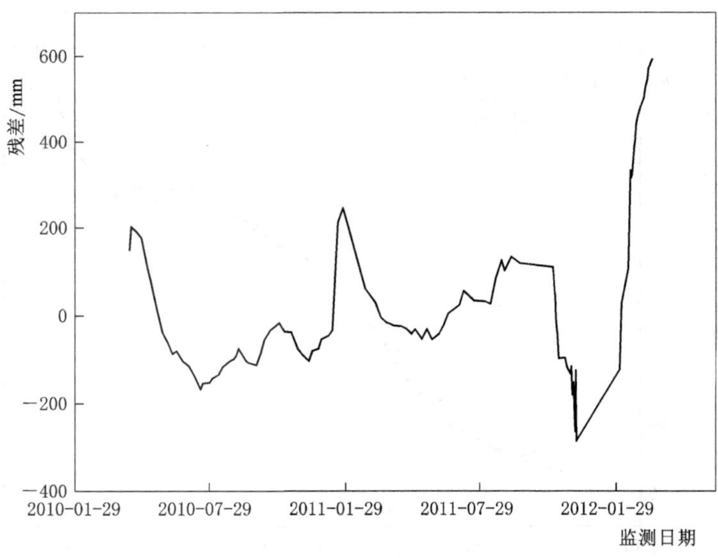

图 3.19 DB - C - VW - 02 残差序列

围内围绕一个常数上下波动，因此可初步判断，残差序列具有不平稳性。为进一步检验原始序列的平稳性，采用相关图法检验序列平稳性，得到测点 DB - C - VW - 01 和 DB - C - VW - 02 自相关与偏自相关图如图 3.20 和图 3.21 所示。

观察自相关图，原始序列的自相关系数较大，并且呈现出持续递减的趋势，说明该序列长期相关，具有非平稳时间自相关图的典型特征，可以判断原始时

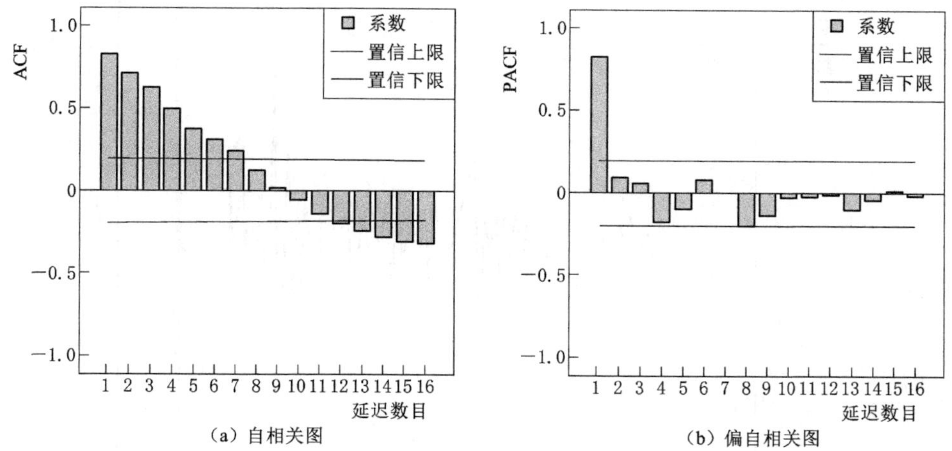

(a) 自相关图　　(b) 偏自相关图

图 3.20　测点 DB-C-VW-01 残差序列自相关及偏自相关

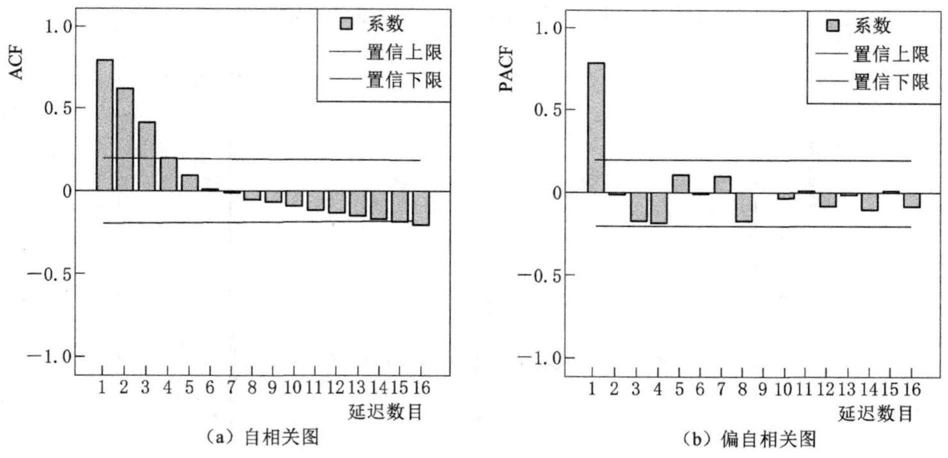

(a) 自相关图　　(b) 偏自相关图

图 3.21　测点 DB-C-VW-02 残差序列自相关及偏自相关

间序列为非平稳时间序列。因此，高心墙堆石坝施工期的残差序列为非平稳时间序列，需要进行差分平稳化处理。分别对测点 DB-C-VW-01 和 DB-C-VW-02 的残差序列进行差分，最终选取二阶差分，得到差分后的序列如图 3.22 和图 3.23 所示。

由图 3.22 和图 3.23 可以看出，差分后的时间序列在零轴附近上下波动，且没有固定的周期性，可初步说明二阶差分后的时间序列具有一个平稳性的特征。同时，考虑到高心墙堆石坝施工期沉降变形的影响因素复杂，由差分序列图可以看出差分序列波动剧烈且没有规律性，从而表现的像平稳白噪声序列。因此，

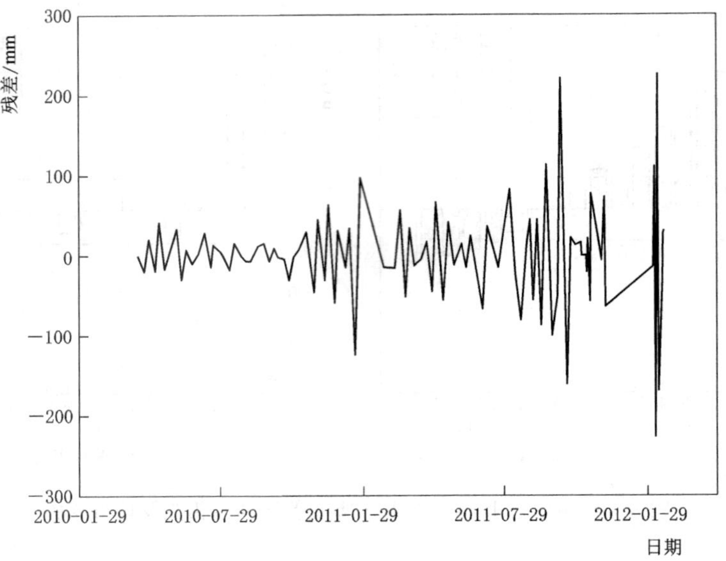

图 3.22 DB-C-VW-01 二阶差分残差序列

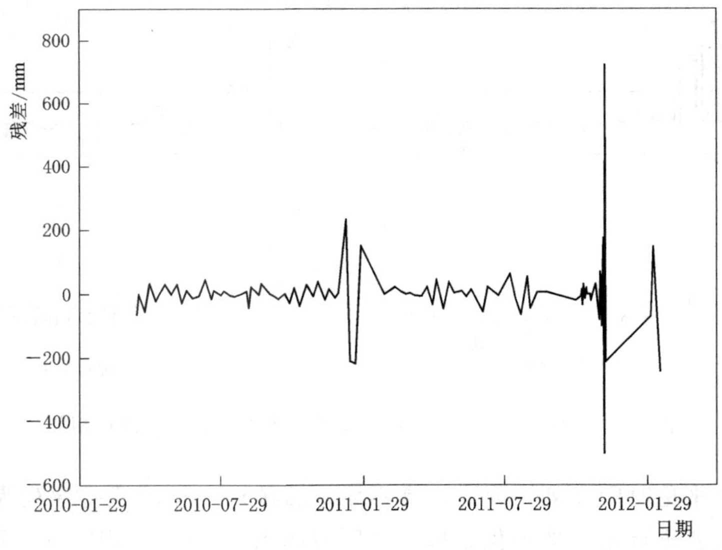

图 3.23 DB-C-VW-02 二阶差分残差序列

需要进一步对差分后的平稳序列进行白噪声检验，使用 SPSS 统计软件做出差分序列的相关图，如图 3.24 和图 3.25 所示。

从图 3.24 和图 3.25 可以看出，差分序列在短期有较明显的相关关系，表明差分序列并不是一个白噪声序列。同时，由自相关图可以看出，差分序列的自相关系数迅速下降到零值附近，且在坐标轴上下波动，从而可以判定差分时间

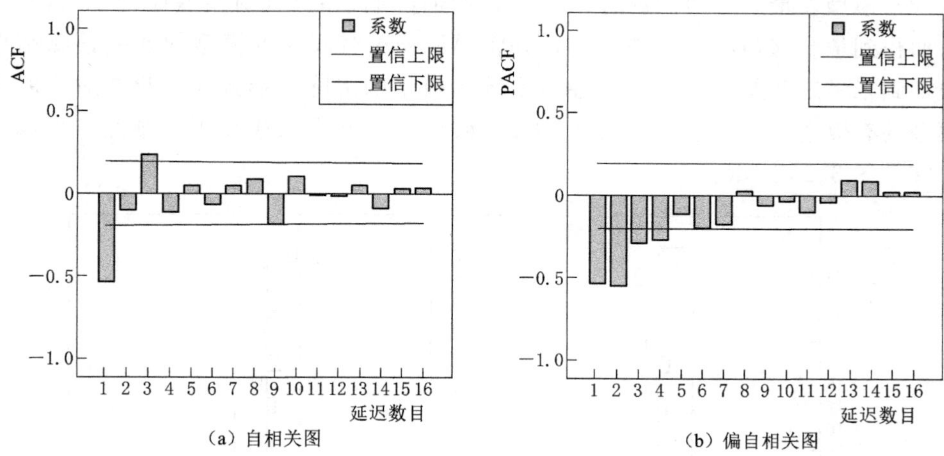

(a) 自相关图　(b) 偏自相关图

图 3.24　测点 DB-C-VW-01 残差二阶差分序列自相关及偏相关

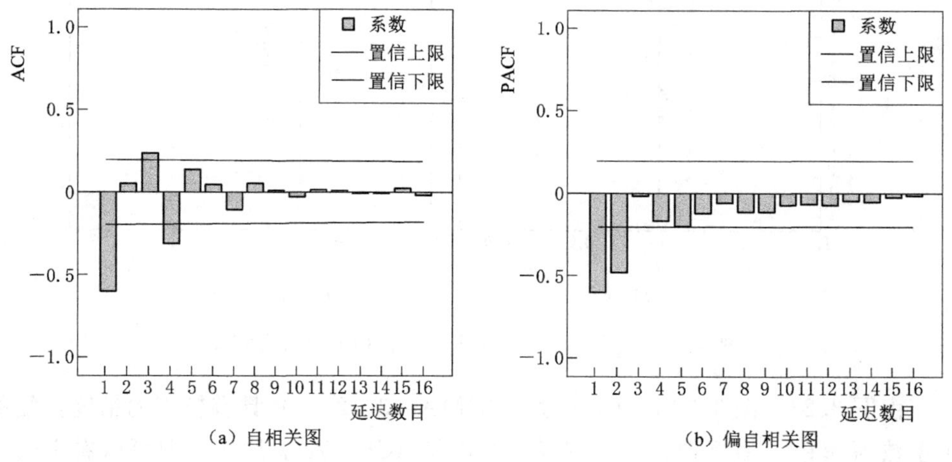

(a) 自相关图　(b) 偏自相关图

图 3.25　测点 DB-C-VW-02 残差二阶差分序列自相关及偏相关

序列是一个平稳时间序列。

从 DB-C-VW-01 自相关及偏自相关图可看出，随着 k 的增加，样本自相关函数在三阶处迅速下降，呈拖尾性，表明二阶差分后的序列已达到平稳性。初步估计 $p=3$，$q=1$，2，3，反复计算对比 BIC 值，BIC 值越小模型拟合效果越好，最终确定构建 ARIMA（3，2，3）模型。从 DB-C-VW-02 自相关及偏自相关图可看出，随着 k 的增加，样本自相关函数在四阶处迅速下降，呈拖尾性，表明二阶差分后的序列已达到平稳性。初步估计 $p=4$，$q=1$，2，3，4，反复计算对比 BIC 值，BIC 值越小模型拟合效果越好，最终确定构建 ARIMA（4，

2，2）模型。最后运用构建的ARIMA时间序列模型分别对残差序列代入计算，从而得到拟合和预测的残差序列，并将ARIMA时间序列模型的残差预测结果叠加到未考虑残差效应的非线性时变统计模型的沉降变形预测结果，对比所建模型的有效性。其模型预测残差ACF、残差PACF图及模型拟合预测结果如图3.26～图3.29所示。

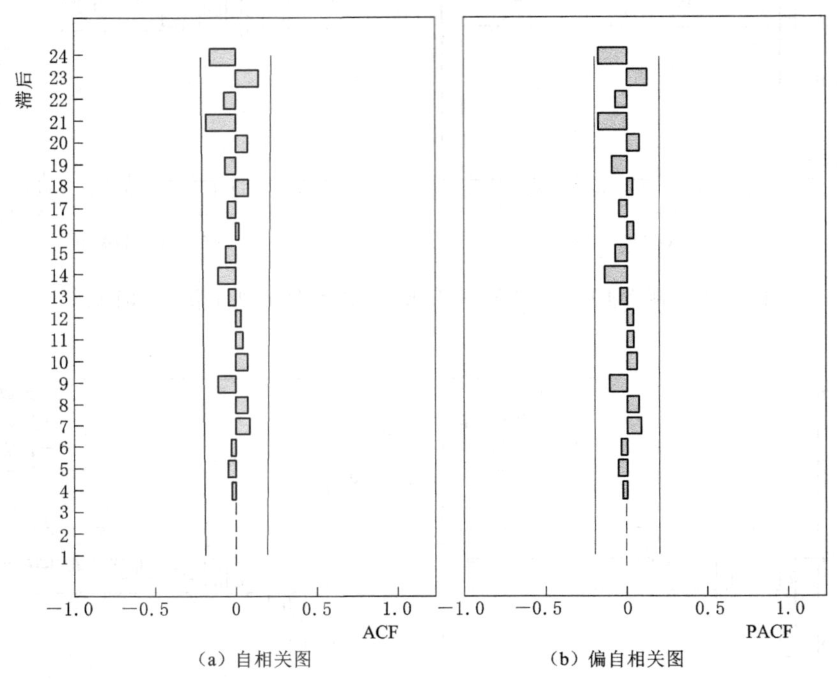

(a) 自相关图　　(b) 偏自相关图

图3.26　测点DB-C-VW-01自相关及偏自相关

由图3.26～图3.29可知，模型ARIMA（3，2，3）具有较高的精度，复相关系数为0.98，模型拟合效果较好。由残差ACF、残差PACF图可以看出残差时间序列都是平稳的，模型残差ACF、残差PACF图均落在置信区间，说明该模型的有效信息基本提取完成，进一步说明所建模型的有效性；模型ARIMA（4，2，2）同样具有较高的精度，复相关系数为0.87，模型拟合效果较好。由残差ACF、残差PACF图可以看出残差时间序列都是平稳的，模型残差ACF、残差PACF图均落在置信区间，说明该模型的有效信息基本提取完成，进一步说明所建模型的有效性，具体预测结果见表3.10和表3.11。

由表3.10和表3.11预测结果可知，非线性时变统计模型预测相对误差较大，而且只能在短时间具有较高的预测精度，采用ARIMA时间序列模型对残差进行修正后，精度显著提高，表明引入时间序列理论及ARIMA模型的方法，可进一步挖掘高心墙堆石坝施工期残差序列蕴含的时变特性和沉降变形的混沌

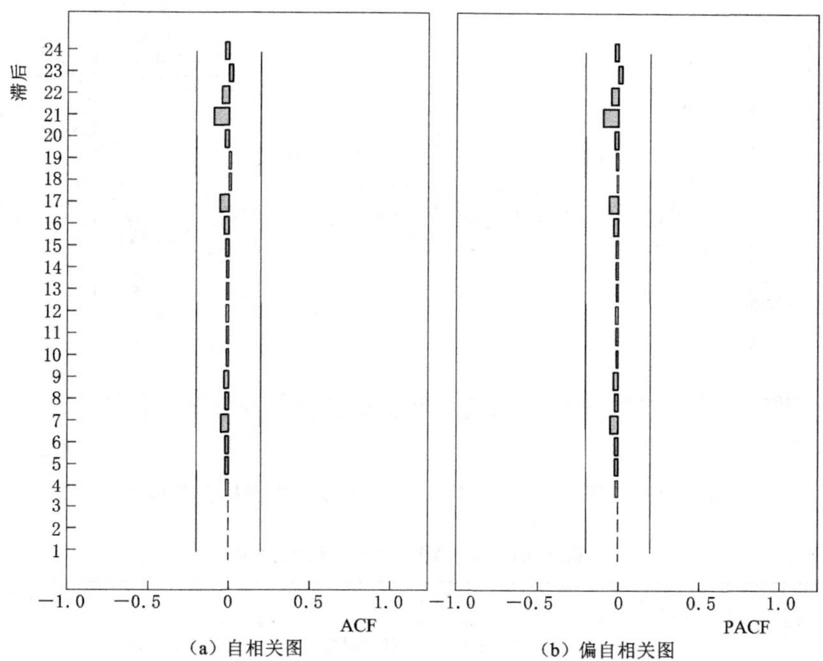

图 3.27 测点 DB-C-VW-02 自相关及偏自相关

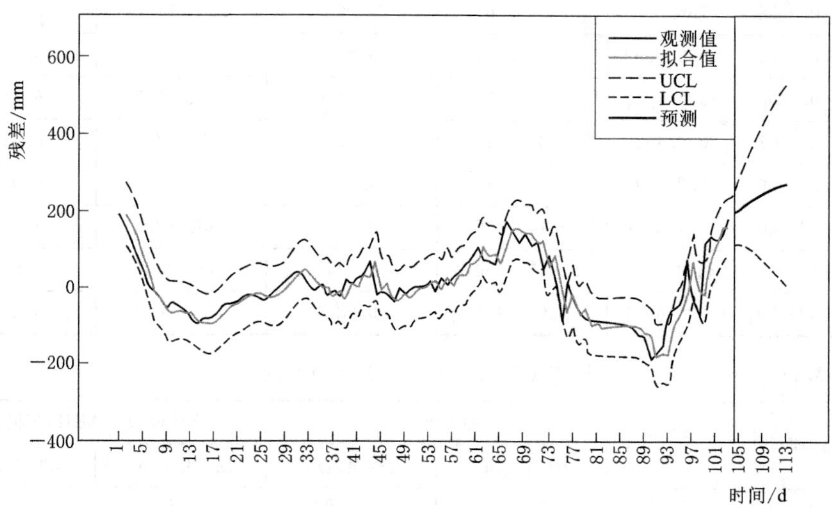

图 3.28 DB-C-VW-01 残差二阶差分模型拟合及预测图

特性。同时证明了在高心墙堆石坝施工期沉降变形监控中采用 ARIMA 模型对统计模型修正的可行性和有效性。

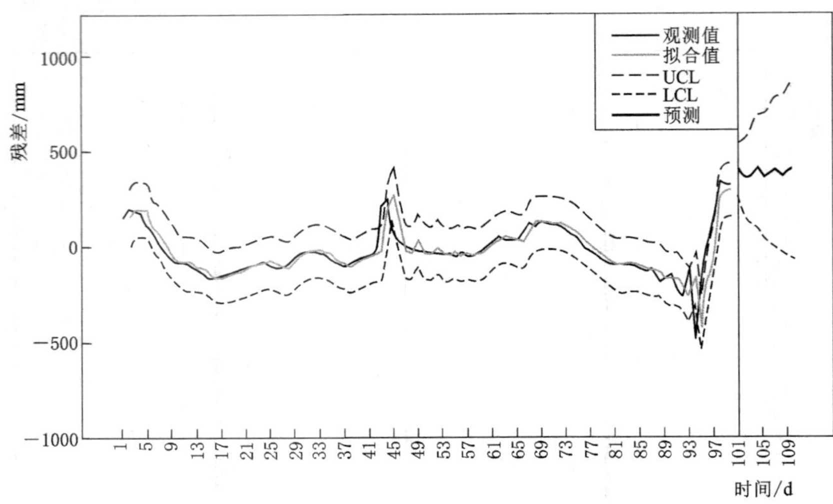

图 3.29 DB-C-VW-02 残差二阶差分模型拟合及预测图

表 3.10　　测点 DB-C-VW-01 沉降预测值

日　期	实测值/mm	统计模型		统计模型+ARIMA 模型	
		预测值/mm	相对误差/%	预测值/mm	相对误差/%
2012-02-24	2692.0449	2501.9198	7.0625	2672.9198	0.7104
2012-02-26	2778.5341	2524.8934	9.1286	2681.8934	3.4781
2012-02-28	2795.3042	2532.9160	9.3867	2735.9160	2.1246
2012-03-03	2952.0999	2559.5130	13.2986	2791.5130	5.4398
2012-03-06	2990.7048	2570.7207	14.0430	2804.7207	6.2187
2012-03-07	3025.4619	2589.1716	14.4206	2828.1716	6.5210
2012-03-09	3028.8189	2596.3446	14.2786	2845.3446	6.0576
2012-03-10	3202.0169	2614.5825	18.3458	2880.5825	10.0385
2012-03-15	3243.5869	2645.3250	18.4445	2923.3250	9.8737
2012-03-19	3297.6757	2668.2455	19.0871	2961.2455	10.2020

表 3.11　　测点 DB-C-VW-02 沉降预测值

日　期	实测值/mm	统计模型		统计模型+ARIMA 模型	
		预测值/mm	相对误差/%	预测值/mm	相对误差/%
2012-02-24	3077.2587	2694.8102	12.4282	3084.8102	−0.2454
2012-02-26	3118.2561	2691.9887	13.6701	3089.9887	0.9065
2012-02-28	3183.7677	2712.8408	14.7915	3154.8408	0.9086
2012-03-03	3201.7891	2712.2695	15.2889	3172.2695	0.9220
2012-03-06	3325.8134	2709.5406	18.5300	3192.5406	4.0072

续表

日　期	实测值/mm	统计模型		统计模型＋ARIMA 模型	
		预测值/mm	相对误差/%	预测值/mm	相对误差/%
2012-03-07	3340.7902	2728.3362	18.3326	3231.3362	3.2763
2012-03-09	3343.7327	2725.3510	18.4938	3250.3510	2.7927
2012-03-10	3487.2797	2744.0899	21.3114	3291.0899	5.6259
2012-03-15	3492.8162	2746.8991	21.3558	3316.8991	5.0365
2012-03-19	3604.0121	2764.5605	23.2921	3357.5605	6.8383

3.6.3　基于 BP 神经网络的大坝多测点模型的应用

3.6.3.1　模型说明

以同高程不同测点的沉降监测数据为例建立预测模型，选取高程为 660m 弦式沉降仪不同测点的监测数据作为研究对象。采用高心墙堆石坝施工期沉降监测数据建立模型，取 10 组样本作为预测对象。因为该工程大坝为高心墙堆石坝，且选取的测点为同高程的弦式沉降仪，因此以心墙轴线所在位置为坐标轴原点，取上游方向为坐标轴正方向，可得测点 DB-C-VW-01～05 的坐标依次为 50m、100m、150m、200m 和 250m。由图 3.8 可知，测点 DB-C-VW-01～05 所测得的沉降数据曲线基本呈现同升同降，趋势基本一致，即使在个别特殊时段出现沉降突变现象，各测点依旧保持相同趋势。因此，高心墙堆石坝施工期在同高程状态时各测点的沉降量之间具有一定的相关性。

3.6.3.2　基本流程

高心墙堆石坝施工期作为一个整体结构，距离足够近的测点之间一般不会产生突变位移（结构未发生裂缝时）。因此，理论上各测点的位移具有一定的相关性，且该相关性随着测点之间距离的增大而降低。由图 3.2 堆石体变形监测典型断面（C—C）布置图所示，本节以同高程测点监测数据为例，基于 BP 神经网络算法构建大坝多测点模型。以影响测点沉降的不同分量及测点坐标信息作为输入量，其他测点的沉降监测数据作为输出量，进而构建模型对未知测点的沉降量进行拟合及预测。具体而言，在构建高心墙堆石坝施工期沉降非线性时变统计模型的基础上，采用 BP 神经网络算法，将填筑高度因子、坝体蠕变、坝基流变及各测点的坐标位置信息作为输入变量，沉降变形实测数据作为输出变量，以训练模型，构建基于 BP 神经网络算法的大坝多测点监控模型。

针对测点 DB-C-VW-01 进行建模，BP 神经网络模型训练结果如图 3.30 所示。

由图 3.30 可以看出，基于 BP 神经网络算法构建的高心墙堆石坝施工期多测点模型能够较好地考虑不同测点之间的相互关系，对高心墙堆石坝施工期的

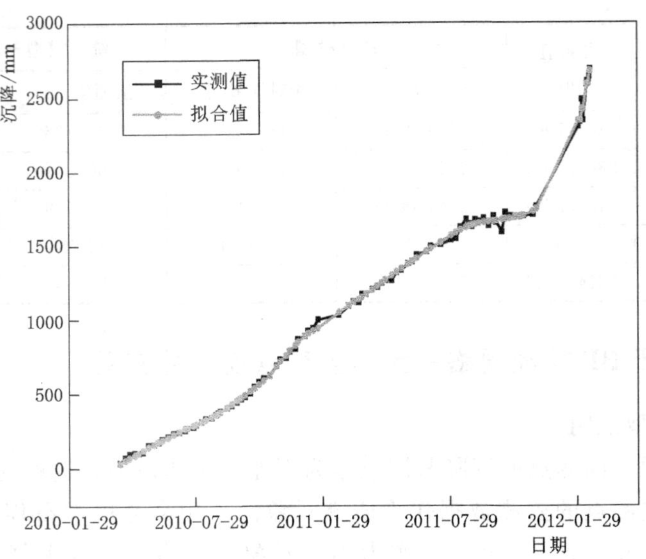

图 3.30　测点 DB-C-VW-01 实测值与拟合值

沉降变形具有较好的拟合效果，且复相关系数为 0.9995，进一步说明该模型的有效性。因此，该模型对解释高心墙堆石坝施工期不同测点间的沉降变形规律具有较高的精度。

为了进一步验证所建模型的有效性，将以测点 DB-C-VW-02 测得沉降数据作为目标值，进而建立模型并验证，具体计算结果如图 3.31 所示。

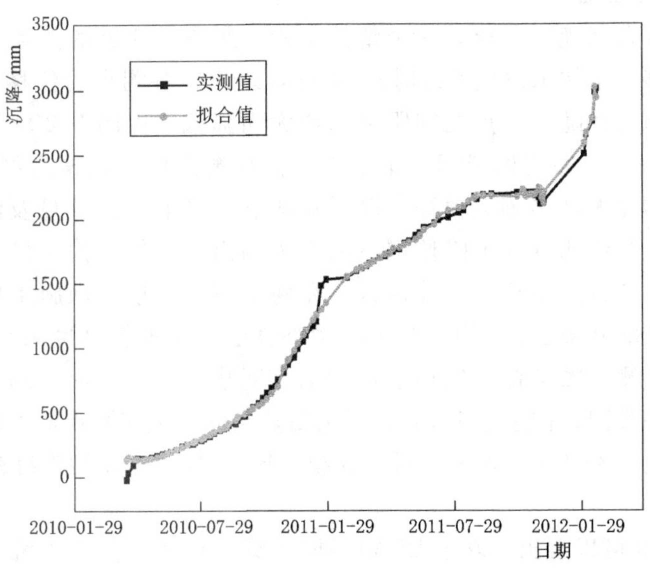

图 3.31　测点 DB-C-VW-02 实测值与拟合值

由图 3.31 可以看出，该模型预测效果较好，其复相关系数为 0.9987，从而进一步验证基于 BP 神经网络的高心墙堆石坝施工期多测点模型能够很好地反映高心墙堆石坝施工期不同测点之间的沉降变形关系，说明该模型具有较高的精度。

3.6.3.3 沉降预测

在上述模型说明中，从高心墙堆石坝施工期高程为 660.00m 不同测点沉降之间的相关性进行分析，将以测点 DB－C－VW－01、DB－C－VW－02 测得沉降数据作为目标值，进而建立模型并验证。根据以上构建的基于 BP 神经网络模型的高心墙堆石坝施工期多测点模型，从而进行预测，预测结果见表 3.12。

表 3.12　测点 DB－C－VW－01、DB－C－VW－02 沉降预测值

日　期	DB－C－VW－01			DB－C－VW－02		
	实测值/mm	预测值/mm	相对误差/%	实测值/mm	预测值/mm	相对误差/%
2012－02－24	2692.04	2663.93	1.04	3077.26	3063.64	0.44
2012－02－26	2778.53	2755.94	0.81	3118.26	3035.99	2.64
2012－02－28	2795.30	2750.98	1.59	3183.77	3154.40	0.92
2012－03－03	2952.10	2841.39	3.75	3201.79	3141.85	1.87
2012－03－06	2990.70	2830.14	5.37	3325.81	3244.66	2.44
2012－03－07	3025.46	2928.54	3.20	3340.79	3349.13	－0.25
2012－03－09	3028.82	2919.18	3.62	3343.73	3313.82	0.89
2012－03－10	3202.02	3019.10	5.71	3487.28	3546.77	－1.71
2012－03－15	3243.59	3100.37	4.42	3492.82	3539.98	－1.35
2012－03－19	3297.68	3177.00	3.66	3604.01	3653.30	－1.37

由表 3.12 计算结果表明，构建的模型对测点 DB－C－VW－01、DB－C－VW－02 所在位置的沉降预测具有较好的应用价值，且预测精度较好，相较于统计模型具有更高的预测精度，说明本章建立的基于 BP 神经网络的大坝多测点模型能够在一定空间范围较好地预测高心墙堆石坝施工期的沉降变形。

3.7 本　章　小　结

通过对高心墙堆石坝施工期沉降监测数据的分析，考虑施工期沉降变形受多种因素影响，依据相关数学理论和高心墙堆石坝施工期实际监测数据，构建高心墙堆石坝施工期沉降监控模型，探索高心墙堆石坝沉降的演变规律，揭示沉降变形机理，指导高心墙堆石坝的施工。具体工作总结如下：

（1）针对高心墙堆石坝施工期沉降监测数据序列短、信息贫、突变性等特点，基于高心墙堆石坝实测数据，综合运用灰色理论和马尔可夫链理论，构建了高心墙堆石坝施工期灰色-马尔可夫链预测模型，给出了计算流程，研发了计算程序。最后将该预测模型用于某高心墙堆石坝施工期变形监测数据的处理，其预测精度高于单一的灰色预测模型，证明了高心墙堆石坝施工期灰色-马尔可夫链预测模型的有效性。

(2) 研究了大坝沉降因子的选择，探究了填筑历史对坝体蠕变的影响规律，在考虑填筑高度、降雨、坝体和坝基岩体蠕变的基础上，基于 Duncan - Chang 模型和流变模型理论，建立了高心墙堆石坝施工期沉降非线性时变统计模型。并采用 ARIMA 理论进一步对残差序列进行分析预测，将残差预测结果添加到未考虑的常规监控模型中，构建了基于 ARIMA 理论残差修正的高心墙堆石坝施工期沉降非线性时变模型。将该模型应用于某高心墙堆石坝施工期变形监测数据的处理，实例证明，模型拟合效果较好，有利于高心墙堆石坝施工期沉降变形的监控。

(3) 在考虑高心墙堆石坝施工期填筑高度、坝体蠕变及坝基流变并兼顾测点位置坐标条件下，构建基于 BP 神经网络的大坝多测点模型，该模型能较好地模拟和解释各测点的变形趋势，能够较精确地解释高心墙堆石坝施工期不同测点之间的相互关系，避免了单测点预测模型不能从整体上反映高心墙堆石坝施工期的沉降变形规律，且模型的精度较高。

第4章 考虑库水位变动下混凝土坝变形安全监控模型研究

4.1 概 述

基于原型监测资料，构建大坝安全监控模型，进而判断大坝的运行状态是大坝安全运行的重要保障。混凝土坝传统的位移监控模型包括统计模型、混合模型、确定性模型等。模型主要针对混凝土坝弹性位移和时效位移进行研究，其中，时效位移为随时间和荷载而变的非线性位移，它包括坝体混凝土和基岩的徐变以及因水荷载作用下坝基裂缝、节理或大坝其他软弱构造发生的压缩和塑性变形。以往的时效位移多用时变模型进行模拟，忽略了间歇变荷载作用下坝体及基岩的徐变及徐变加速，而实际运行中的混凝土坝库水位是不断变化的。库水位变动使得水位变动区的坝体混凝土与外界环境湿度不断循环交换，干缩湿胀使得内部产生连通裂缝，再加上库水中含有大量盐性物质通过裂缝对坝体混凝土内部侵蚀破坏，降低坝体混凝土的性能与大坝整体的抗渗能力，从而导致混凝土坝的徐变加速。由此可见，库水位变动下混凝土坝变形还应考虑干湿交替作用对坝体混凝土徐变的影响。目前，不少学者[150-153]通过模型试验模拟、有限元分析、数值拟合等方法，探究了库水位变动速率、水位骤升骤降对大坝渗流的影响，得出了坝体浸润线、渗流量的变化规律；还有学者[154,155]研究了库水位变动对大坝库区基岩的蠕变影响。但鲜少有人对库水位变动下混凝土坝坝体变形影响进行探究；实际上，外界环境对混凝土坝所产生的影响是整体性的，单一测点的模型仅能反映该测点的变形规律，而忽略了测点间的相互关系，无法反映混凝土坝位移场的复杂变化规律。因此，为了准确反映混凝土坝整体变形性态，还需对混凝土坝多个测点位移进行分析，从而建立混凝土坝变形监控时空模型。

针对上述问题，本章在探讨混凝土徐变的内、外影响因素的基础上，依据混凝土弹性徐变理论，推导出库水位变动下混凝土坝时效变形表达式，构建库水位变动下混凝土坝位移监控统计模型；在此基础上，基于差分自回归移动平均 ARIMA 模型修正残差时间序列，构建考虑库水位变动下基于 ARIMA 修正的混凝土坝变形监控模型；同时，基于 BP 神经网络，构建考虑库水位变动下基于 BP 神经网络的混凝土坝变形监控时空模型。

4.2 考虑库水位变动下混凝土坝位移监控统计模型

4.2.1 库水位变动下坝体混凝土徐变特性分析

坝体混凝土在荷载长时间作用下会产生徐变，从而导致坝内混凝土向着不可逆方向变形，对大坝的稳定运行存在威胁。特别是在库水位变动工况下，水位变动区的混凝土内部湿度与外部环境不停交换循环，产生干湿交替作用使坝内混凝土徐变更加复杂。因此，在研究库水位变动工况下混凝土坝时变效应之前，需对库水位变动下混凝土坝徐变特性进行分析。

4.2.1.1 影响混凝土徐变的主要因素

混凝土是由胶凝材料将各种粗细骨料胶结在一起的复合性材料，其徐变不仅与持荷时间、养护条件、水灰比、水泥品种有关，而且还与所处的环境有关。

1. 持荷时间

混凝土的徐变与承受的应力以及持荷时间有关。混凝土圆柱体在不同应力水平作用下的徐变特性如图 4.1 所示[156]。从图 4.1（a）中可以看出，随着应力的不断增加，混凝土徐变逐渐增加，且最终达到试件强度极限，试件发生徐变破坏。在应力水平 η 保持不变的情况下，混凝土徐变随持荷时间的延长而不断增加，如图 4.1（b）所示。

2. 养护条件

混凝土中各材料拌和完毕后如果不及时养护，混凝土内水分蒸发会出现脱水现象，使其因缺水而无法充分水化，导致混凝土内部黏结力不足，再经受强烈温度影响，混凝土在形成过程中会出现裂纹，降低混凝土强度，增大混凝土徐变。

3. 水灰比

混凝土的水灰比是混凝土在制配中用水量与水泥重量的比值。水灰比的大小会影响混凝土的徐变、水泥浆的凝结构造以及混凝土硬化过后的密实性，对混凝土强度、耐久性等力学性能起决定性作用，不同水灰比的抗压强度如图 4.2 所示[157]。从图 4.2 可以看出，水灰比越小混凝土抗压强度的性能越高。但并不是水灰比越小混凝土性能就越好。过小的水灰比导致混凝土水化反应产生的热量较大，混凝土在凝结过程中因巨大热量而容易开裂。但过大的水灰比会降低混凝土强度，增大混凝土徐变。

4. 水泥品种

水泥作为混凝土中的胶凝材料，不同的水泥品种，水化反应的速率及水化后的产物会有不同，混凝土的性能也不同，混凝土的早期强度不同，混凝土的

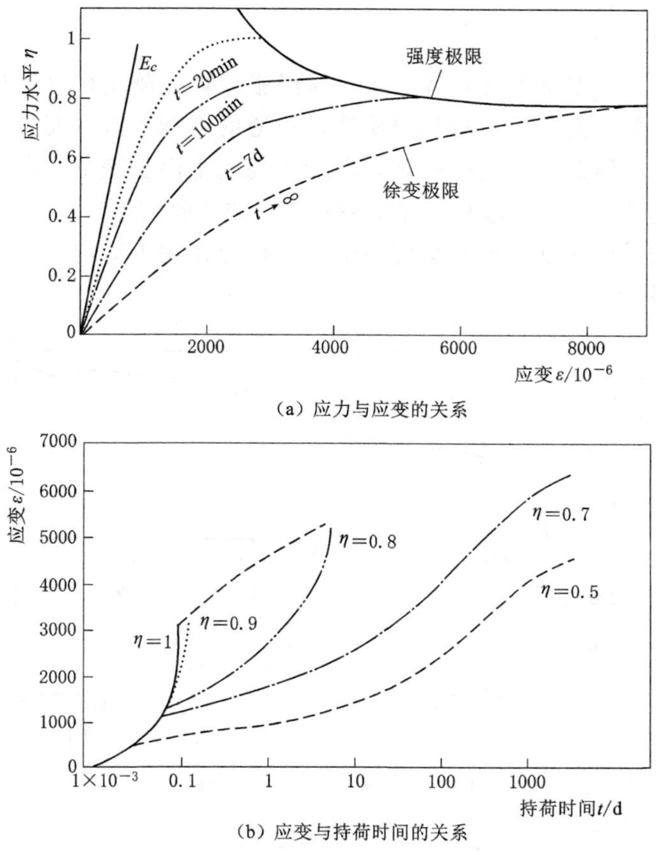

（a）应力与应变的关系

（b）应变与持荷时间的关系

图 4.1　应力水平、持荷时间与应变的关系

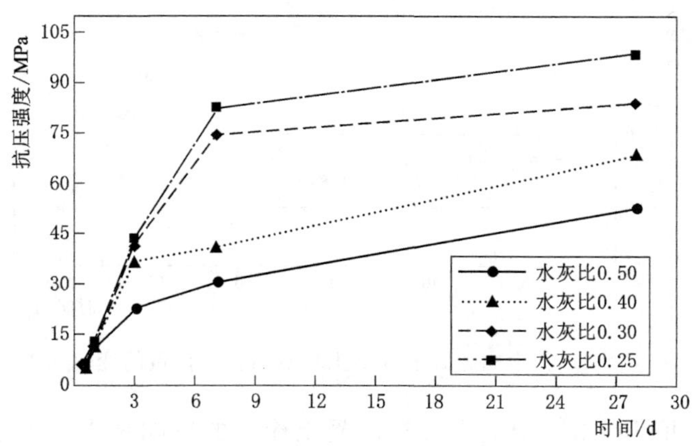

图 4.2　混凝土不同水灰比的抗压强度

徐变度亦会不同。

5. 混凝土所处的环境

混凝土处于干湿交替的环境下，干缩湿胀使得混凝土内部产生裂缝。又因水中含有大量的盐类物质，盐类物质通过连通的裂缝进入混凝土内部发生侵蚀破坏，加速了坝体混凝土性能破坏，增大了混凝土徐变变形。图 4.3 所示为混凝土试件分别处于长期浸泡和干湿交替环境中的试验结果[158]。图 4.4 所示是对单一硫酸盐物质侵蚀以及干湿交替与硫酸盐耦合作用下对混凝土动弹性模量的影响试验结果[159]。

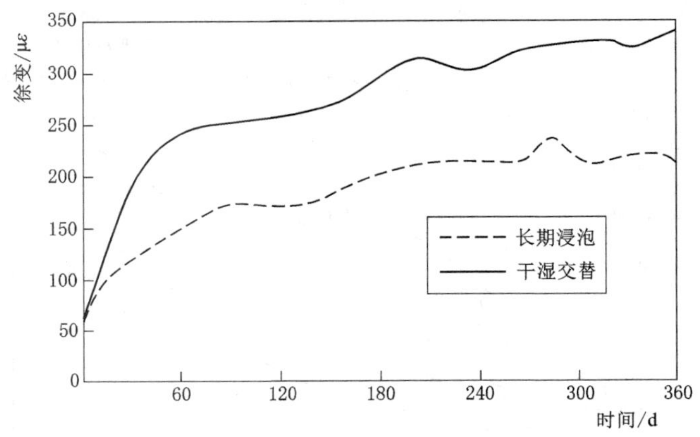

图 4.3 不同条件下混凝土徐变

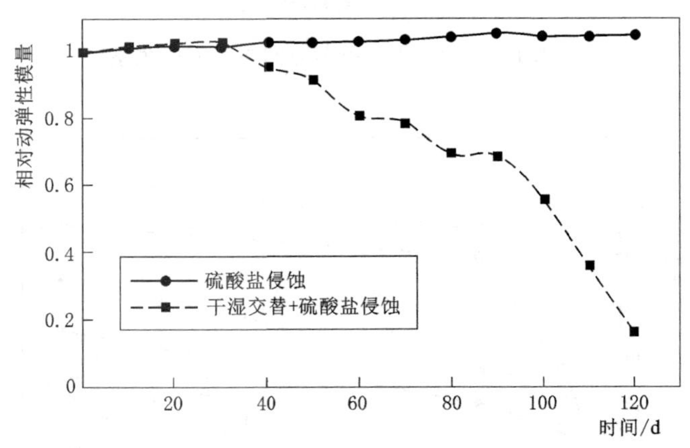

图 4.4 不同方式下混凝土相对动弹性模量的变化

从图 4.3 可以看出，干湿交替对混凝土徐变的影响更大，干湿交替对混凝土徐变有加速效果。从图 4.4 可以看出，水中含有的盐性物质加上干湿循环，使得混凝土动弹性模量急速下降。弹性模量是反映混凝土变形、强度的主要参数之一，其性能的强弱直接影响混凝土徐变的大小。由此可见，干湿交替作用对混凝土坝徐变有较大的影响。因此，在探究库水位变动下混凝土坝的变形性态时，有必要考虑干湿交替作用对混凝土徐变的影响，进而探究混凝土徐变在变水位作用下的时效位移，改进混凝土坝位移监控模型中时效分量的表达式，提高监控模型的精度。

4.2.1.2 混凝土徐变表达式

混凝土徐变的本质是硬化的水泥浆发生流变以及长时间承受各种荷载使得水泥浆与骨料之间的黏结力随时间变化而降低，导致混凝土逐渐形变。混凝土徐变通常用徐变度或徐变系数来衡量。徐变度 $C(t,\tau_0)$ 的定义为单位应力 $\sigma(\tau_0)$ 下的徐变值，徐变系数 $\varphi(t,\tau_0)$ 的定义是混凝土徐变变形 ε_c 与初始弹性变形 ε_e 的比值。即

$$C(t,\tau_0)=\frac{\varepsilon_c(t,\tau_0)}{\sigma(\tau_0)} \tag{4.1}$$

$$\varphi(t,\tau_0)=\frac{\text{广义徐变变形}}{\text{广义弹性变形}}=\frac{\varepsilon_c}{\varepsilon_e} \tag{4.2}$$

式中：τ_0 为混凝土加载龄期；t 为混凝土计算龄期。

徐变度与徐变系数之间的转换关系为

$$\varphi(t,\tau_0)=E(\tau_0)C(t,\tau_0) \tag{4.3}$$

式中：$E(\tau_0)$ 为混凝土在 τ_0 时刻的弹性模量。

目前，混凝土徐变度和徐变系数的计算表达式常用的有五种模型：CEB-FIP 系列模型、ACI209 模型、GL2000 模型、中国建筑科学研究院方法以及 BP 系列模型[160]。其中 BP 系列模型把混凝土总徐变分为基本徐变[161]和干燥徐变[162]。考虑了水胶比、用水量、骨料含量、混凝土抗压强度、加载龄期以及干燥龄期（湿养时间）对混凝土徐变的影响，特别考虑了环境的湿度变化对混凝土徐变的影响，迎合了本章库水位变动下干湿交替对混凝土徐变影响的研究。且徐变度的计算相对简单，故选此模型作为研究库水位变动下坝体混凝土的徐变，以基本徐变度和干燥徐变度来度量大坝坝体混凝土徐变变化情况[163]。徐变度的表达式为

$$J(t,t')=C_0(t,t')+C_d(t,t',t_0) \tag{4.4}$$

式中：$C_0(t,t')$ 为基本徐变度；$C_d(t,t',t_0)$ 为干燥徐变度。

基本徐变度 $C_0(t,t')$

$$C_0(t,t')=q_2Q(t,t')+q_3\ln(1+(t-t')^n)+q_4\ln(t/t') \tag{4.5}$$

其中

$$Q(t,t')=Q_f(t')\left\{1+\frac{[Q_f(t')]^{r(t')}}{[Z(t,t')]^{r(t')}}\right\}^{\frac{-1}{r(t')}}$$

$$Q_f(t')=[0.086(t')^{2/9}+1.21(t')^{4/9}]^{-1}$$

$$Z(t,t')=(t')^m\ln[1+(t-t')^n]$$
$$r(t')=1.7(t')^{0.12}+8$$
$$q_2=451.1c^{0.5}(f_c')^{-0.9}$$
$$q_3=0.29(w/c)^4 q_2$$
$$q_4=0.14(a/c)^{-0.7}$$

式中：t 为计算龄期；t'为加载龄期；a 为集料含量，lb/ft^3 （1lb/ft^3=16.02kg/m^3）；w 为用水量，lb/ft^3；c 为水泥含量，lb/ft^3；f_c' 为 28 天标准抗压强度，psi。

干燥徐变度 $C_d(t,\ t',\ t_0)$

$$C_d(t,t',t_0)=q_5\{\exp[-8H(t)]-\exp[-8H(t')]\}^{0.5} \tag{4.6}$$

其中
$$H(t)=1-(1-h)S(t),H(t')=1-(1-h)S(t')$$
$$q_5=7.57\times10^5(f_c')^{-1}(\varepsilon_{sh\infty})^{-0.6}$$
$$S(t)=\tanh\sqrt{\frac{t-t_0}{\tau_{sh}}},S(t')=\tanh\sqrt{\frac{t'-t_0}{\tau_{sh}}}$$
$$\tau_{sh}=k_t(k_sD)^2$$
$$k_t=190.8t_0^{-0.08}(f_c')^{-0.2}$$
$$\varepsilon_{sh\infty}=\alpha_1\alpha_2[26w^{2.1}(f_c')^{-0.28}+270]\times10^{-6}$$

式中：t_0 为干燥龄期；h 为相对湿度；$\varepsilon_{sh\infty}$ 为收缩终极应变，10^{-6}in/in；τ_{sh} 为收缩半衰期；k_t 为收缩湿度函数；k_s 为横截面形状系数；D 为有效横截面厚度，$D=2V/S$，in（1in=25.4mm）。

大多数混凝土坝为了缩短施工工期和提高大坝整体的稳定性，坝体混凝土在施工拌和时大多会掺入外加剂及粉煤灰等物质来提高混凝土自身性能，加快混凝土的凝结速率，缩短成型时间。针对上述情况，吴胜兴等[164] 提出了在徐变与时间的关系表达式中增加外加剂、水泥品种和骨料品种的修正系数。因此，对 B3 模型徐变度表达式进行改进，即

$$J(t,t')=\gamma_1\gamma_2\gamma_3[C_0(t,t')+C_d(t,t',t_0)] \tag{4.7}$$

式中：γ_1、γ_2、γ_3 为修正系数，取值见表 4.1 和表 4.2。

表 4.1　　外加剂修正系数

外加剂类型	普通减水剂	高效减水剂	引气剂
修正系数 γ_3	1.15～1.30	1.20～1.40	1.20～1.40

库水位变动导致坝体承受的荷载在不断变化。目前，计算荷载变化下徐变的方法主要有弹性徐变理论和老化理论，其中弹性徐变理论假设荷载变化产生的徐变变形符合叠加原理[165]，即混凝土徐变引起的应变为

表 4.2 水泥和骨料品种修正系数

水 泥 品 种	修正系数 γ_1	骨料品种	修正系数 γ_2
硅酸盐水泥	0.9	砂岩	2.0
普通硅酸盐水泥	1.0	玄武岩	1.2
硅酸盐大坝水泥	1.0	砾石	1.2
普通硅酸盐大坝水泥	1.1	花岗岩	1.0
矿渣硅酸盐水泥	1.2	石英岩	0.95
火山灰硅酸盐水泥	1.2	石灰岩	0.85
粉煤灰硅酸盐水泥	1.2		
矿渣硅酸盐大坝水泥	1.3		

$$\varepsilon(t)=\sigma(t')J(t,t')+\int_{t'}^{t}\left[\frac{1}{E(t')}+J(t,t')\right]\mathrm{d}\sigma(t') \tag{4.8}$$

式中：$\sigma(t')$ 为外力；$E(t')$ 为混凝土加载龄期 t'时的弹性模量。

将式（4.8）用叠加求和近似代替得[166]

$$\varepsilon_c(t)=\sum_{i=0}^{m}[\sigma(t_{i+1})-\sigma(t_i)]J(t,t') \tag{4.9}$$

式中：m 为t'到 t 之间细分的时段数。

再用数学积分的方法计算出库水位变动下混凝土坝徐变引起的变形 u 为

$$\begin{aligned}u&=\int\varepsilon_c(t)\mathrm{d}x\\&=\sum_{i=0}^{m}\int[\sigma(t_{i+1})-\sigma(t_i)]J(t,t')\mathrm{d}x\\&=\sum_{i=0}^{m}J(t,t')\left[\int\sigma(t_{i+1})\mathrm{d}x-\int\sigma(t_i)\mathrm{d}x\right]\end{aligned} \tag{4.10}$$

4.2.2 考虑库水位变动下混凝土坝时效位移模型构建

坝体混凝土的时效变形主要源于徐变。库水位变动导致大坝承受的水压荷载随之变化，水位升高，水压力增大，坝体混凝土的徐变也随之增大，水位降低，水压力减小，徐变部分恢复。根据前文研究库水位变动产生的干湿交替作用对混凝土徐变的影响不可忽略，水位变化速率越快，坝体混凝土内部湿度变化就越快，干湿循环的影响也就越大，加速了坝体混凝土徐变变形。

同时，库水位变动，扰乱了水库水温的分布，而水温对混凝土坝内部温度场的分布有直接影响。且水位变化速率越快，坝体内部温度场变化就越快，温度作用对混凝土坝变形的影响就越大。

因此，基于干湿交替作用对混凝土徐变影响的研究，以下从库水压变动、水位变动速率、水温变化等因素的影响研究混凝土坝的时效位移。

1. 库水压变化

基于上节对库水位变动下徐变特性分析，库水位变动产生的干湿交替对坝体混凝土徐变变形用式（4.10）来表示。其中 $\sigma(t)$ 为不同 t 时刻下混凝土坝承受的库水压力。用水压随时间变化的 $H(t)$ 函数来反映 $\int\sigma(t)\mathrm{d}x$。结合弹性力学理论，将 $H(t)$ 函数用 $\sum_{i=0}^{3}d_iH^i(t)$ 形式来表示，即库水压力变化对混凝土坝的影响为

$$\int\sigma(t)\mathrm{d}x = H(t) = \sum_{i=0}^{3}d_iH^i(t) \tag{4.11}$$

式中：H 为坝前水深。

2. 水位变动速率

库水位变动速率的快慢对坝体混凝土徐变也有影响。水位变动得越快，混凝土内部受干湿交替的次数就越多，干缩湿胀以及干湿交替作用带来的物理破坏与化学反应就越明显。因此对于 $\int\sigma(t)\mathrm{d}x$ 的表达还需考虑水位变动速率 $\frac{\Delta H(t)}{\Delta t}$ 这个影响因子，水位变动速率对混凝土坝的影响用 $\sum_{i=0}^{3}e_i\left(\frac{\Delta H(t)}{\Delta t}\right)^i$ 来表达。即

$$\int\sigma(t)\mathrm{d}x = \sum_{i=0}^{3}e_i\left(\frac{\Delta H(t)}{\Delta t}\right)^i \tag{4.12}$$

3. 水温变化

混凝土坝上游面受气温与水温双重影响，随着库水位的高低变化，上游面混凝土温度也在不断变化，当水位变化速率越快时，水温转换速率也会加快，从而加速温度场对混凝土坝徐变的影响。下面探讨库水位变动下水温引起的时效变形。

不同时间的温度作用下混凝土变形如下式：

$$\delta_T(t) = B + \int_0^t a_i(t)T_i(t)\mathrm{d}t \tag{4.13}$$

式中：B 为常数项；$a_i(t)$ 为与时间有关的系数项，表示某一时刻 t 在变化一个单位 Δt 时对效应量的影响。

引用积分回归的概念将积分回归离散为线性回归问题，式（4.13）积分回归方程转化为时间函数 $g(t)$ 和该时刻的温度影响因素 $T(t)$ 的二元函数 $F(g, T)$，再将此函数按二元多项式展开，得

$$\delta_T(t) = \sum_{i=1}^{3}\sum_{j=1}^{3}a_{ij}g^i(t)T^j \tag{4.14}$$

水温的变化与水深有关，针对库水位变动下水温变化对混凝土坝徐变的影响，将式（4.14）中的时间函数 $g(t)$ 描述为不同库水位下温度因子变化以及库水位变动速率快慢对温度因子的影响，得出库水位变动下水温变化工况下混凝土坝时效变形表达式，即

$$\delta_T(t)=\sum_{i=1}^{3}\sum_{j=1}^{3}f_{ij}H^iT^j+\sum_{i=1}^{3}\sum_{j=1}^{3}g_{ij}\left(\frac{\Delta H}{\Delta t}\right)^iT^j \tag{4.15}$$

式中：f_{ij}、g_{ij} 为积分回归系数；H 为坝前水深；T 为测点温度。

4. 常规时效位移

对于正常运行的混凝土坝，其时效位移的变化规律为初期急剧变化，随时间发展，速度逐渐减慢直至稳定。因此，其时效位移常用模型有指数函数、对数函数以及线性函数等。

（1）指数函数。假设时效位移 δ_θ 随时间 θ 衰减的速率和残余变形量（$C-\delta_\theta$）成正比，即

$$\frac{\mathrm{d}\delta_\theta}{\mathrm{d}\theta}=c_1(C-\delta_\theta) \tag{4.16}$$

式中：C 为时效位移的最终稳定值；c_1 为参数；θ 为监测日至始测日的时间，且 $\theta=t/100$。

求解式（4.16），得出时效位移 δ_θ 为

$$\delta_\theta=C[1-\exp(-c_1\theta)] \tag{4.17}$$

（2）对数函数。式（4.17）还能以对数形式来表示，则时效位移 δ_θ 为

$$\delta_\theta=c\ln\theta \tag{4.18}$$

（3）线性函数。对于运行多年的混凝土坝，其时效位移 δ_θ 从非线性变化逐渐转化为线性变化，因此，可用线性函数来表示，即

$$\delta_\theta=\sum_{i=1}^{m_3}c_i\theta_i \tag{4.19}$$

式中：c_i 为系数；m_3 为监测日至实测日之间的时段数。

根据混凝土坝运行状况选用常规时效位移模型，一般来说，对于重力坝选用式（4.18）与式（4.19）。对于拱坝则采用式（4.18），并且将时间 θ 分为开始蓄水和首次达到高水位两个时段分析。

综上所述，库水位变动下混凝土坝时效位移模型构建如下：

$$\begin{aligned}\delta_\theta=&\sum_{i=0}^{m}d_1[H(t_{i+1})-H(t_i)]J(t,t')+\sum_{i=0}^{m}d_2[H^2(t_{i+1})-H^2(t_i)]J(t,t')\\&+\sum_{i=0}^{m}d_3[H^3(t_{i+1})-H^3(t_i)]J(t,t')+\sum_{i=0}^{m}e_1\left[\frac{\Delta H(t_{i+1})}{\Delta t(i+1)}-\frac{\Delta H(t_i)}{\Delta t(i)}\right]J(t,t')\\&+\sum_{i=0}^{m}e_2\left[\left(\frac{\Delta H(t_{i+1})}{\Delta t(i+1)}\right)^2-\left(\frac{\Delta H(t_i)}{\Delta t(i)}\right)^2\right]J(t,t')\end{aligned}$$

$$
\begin{aligned}
&+\sum_{i=0}^{m} e_3\left[\left(\frac{\Delta H(t_{i+1})}{\Delta t(i+1)}\right)^3-\left(\frac{\Delta H(t_i)}{\Delta t(i)}\right)^3\right]J(t,t') \\
&+f_{11}HT+f_{12}HT^2+f_{13}HT^3+f_{21}H^2T+f_{22}H^2T^2+f_{23}H^2T^3 \\
&+f_{31}H^3T+f_{32}H^3T^2+f_{33}H^3T^3+g_{11}\frac{\Delta H}{\Delta t}T+g_{12}\frac{\Delta H}{\Delta t}T^2 \\
&+g_{13}\frac{\Delta H}{\Delta t}T^3+g_{21}\left(\frac{\Delta H}{\Delta t}\right)^2T+g_{22}\left(\frac{\Delta H}{\Delta t}\right)^2T^2+g_{23}\left(\frac{\Delta H}{\Delta t}\right)^2T^3 \\
&+g_{31}\left(\frac{\Delta H}{\Delta t}\right)^3T+g_{32}\left(\frac{\Delta H}{\Delta t}\right)^3T^2+g_{33}\left(\frac{\Delta H}{\Delta t}\right)^3T^3+c_1\theta+c_2\ln\theta+k \quad (4.20)
\end{aligned}
$$

4.2.3 考虑库水位变动下混凝土坝位移统计模型的构建

引起大坝位移的成因又可分为水压分量 δ_H、温度分量 δ_T、时效分量 δ_θ 三个方面进行分析，其对混凝土坝的位移影响是叠加关系的，即

$$\delta(\text{或 } \delta_x,\delta_y,\delta_z)=\delta_H+\delta_T+\delta_\theta \quad (4.21)$$

对于运行很久的混凝土坝，在其服役期间，由于受各种荷载等因素的影响，特别是库水位变动下，大坝上游面混凝土内部湿度与外界环境相互转换引起的干缩湿胀以及干湿交替作用，使得坝体混凝土内部结构破坏，加速了混凝土材料老化，从而产生较大范围的裂缝。裂缝对大坝的整体稳定性会产生一定的影响，所以要考虑裂缝这个影响因素，则需再叠加裂缝位移分量 δ_J，即

$$\delta(\text{或 } \delta_x,\delta_y,\delta_z)=\delta_H+\delta_T+\delta_\theta+\delta_J \quad (4.22)$$

由于大坝长时间受各种荷载作用，特别是库水位变动加速了坝内混凝土徐变、老化，导致大坝原本的坝体结构发生变形从而使坝体出现裂缝，裂缝的产生与大坝运行时间有关，可以将裂缝产生的位移看成时效位移与时间关系的一个时效影响因子[167]，因此本节就水压分量、温度分量以及时效分量三个部分对混凝土坝位移进行分析，即式（4.21）。

1. 水压分量

水压荷载对混凝土坝作用导致大坝任一点的水平位移 δ_H 会发生三种状况，如图 4.5 所示。

（1）在应力不变的情况下，由于水库水压对混凝土坝上游面长时间作用，导致其上游面混凝土产生应变，从而使整个混凝土坝随时间的推移慢慢向大坝下游位移 δ_{1H}。

（2）在水压与混凝土坝自身重量的影响下，地基岩体因承受荷载逐渐发生蠕变，地基面由水平逐渐倾斜，导致大坝由于坝基变形而向下游移动 δ_{2H}。

（3）由于水库水重，上游地基面承受水重带来的压力，随时间的变化发生沉降，地基面转动使得大坝向上游面倾斜 δ_{3H}。

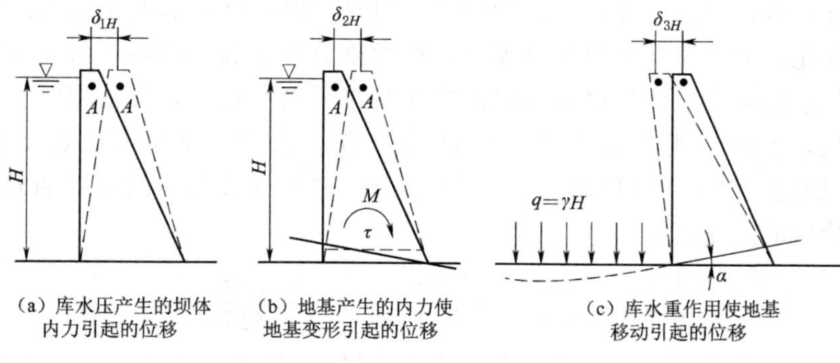

(a) 库水压产生的坝体内力引起的位移

(b) 地基产生的内力使地基变形引起的位移

(c) 库水重作用使地基移动引起的位移

图 4.5 δ_H 的三个分量 δ_{1H}、δ_{2H}、δ_{3H}

对于混凝土重力坝来说，δ_{1H}、δ_{2H} 均与水深 H、H^2、H^3 呈线性关系，δ_{3H} 与水深 H 呈线性关系，由此可见混凝土重力坝因水压作用产生的总体水平位移 δ_H 与水深 H、H^2、H^3 也呈线性关系，即

$$\delta_H = \sum_{i=1}^{3} a_i H^i \tag{4.23}$$

2. 温度分量

温度位移分量的产生与混凝土坝内温度场和坝基岩体温度变化有关。由于环境温度的早晚温差和季节性变化，以及受水库水位变化的扰动坝前库水温也在不断变化等这些因素的影响，坝内混凝土承受的温度也在随时间变化，因此要对坝内混凝土温度进行分析，以坝内和岩基埋设的温度计值作为温度分量的温度因子。而对于已建多年的混凝土坝，坝内和岩基没有埋设温度计或埋设的温度计很少或因运行多年，埋设的温度计由于无法维修而报废的大坝，则利用水温和气温资料，将其作为计算大坝温度的边界条件，对坝内温度场变化进行分析。

(1) 坝内埋设了温度计且完好。对此将坝内某测点的温度资料作为该测点位移分量的温度因子，其温度变化与大坝温度位移呈线性关系，即

$$\delta_T = \sum_{i=1}^{m_2} b_i T_i \tag{4.24}$$

(2) 大坝内无温度计，但有环境气温和水库水温资料。坝体温度受环境温度的影响根据热传导方程中温度边界的选择可知，气温或水温传入坝体混凝土的温度呈简谐变化，且不同部位的混凝土温度与环境温度产生滞后效应的相位角也不同，因此对于某一点的温度值来说，可用几天前对应滞后相位角的气温或水温来作为该点温度分量的温度因子。但因温度位移与温度呈线性关系，所以在无温度资料但有水温、气温资料的大坝温度分量表达式与式（4.24）相同。

(3) 大坝无任何温度资料。对于很早建成的大坝在施工设计中坝内没有预

设温度计，也没有测量环境温度的设施，但是坝内温度场的变化是因环境温度变化而变化。大坝混凝土温度与库水接触的部分受水温的影响，与空气接触的部分受气温的影响。但气温与水温的变化是呈简谐波动的，只是相对于气温和水温来说，坝内混凝土温度变化的波动没有那么大，但是变化趋势是一样的[136]。因此，对于无任何温度资料的情况下，选取温度与时间为周期的谐波作为温度分量的温度因子，即

$$\delta_{T_i}=\sum_{i=1}^{m_3}\left(b_{1i}\sin\frac{2\pi it}{365}+b_{2i}\cos\frac{2\pi it}{365}\right) \tag{4.25}$$

式中：$i=1$ 为年周期，$i=2$ 为半年周期（一般 m_3 取 1，2）；b_{1i}、b_{2i} 为参数；t 为监测日至始测日累计天数。

3. 时效分量

混凝土坝产生时效分量的影响因素有很多，对于库水位变动下对混凝土坝的时变特性在上一节进行了详细的描述。

综上所述，库水位变动下混凝土坝位移统计模型为

$$\begin{aligned}\delta=&\sum_{i=1}^{3}a_iH^i+\sum_{i=1}^{m_2}b_iT_i+\sum_{i=0}^{m}d_1[H(t_{i+1})-H(t_i)]J(t,t')\\&+\sum_{i=0}^{m}d_2[H^2(t_{i+1})-H^2(t_i)]J(t,t')+\sum_{i=0}^{m}d_3[H^3(t_{i+1})-H^3(t_i)]J(t,t')\\&+\sum_{i=0}^{m}e_1\left[\frac{\Delta H(t_{i+1})}{\Delta t(i+1)}-\frac{\Delta H(t_i)}{\Delta t(i)}\right]J(t,t')+\sum_{i=0}^{m}e_2\left[\left(\frac{\Delta H(t_{i+1})}{\Delta t(i+1)}\right)^2-\left(\frac{\Delta H(t_i)}{\Delta t(i)}\right)^2\right]J(t,t')\\&+\sum_{i=0}^{m}e_3\left[\left(\frac{\Delta H(t_{i+1})}{\Delta t(i+1)}\right)^3-\left(\frac{\Delta H(t_i)}{\Delta t(i)}\right)^3\right]J(t,t')+f_{11}HT+f_{12}HT^2+f_{13}HT^3\\&+f_{21}H^2T+f_{22}H^2T^2+f_{23}H^2T^3+f_{31}H^3T+f_{32}H^3T^2+f_{33}H^3T^3\\&+g_{11}\frac{\Delta H}{\Delta t}T+g_{12}\frac{\Delta H}{\Delta t}T^2+g_{13}\frac{\Delta H}{\Delta t}T^3+g_{21}\left(\frac{\Delta H}{\Delta t}\right)^2T+g_{22}\left(\frac{\Delta H}{\Delta t}\right)^2T^2\\&+g_{23}\left(\frac{\Delta H}{\Delta t}\right)^2T^3+g_{31}\left(\frac{\Delta H}{\Delta t}\right)^3T+g_{32}\left(\frac{\Delta H}{\Delta t}\right)^3T^2+g_{33}\left(\frac{\Delta H}{\Delta t}\right)^3T^3\\&+c_1\theta+c_2\ln\theta+k\end{aligned} \tag{4.26}$$

$$\begin{aligned}\text{或 }\delta=&\sum_{i=1}^{3}a_iH^i+\sum_{i=1}^{m_3}\left(b_{1i}\sin\frac{2\pi it}{365}+b_{2i}\cos\frac{2\pi it}{365}\right)+\sum_{i=0}^{m}d_1[H(t_{i+1})-H(t_i)]J(t,t')\\&+\sum_{i=0}^{m}d_2[H^2(t_{i+1})-H^2(t_i)]J(t,t')+\sum_{i=0}^{m}d_3[H^3(t_{i+1})-H^3(t_i)]J(t,t')\\&+\sum_{i=0}^{m}e_1\left[\frac{\Delta H(t_{i+1})}{\Delta t(i+1)}-\frac{\Delta H(t_i)}{\Delta t(i)}\right]J(t,t')\\&+\sum_{i=0}^{m}e_2\left[\left(\frac{\Delta H(t_{i+1})}{\Delta t(i+1)}\right)^2-\left(\frac{\Delta H(t_i)}{\Delta t(i)}\right)^2\right]J(t,t')\end{aligned}$$

$$+\sum_{i=0}^{m} e_3\left[\left(\frac{\Delta H(t_{i+1})}{\Delta t(i+1)}\right)^3-\left(\frac{\Delta H(t_i)}{\Delta t(i)}\right)^3\right]J(t,t')+f_{11}HT+f_{12}HT^2$$
$$+f_{13}HT^3+f_{21}H^2T+f_{22}H^2T^2+f_{23}H^2T^3+f_{31}H^3T+f_{32}H^3T^2$$
$$+f_{33}H^3T^3+g_{11}\frac{\Delta H}{\Delta t}T+g_{12}\frac{\Delta H}{\Delta t}T^2+g_{13}\frac{\Delta H}{\Delta t}T^3+g_{21}\left(\frac{\Delta H}{\Delta t}\right)^2T$$
$$+g_{22}\left(\frac{\Delta H}{\Delta t}\right)^2T^2+g_{23}\left(\frac{\Delta H}{\Delta t}\right)^2T^3+g_{31}\left(\frac{\Delta H}{\Delta t}\right)^3T+g_{32}\left(\frac{\Delta H}{\Delta t}\right)^3T^2$$
$$+g_{33}\left(\frac{\Delta H}{\Delta t}\right)^3T^3+c_1\theta+c_2\ln\theta+k \tag{4.27}$$

4.3 考虑库水位变动下基于 ARIMA 修正的混凝土坝变形监控模型

4.3.1 考虑库水位变动下变形残差时间序列的平稳性检验及处理

针对混凝土坝而言，将大坝水压、温度、时效为主要影响因子的考虑库水位变动下的变形监控模型对原始监测数据序列进行回归分析，得到残差时间序列 $\{y_t, t=1,2,\cdots,n\}$。本节首先研究残差时间序列的统计特征，再研究残差时间序列的平稳性及处理方法，为构建考虑库水位变动下基于 ARIMA 修正的变形监控模型奠定基础。

4.3.1.1 时间序列的统计特征

时间序列是一组数据按时间的先后顺序进行排列，比如对混凝土坝的变形、温度、渗流以及大坝周边环境量等监测的数据。通过这类数据反映监测对象在这段时间内的变动过程，从中挖掘出其变化规律，预测其发展趋势。

对于时间序列中包含的统计特征，常用均值函数、自协方差函数以及自相关函数来进行描述。

1. 均值函数

对于随机时间序列 $\{y_t\}$，均值函数 $\mu(t)$ 的定义为

$$\mu(t)=E[y_t] \tag{4.28}$$

即在 t 时刻，均值函数 $\mu(t)$ 恰好等于序列的期望值，且对于不同时刻，$\mu(t)$ 的取值也不同。

2. 自协方差函数

自协方差函数 $\gamma(t, s)$ 的定义为

$$\gamma(t,s)=\mathrm{cov}(y_t,y_s)=E[(y_t-\mu_t)(y_s-\mu_s)] \tag{4.29}$$

当时刻 $s=t$ 时，那么

$$\gamma(t,t)=E[(y_t-\mu_t)]^2=\mathrm{var}(y_t) \tag{4.30}$$

式（4.30）可以称为时间序列 $\{y_t\}$ 的方差函数，用 σ_t^2 表示，其含义为时间序列 $\{y_t\}$ 相对于均值 $\mu(t)$ 的偏离程度。

3. 自相关函数

自相关函数 $\rho(t, s)$ 的定义为

$$\rho(t,s)=\frac{\gamma(t,s)}{\sqrt{\gamma(t,t)}\sqrt{\gamma(s,s)}} \tag{4.31}$$

式（4.31）表示时间序列 $\{y_t\}$ 中，两个不同时刻 t 和 s 对应序列的线性相关程度。

时间序列由观测所属的时间以及在此时间内现象所到达的水平两个基本要素组成。其主要目的是根据研究对象监测的历史数据，探究其变化规律来对其未来的发展趋势进行预测，时间序列应为一组满足一定变化规律的序列，而非随机排列的序列。因此，利用时间序列对研究对象分析还应满足平稳序列这个基本条件，否则不能对其进行直接预测。

4.3.1.2 时间序列的平稳性的定义及检验方法

时间序列通常可分为平稳时间序列和非平稳时间序列。

1. 平稳时间序列

如果一个时间序列中的统计规律大多不随时间的变化而变化，即序列中的大部分数值围绕着某个值上下波动，那么，该时间序列可被称为平稳时间序列。平稳时间序列可分为严平稳时间序列和宽平稳时间序列两类。

（1）严平稳时间序列。符合严平稳时间序列的条件相对严苛，即序列中表现的所有统计性质不随时间的变化而改变，可表示为

$$P\{y_{t1}\leqslant b_1,y_{t2}\leqslant b_2,\cdots,y_{tn}\leqslant b_n\}=P\{y_{t,1+m}\leqslant b_1,y_{t,2+m}\leqslant b_2,\cdots,y_{t,n+m}\leqslant b_n\} \tag{4.32}$$

式中：m、n 为任意的正整数；$t_1<t_2<\cdots<t_n\in T$；$b_1,b_2,\cdots,b_n$ 为实数。

（2）宽平稳时间序列。宽平稳时间序列是依据序列中的特征统计量来定义，它认为其序列的统计性质是由其低阶矩来决定的，当序列保持在二阶矩阵平稳时，其序列中主要的性质就能保证近似稳定。所以宽平稳又指时间序列的二阶矩阵平稳，其主要性质如下：

（1）$\mu(t)=\mu$，即均值为常数。

（2）$\mathrm{var}(y_t)=\upsilon^2$，即方差为常数。

（3）$\mathrm{cov}(y_t,y_{t+k})=r_k$，即协方差不随时间变化而改变，与时间 t 无关。

2. 非平稳时间序列

当某一时间序列不能完全满足宽平稳时间序列的三个条件，该序列为非平稳时间序列。非平稳时间序列常用的模型包括随机游走模型、带漂移项随机游走模型以及带趋势项随机游走模型等。

(1) 随机游走模型。其模型的表达式为

$$y_t = y_{t-1} + \varepsilon_t \tag{4.33}$$

式中：ε_t 为白噪声序列，其均值为 0，方差为 σ^2。

根据式 (4.33)，时间序列 y_t 的方差为

$$\text{var}(y_t) = \text{var}\left[y_0 + \sum_{i=1}^{t} \text{var}(\varepsilon_i)\right] = \sum_{i=1}^{t} \text{var}(\varepsilon_i) = t\sigma^2 \tag{4.34}$$

从式 (4.34) 可以看出，时间序列 y_t 的方差随时间而变化，与宽平稳时间序列性质不符，为非平稳时间序列。

(2) 带漂移项随机游走模型。其模型的表达式为

$$y_t = \alpha + y_{t-1} + \varepsilon_t \tag{4.35}$$

式中：α 为常数，且 $\alpha \neq 0$。

根据式 (4.35)，时间序列 y_t 的均值和方差为

$$E(y_t) = y_0 + t\alpha \tag{4.36}$$

$$\text{var}(y_t) = t\sigma^2 \tag{4.37}$$

从式 (4.36)、式 (4.37) 中可以看出时间序列 y_t 的均值和方差均随时间呈线性关系，具有不平稳性。

(3) 带趋势项随机游走模型。其模型的表达式为

$$y_t = \alpha + \beta t + y_{t-1} + \varepsilon_t \tag{4.38}$$

式中：β 为常数，且 $\beta \neq 0$。

依照式 (4.38)，不难证明该时间序列 y_t 的均值和方差均随时间而变化，属于非平稳时间序列。

3. 时间序列平稳性检验

为了防止出现非平稳时间序列以平稳性为基础进行时间序列分析，从而产生巨大误差的情况，通常要对样本序列进行平稳性检验，其检验方法包括图形直观判断法和单位根检验法。图形直观判断法相比单位根检验法更加简单且直观。图形直观法又可分为散点图法与自相关函数法两类。

(1) 散点图法。将时间序列中的样本数据做散点图，观测时间序列中的数据是否围绕着某一数值上下波动，从而判断时间序列是否具有平稳性，如图 4.6 (a) 所示，该序列为平稳时间序列，图 4.6 (b) 为非平稳时间序列。散点图法简单、直观，但精度不高，只能对时间序列的平稳性进行粗略判断。

(2) 自相关函数法。其自相关值的定义为

$$\rho_k = \frac{\sum_{t=1}^{n-k}(y_t - \overline{y})(y_{t+k} - \overline{y})}{\sum_{t=1}^{n}(y_t - \overline{y})^2} \quad (k = 0, 1, 2, \cdots) \tag{4.39}$$

其中
$$\overline{y}=\frac{1}{n}\sum_{t=1}^{n}y_t$$
式中：$\overline{y}$ 为样本均值；n 为序列中样本数。

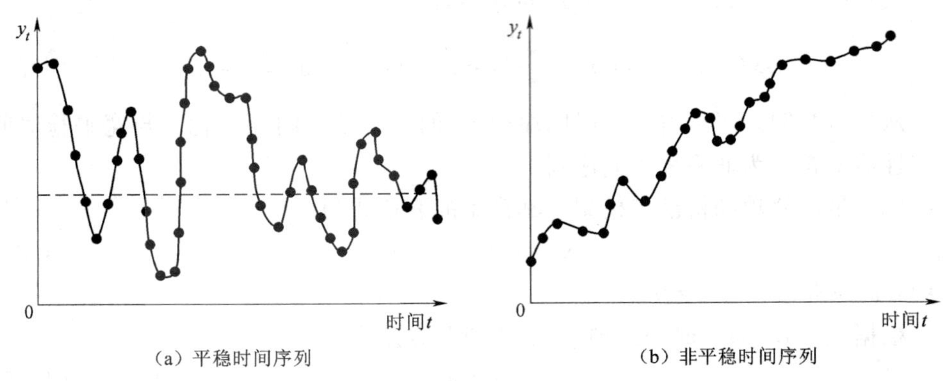

(a) 平稳时间序列　　(b) 非平稳时间序列

图 4.6　平稳与非平稳时间序列散点图

当时间序列计算出的自相关值 ρ_k 随着时间 k 的增大而迅速下降，那么该序列具有平稳性，如图 4.7（a）所示；如果 ρ_k 随着时间 k 的增大缓慢下降，则为非平稳时间序列，如图 4.7（b）所示。其判断原理为：平稳时间序列的自相关值很小且趋近于零，其函数图具有拖尾或截尾特性。拖尾指 ρ_k 在 k 时刻迅速下降，而后不断减小，逐渐趋近于零，而截尾指在 k 时刻 ρ_k 下降至零附近，而后在零附近上下波动。

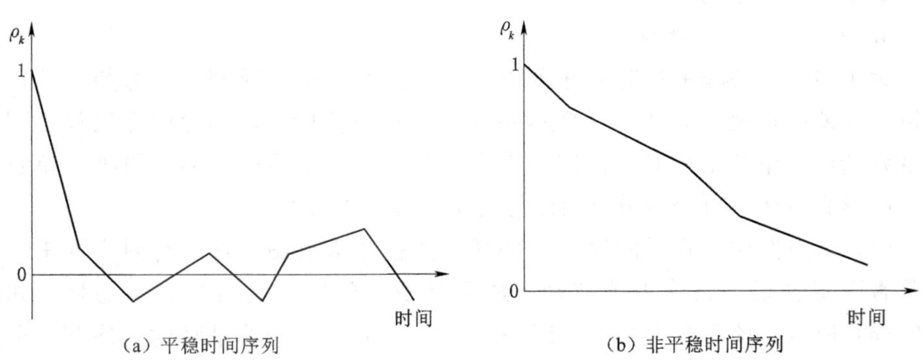

(a) 平稳时间序列　　(b) 非平稳时间序列

图 4.7　平稳与非平稳时间序列自相关函数图

4. 白噪声检验

对于混凝土坝监测数据来说，并不是每一组数据都能利用时间序列分析法进行建模预测的。只有当这组序列具有一定的相关性，序列中的历史数值对研究对象未来的发展趋势有一定的影响，才能通过历史数据挖掘出有效信息，从而对其未来发展进行预测。如果一组序列为纯随机序列，即序列中的数值没有任何相关性，则其无法反映研究对象的发展趋势和未来走向，即该序列不具备任何分析价值。

由于影响混凝土坝变形的因素有很多，尤其是在考虑库水位变动下，变动荷载以及干湿交替作用产生的损伤破坏，使得在影响因子的认知存在限制，其变形发展亦会愈来愈复杂，从而使得其差分序列剧烈波动且没有规律，其变化特征与平稳白噪声序列类似，因此，需对序列进行进一步的白噪声检验。

图检验法和统计量检验法是白噪声检验法常用的两种检验方式，专门用于检验序列是否为纯随机序列。其中图检验法是依据自相关图中的自相关系数来判断其随机性，而统计量检验法则是通过构造统计量的大小，以此来对序列中的随机性进行评判。

4.3.1.3 时间序列平稳性处理

对于满足平稳性检验的时间序列，其均值、方差、协方差等统计性质在一段时间内基本保持不变。而非平稳序列中数据随时间变化而变化，这也决定了非平稳序列很难通过回归方程或者模型挖掘出研究对象的变化规律，进而无法对其未来的发展趋势进行预测。

由于外界环境的影响，混凝土坝的实时监测数据大多属于非平稳序列，其残差也属于非平稳序列。在对大坝构建模型之前，需对残差时间序列进行处理，将非平稳序列转化为平稳的时间序列，在此过程中，通常以差分平稳化的方式对非平稳序列进行转化处理，且最多进行到二阶差分，处理后的时间序列呈现平稳性。而过高阶差分会使得原始数据中有效信息丢失，造成序列失真，从而无法正确反映大坝的变化规律。

现以一阶差分处理方式为例，将非平稳序列转化为平稳序列，二阶差分的处理方式与一阶差分相同。将原始序列 $\{y_t\}$ 进行一阶差分，得出差分后的序列 Δy_t（其中 $\Delta y_t = y_t - y_{t-1}$）。原始时间序列中的数据由一阶差分和滞后序列来表示，然后进行 d 阶差分序列的展开，其表达式为

$$\Delta^d y_t = (1-B)^d y_t = \sum^{d} (-1)^t C_d^t y_{t-1} \tag{4.40}$$

对原始序列 $\{y_t\}$ 进行一个 d 阶的差分实质上也是一个 d 阶自回归的过程，即

$$y_t = \sum^{d} (-1)^{t+1} C_d^t y_{t-1} + \Delta^d y_t \tag{4.41}$$

时间序列的平稳性处理本质上是利用自回归方程来获得所需的有效信息，

然后再进行差分计算。

采用考虑库水位变动下的混凝土坝变形监控模型对原始监测数据进行回归分析，从而得到模型的残差时间序列，并对其进行平稳性以及白噪声检验。若残差为非平稳时间序列则需进行平稳化处理，再基于数学方法，对大坝变形时间序列数据进行预测。

4.3.2 基于 ARIMA 修正的混凝土坝变形监控模型构建

综上所述，如图 4.8 所示，运用 ARIMA 时间序列模型理论，基于 ARIMA 修正的混凝土坝变形监控模型构建的主要步骤如下：

(1) 基于 4.2.3 节提出的考虑库水位变动下混凝土坝位移统计模型，对原始监测数据进行回归分析，得到模型的残差时间序列。

(2) 对得到模型的残差时间序列进行平稳性检验和白噪声检验。

(3) 采用 ARIMA 模型对残差时间序列进行分析，找出变形规律，预测其发展趋势。

(4) 将预测的残差值与考虑库水位变动下的混凝土坝位移统计模型预测值相加，即为最终预测值。

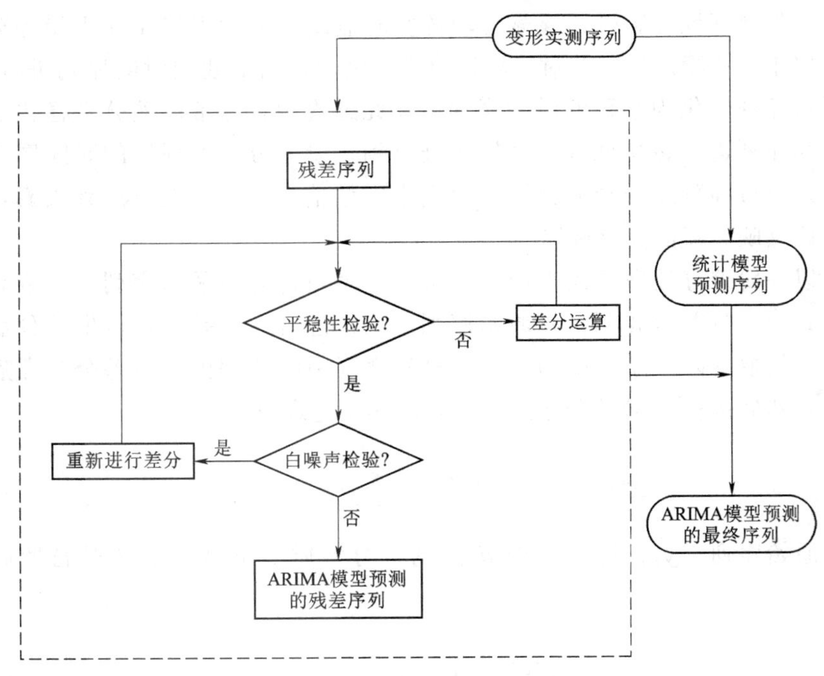

图 4.8 组合模型建模流程

4.4 考虑库水位变动下基于BP神经网络的混凝土坝变形监控时空模型

混凝土坝作为一个整体结构，当不存在因贯穿裂缝导致病态突变位移的情况时，相邻点之间的位移一定具有相关性，且变化规律大致相同，其相关性随两点之间距离的增大而减小。为了更好地揭示混凝土坝的变形规律以及发展趋势，在一定程度上考虑测点之间的相关性，基于BP神经网络强大的非线性映射能力，从测点间位移的相关特性中挖掘出有效信息，从而避免多测点变形模型中复杂因子间多重相关问题，提高模型的变形拟合及预测精度。具体思路为：在4.2节考虑库水位变动影响构建混凝土坝位移统计模型的基础上，结合BP神经网络对混凝土坝多个测点位移进行分析研究，将多个测点的位置信息以及经统计模型分离的水压分量δ_H、温度分量δ_T、时效分量δ_θ作为BP神经网络输入层的神经元变量，要训练和预测的测点位移作为输出层的输出值$d_1,d_2,\cdots,d_n$。从而构建基于BP神经网络的混凝土坝多测点位移监控模型，其表达式为

$$\begin{cases} d_1=f(x_1,\delta_{H_1},\delta_{T_1},\delta_{\theta_1},x_2,\delta_{H_2},\delta_{T_2},\delta_{\theta_2},\cdots,x_n,\delta_{H_n},\delta_{T_n},\delta_{\theta_n}) \\ d_2=f(x_1,\delta_{H_1},\delta_{T_1},\delta_{\theta_1},x_2,\delta_{H_2},\delta_{T_2},\delta_{\theta_2},\cdots,x_n,\delta_{H_n},\delta_{T_n},\delta_{\theta_n}) \\ \vdots \\ d_n=f(x_1,\delta_{H_1},\delta_{T_1},\delta_{\theta_1},x_2,\delta_{H_2},\delta_{T_2},\delta_{\theta_2},\cdots,x_n,\delta_{H_n},\delta_{T_n},\delta_{\theta_n}) \end{cases} \tag{4.42}$$

式中：$x_1,x_2,\cdots,x_n$为一维多测点位置坐标；$d_1,d_2,\cdots,d_n$为不同测点的位移值。

BP神经网络是将输出的值与实际监测值之间误差最小作为最终目标。基于Levenberg - Marquardt算法对阈值和权值进行迭代分析。该算法用时较少，处理数据较快，其迭代次数的确定为误差达到设定要求时迭代的次数。

根据3.5.1节BP神经网络算法原理的分析，3层BP神经网络足够映射函数关系，其中隐含层的节点数确定方法如下

$$H=\log_2 N \tag{4.43}$$

式中：N为输入层的神经元节点数；H为隐含层的神经元节点数。

综上所述，基于BP神经网络的混凝土坝多测点位移监控模型结构如图4.9所示。

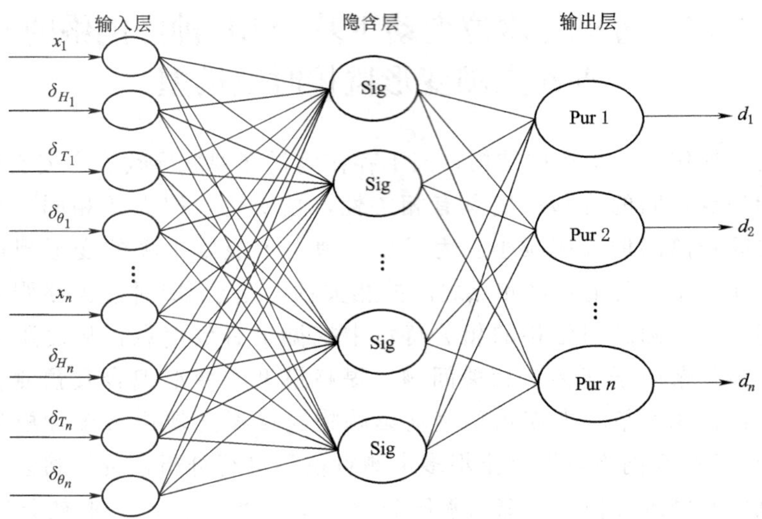

图 4.9 BP 神经网络结构

4.5 工 程 实 例

某拦河坝坝型为混凝土宽缝重力坝，全长 466.5m，最大坝高为 105m，坝顶高程为 115m，顺水流方向从右至左一共分为 26 个坝段，编号从 0～25 号，其中 0～6 号、17～25 号为大坝的挡水坝段，7～16 号为溢流坝段。图 4.10 为该坝的平面布置图，其中挡水坝段以及溢流坝段剖面图如图 4.11 和图 4.12 所示。

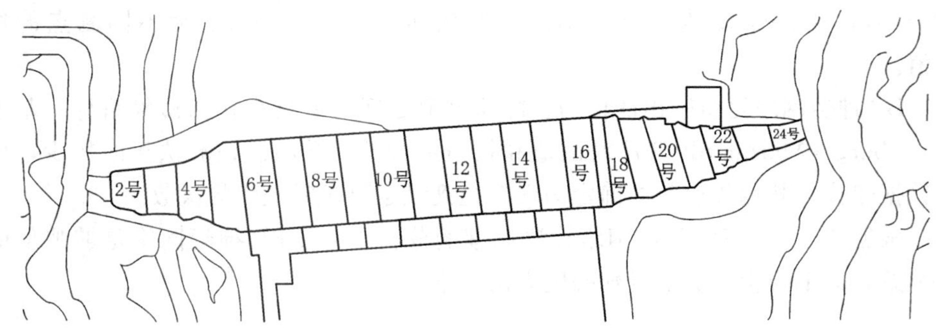

图 4.10 该坝平面布置图

该坝坝址区左岸和河床为泥盆纪千里岗砂岩。70m 高程以下大部分岩层为厚实坚硬的千里岗砂岩，局部含有质地较弱的砂岩、灰色翼岩等软弱夹层；70m 高程以上为泥质含量较多的中粒砂岩。坝基存有两种岩层，其中千里岗砂岩分

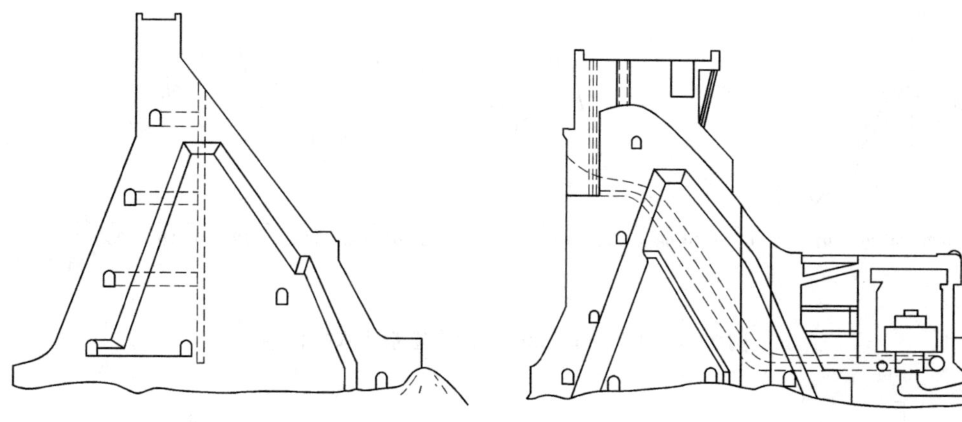

图 4.11 挡水坝段剖面图　　图 4.12 溢流坝段剖面图

布在右岸河床至左岸坝头处，乌桐石英砂岩分布在右岸坡。

该坝对变形的监控方式包括视准线、正倒垂线等。其中垂线法观测出的大坝位移为相对基准点的位移，分正垂线（PL，基准点在测点上方）与倒垂线（IP，基准点在测点下方），共 32 个测点。分别设在 1 号、3 号、4 号、6 号、13 号、19 号、20 号、23 号、9 号坝段的 2 号机，13 号坝段的 6 号机，其中正垂设有 20 个测点，倒垂 12 个测点。对坝体的上下游方向位移以及左右方向位移进行监测，测值以偏向下游方向以及偏向左岸方向的位移为正。图 4.13 为正、倒垂线测点布置图。

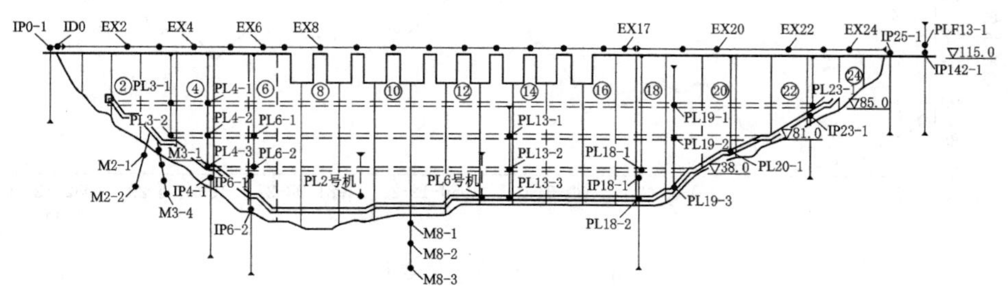

图 4.13 正、倒垂线测点布置图

本节选取 1978 年 4 月至 1982 年 12 月环境监测数据以及 4 号坝段正、倒垂线上下游方向的水平位移数据（图 4.14 和图 4.15），对本章构建的位移统计模型进行验证。其水位变化与气温变化如图 4.16 和图 4.17 所示。

4.5.1 考虑库水位变动下混凝土坝位移监控统计模型的构建

为提高混凝土坝位移监控模型的精度，通过探究库水位变动下对坝体混凝土徐变的影响，基于弹性徐变理论，从库水压变化、水位变化速率、水温变化、

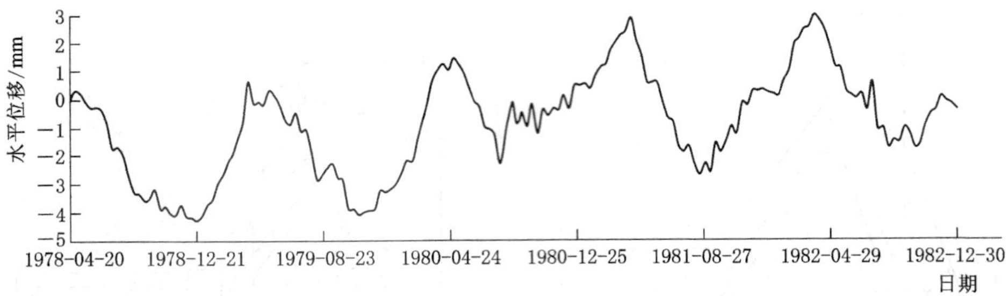

图 4.14 4号坝段38m处测点正垂线水平位移

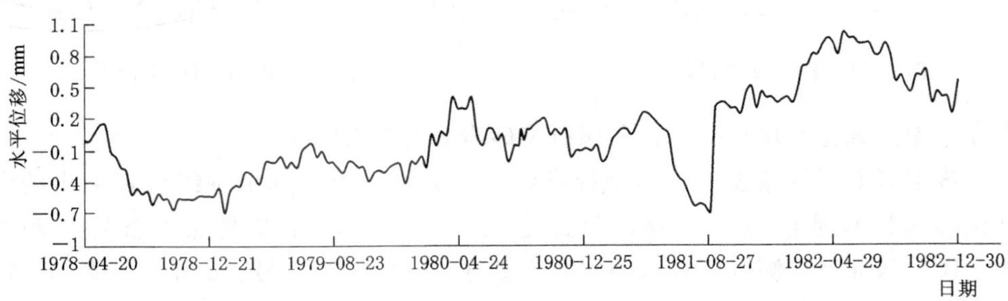

图 4.15 4号坝段38m处测点倒垂线水平位移

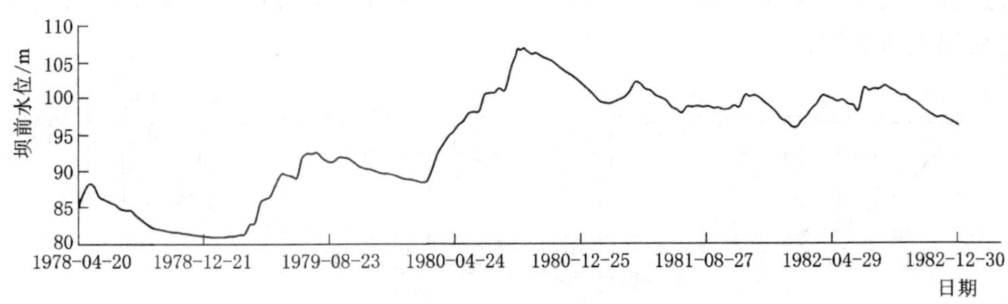

图 4.16 坝前水位变化

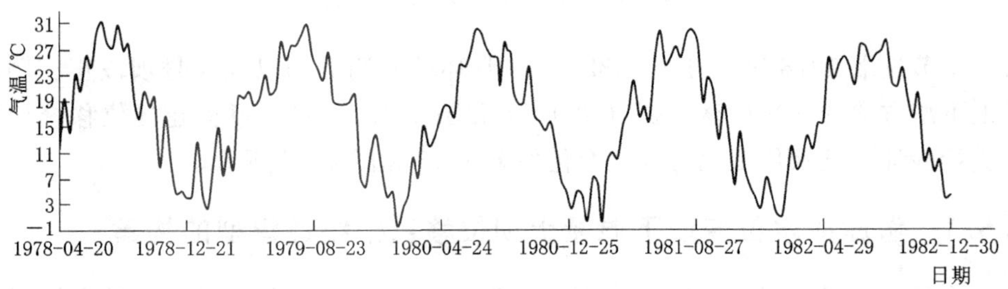

图 4.17 气温变化

常规时效模型四个方面来探究考虑库水位变动下的时效位移模型，构建了库水位变动下混凝土坝位移统计模型。为验证该模型的准确性与有效性，以某混凝土重力坝 4 号坝段监测资料为例进行分析，据此验证构建模型的有效性。

4.5.1.1 模型中水平位移及徐变度的确定

1. 4 号坝段坝顶水平位移

由于正、倒垂线测量的位移为相对位移，不能直接表示该测点所在位置的坝体位移，需要经过转换，其转换关系如图 4.18 所示。

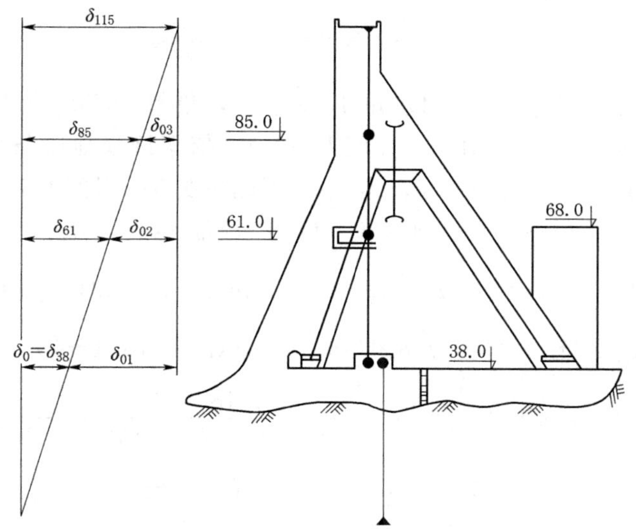

图 4.18 4 号坝段垂线测量位移与绝对位移关系

从图 4.18 可以看出，δ_{01}、δ_{02}、δ_{03} 分别对应 4 号坝段正垂线在 38m、61m、85m 测点处的测量值，4 号坝段倒垂线在 38m 测点处测量的 δ_0 则表示该测点坝体位移，其他测点对应的坝体位移（即相对正、倒垂线固定点的绝对位移）转换关系如下

$$\delta_{115}=\delta_0+\delta_{01},\delta_{85}=\delta_0+\delta_{01}-\delta_{03},\delta_{61}=\delta_0+\delta_{01}-\delta_{02},\delta_{38}=\delta_0$$

从上式可知，4 号坝段的坝顶绝对水平位移为该坝段 38m 处测点正、倒垂线的水平位移之和。因此，根据图 4.14 和图 4.15，该坝段坝顶上下游方向的水平位移（即高程为 115m 处测点水平位移）如图 4.19 所示。

2. B3 模型徐变度参数确定

该坝建坝时间较早，筑坝材料大多就地取材，大坝施工时所用的水泥为 C30 火山灰水泥。根据该坝的施工资料以及 DL/T 5330—2015《水工混凝土配合比设计规程》、SL 319—2018《混凝土重力坝设计规范》，式（4.5）、式（4.6）中系数取值为：坝体混凝土标准养护 28d，加载龄期 $t'=28$d，干燥龄期 $t_0=28$d；

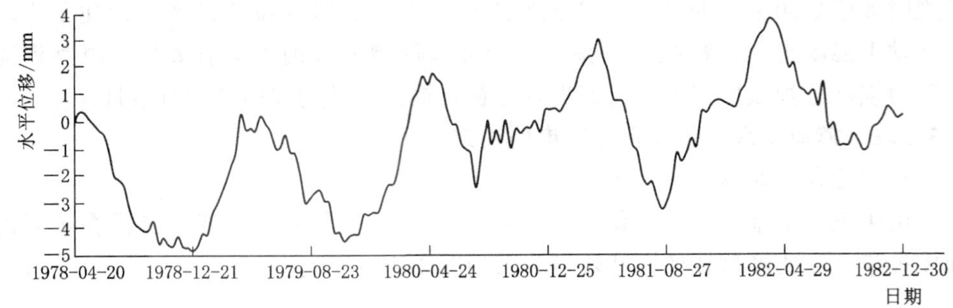

图4.19 4号坝段坝顶水平位移

火山灰水泥用量 $350\mathrm{kg/m^3}$，用水量 $175\mathrm{kg/m^3}$，集料 $1875\mathrm{kg/m^3}$，C30火山灰混凝土强度标准值为31.5MPa，湿度 $h=0.8$。依据该坝地质条件以及表4.1、表4.2，可知 $\gamma_1=1.2$，$\gamma_2=2.0$，$\gamma_3=1$。因此徐变度与时间的关系如下

$$J(t,28)=2.4\times[C_0(t,28)+C_d(t,28,28)]$$

其中 $C_0(t,28)=1.072\times Q(t,28)+0.019\times\ln[1+(t-28)^{0.1}]+0.043\times\ln\dfrac{t}{28}$

$$C_d(t,t',t_0)=3.778\times\{\exp[-8H(t)]-\exp(-8)\}^{0.5}$$

$$Q(t,28)=0.182\times\left(1+\frac{0.182^{10.536}}{\{0.189\times\ln[1+(t-28)^{0.1}]\}^{10.536}}\right)^{\frac{-1}{10.536}}$$

$$H(t)=1-0.2\times\tan0.8\times\left(\frac{t-28}{9079.868}\right)^{0.5}$$

4.5.1.2 考虑库水位变动影响下4号坝段变形特性及对比分析

结合上述监测资料及数据整理，将其代入式（4.25）、式（4.26）考虑库水位变动下位移统计模型中，利用SPSS计算软件进行逐步回归分析，去除不显著系数，得出更加符合4号坝段位移趋势的统计模型。再与传统位移统计模型进行对比分析，验证考虑库水位变动工况下位移统计模型的准确性与有效性。

需要说明的是，由于该坝从1959年9月就开始蓄水运行，而利用正、倒垂线开始对坝体位移进行监测的时间为1978年4月。文献[44]中表示需考虑初始监测时大坝的变形状态对监测数据的影响。大坝初始状态如图4.20所示。

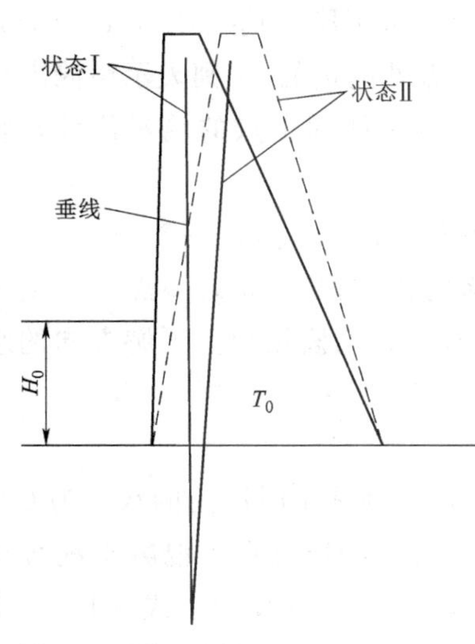

图4.20 初始状态示意

图 4.20 中状态Ⅰ表示大坝处在没有发生变形的情况，其水位与坝体温度为 0；状态Ⅱ则为垂线开始监测的状态，其对应的水位、温度和时效分别是 H_0、T_0、θ_0。而大坝开始监测时，监测出的位移数据是相对状态Ⅱ的位移，与实际的大坝位移值还存在偏差。因此，用垂线监测数据进行回归分析，要考虑初始情况下大坝产生变形的影响，即扣除初始状态下对应的水位、温度和时效。

1. 考虑库水位变动下混凝土坝位移监控统计模型

综上所述，拟合出的结果如下：

（1）温度分量中的温度因子用气温前 5d、20d、60d、90d 的平均气温来表示，利用 SPSS 计算软件，通过逐步回归分析的方法去除不显著系数 a_1、a_2、b_5、b_{20}、d_2、d_3、e_1、e_3、f_{12}、f_{21}、f_{22}、f_{23}、f_{31}、f_{32}、f_{33}、g_{11}、g_{12}、g_{13}、g_{21}、g_{22}、g_{23}、g_{31}，拟合结果见表 4.3。

表 4.3　考虑库水位变动下位移统计模型回归结果

（选择温度因子为气温）

系数	数值	系数	数值	系数	数值
a_1	—	e_3	—	g_{13}	—
a_2	—	f_{11}	−0.004	g_{21}	—
a_3	6.324×10^{-6}	f_{12}	—	g_{22}	—
b_5	—	f_{13}	-1.716×10^{-5}	g_{23}	—
b_{20}	—	f_{21}	—	g_{31}	—
b_{60}	0.430	f_{22}	—	g_{32}	−1.569
b_{90}	−0.547	f_{23}	—	g_{33}	0.125
d_1	0.323	f_{31}	—	c_1	0.231
d_2	—	f_{32}	—	c_2	−0.769
d_3	—	f_{33}	—	k	−0.797
e_1	—	g_{11}	—	R^2	0.91
e_2	−7.556	g_{12}	—	S	0.618

即 4 号坝段在该模型的监控下，其坝顶水平位移拟合方程为

$$
\begin{aligned}
\delta = & 6.324\times10^{-6}(H^3-H_0^3)+0.430T_{60}-0.547T_{90} \\
& +0.323\sum_{i=0}^{m}[H(t_{i+1})-H(t_i)]J(t_{i+1},28) \\
& -7.556\sum_{i=0}^{m}\left[\left(\frac{\Delta H(t_{i+1})}{\Delta t(i+1)}\right)^2-\left(\frac{\Delta H(t_i)}{\Delta t(i)}\right)^2\right]J(t_{i+1},28) \\
& -0.004(H-H_0)T-1.716\times10^{-5}(H-H_0)T^3 \\
& -1.569\left(\frac{\Delta H}{\Delta t}\right)^3T^2+0.125\left(\frac{\Delta H}{\Delta t}\right)^3T^3+0.231\theta-0.769\ln\theta-0.797
\end{aligned}
$$

其实测值与拟合值的拟合效果如图4.21所示。

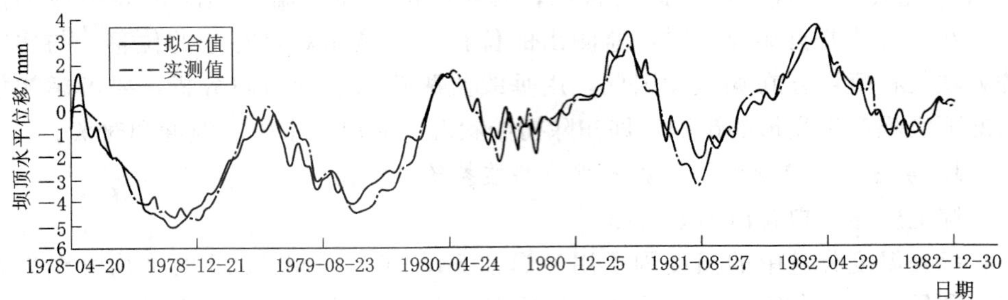

图4.21　考虑库水位变动下位移统计模型拟合效果
（选择温度因子为气温）

（2）温度分量中的温度因子用周期函数来表示，利用SPSS计算软件，通过逐步回归分析的方法去除不显著系数a_2、d_1、d_3、e_2、e_3、f_{12}、f_{13}、f_{21}、f_{22}、f_{23}、f_{31}、f_{32}、f_{33}、g_{11}、g_{12}、g_{21}、g_{22}、g_{23}、g_{31}、g_{32}、g_{33}，拟合结果见表4.4。

表4.4　考虑库水位变动下位移统计模型回归结果
（选择温度因子为周期函数）

系数	数值	系数	数值	系数	数值
a_1	−0.239	e_3	—	g_{13}	0.001
a_2	—	f_{11}	−0.008	g_{21}	—
a_3	1.531×10^{-5}	f_{12}	—	g_{22}	—
b_{11}	−1.174	f_{13}	—	g_{23}	—
b_{12}	0.386	f_{21}	—	g_{31}	—
b_{21}	−1.350	f_{22}	—	g_{32}	—
b_{22}	0.205	f_{23}	—	g_{33}	—
d_1	—	f_{31}	—	c_1	0.236
d_2	0.001	f_{32}	—	c_2	−0.662
d_3	—	f_{33}	—	k	−2.719
e_1	−1.705	g_{11}	—	R^2	0.93
e_2	—	g_{12}	—	S	0.547

其拟合方程为

$$\delta_2=-2.719-0.239(H-H_0)+1.531\times10^{-5}(H^3-H_0^3)$$
$$-1.174\sin\frac{2\pi t}{365}+0.386\sin\frac{4\pi t}{365}-1.350\cos\frac{2\pi t}{365}+0.205\cos\frac{4\pi t}{365}$$

$$+0.001\sum_{i=0}^{m}[H^{2}(t_{i+1})-H^{2}(t_{i})]J(t_{i+1},28)$$
$$-1.705\sum_{i=0}^{m}\left[\frac{\Delta H(t_{i+1})}{\Delta t(i+1)}-\frac{\Delta H(t_{i})}{\Delta t(i)}\right]J(t_{i+1},28)$$
$$-0.008HT+0.001\frac{\Delta H}{\Delta t}T^{3}+0.236\theta-0.662\ln\theta$$

其实测值与拟合值的拟合效果如图 4.22 所示。

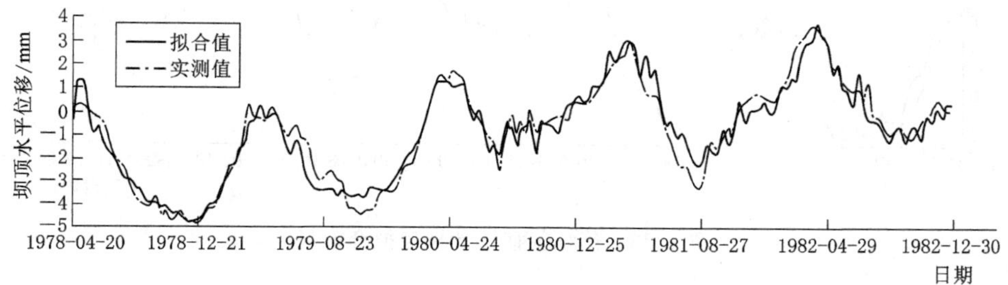

图 4.22　考虑库水位变动下位移统计模型拟合效果
（选择温度因子为周期函数）

根据上述拟合结果对比分析，温度因子选择与时间呈周期函数使得模型拟合结果的相关系数更高，剩余标准差更小，因此，温度分量用与时间呈周期函数来表示能更好地反映该坝 4 号坝段的位移趋势。

2. 传统位移统计模型

传统位移统计模型表达式为

$$\delta=\sum_{i=1}^{3}a_{i}(H^{i}-H_{0}^{i})+\sum_{i=1}^{m_{3}}\left(b_{1i}\sin\frac{2\pi it}{365}+b_{2i}\cos\frac{2\pi it}{365}\right)$$
$$+c_{1}(\theta-\theta_{0})+c_{2}\ln(\theta-\theta_{0})+k$$

利用逐步回归分析，去除不显著系数 a_2、a_3，拟合结果见表 4.5。

表 4.5　传统位移统计模型回归结果

系数	数值	系数	数值	系数	数值
a_1	0.164	b_{12}	0.365	c_2	−0.972
a_2	—	b_{21}	−1.826	k	−2.424
a_3	—	b_{22}	0.242	R^2	0.88
b_{11}	−0.557	c_1	0.226	S	0.703

即当温度因子为周期函数变化时，4 号坝段坝顶水平位移为

$$\delta = -2.424 + 0.164(H - H_0) - 0.557\sin\frac{2\pi t}{365} + 0.365\sin\frac{4\pi t}{365} - 1.826\cos\frac{2\pi t}{365} + 0.242\cos\frac{4\pi t}{365} + 0.226(\theta - \theta_0) - 0.972\ln(\theta - \theta_0)$$

其实测值与拟合值的拟合效果如图 4.23 所示。

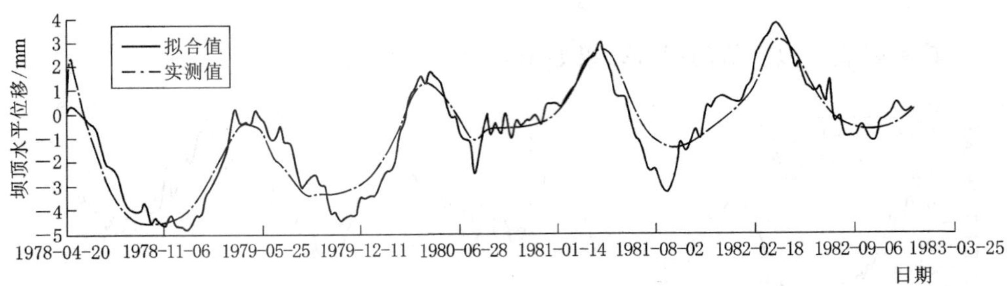

图 4.23　传统位移统计模型拟合效果

3. 结果对比分析

根据本节中不同监控模型下 4 号坝段变形拟合效果可知，从相关系数来看，考虑库水位变动下混凝土坝位移监控统计模型拟合效果更好，传统模型因考虑的因素不足，其拟合效果较差；从剩余标准差比较来看，考虑库水位变动影响下的统计模型更加贴近实际测量的位移值，传统位移统计模型反映大坝实际变形的效果相对较差。

综上所述，考虑库水位变动下混凝土坝位移统计模型能更精确地反映大坝的变形趋势，构建的模型具有良好的准确性和有效性，也进一步表明库水位变动对大坝变形的影响是不可忽略的。

4.5.2　考虑库水位变动下基于 ARIMA 修正的混凝土坝变形监控模型的构建

4.5.2.1　残差序列提取

本节以 1978 年 4 月 20 日至 1982 年 9 月 9 日的数据建模，以 1982 年 9 月 10 日至 1982 年 12 月 31 日实测数据作为检验值。根据上一节算例分析，选取温度分量以周期函数表示的考虑库水位变动下混凝土坝位移统计模型作为该坝 4 号坝段位移监控模型。该模型拟合值与 4 号坝段实际水平位移值如图 4.24 所示，由此可得 4 号坝段残差时间序列，如图 4.24 所示。

4.5.2.2　4 号坝段残差时间序列平稳性检验与处理

1. 残差序列的平稳性检验

从图 4.25 可以看出，4 号坝段测点的残差时间序列并没有围绕着一个数值

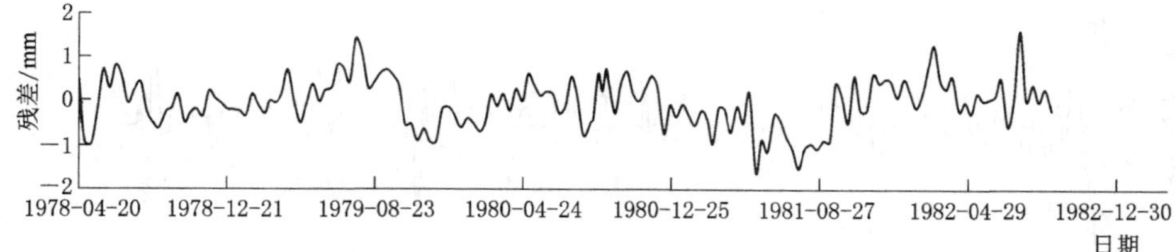

图 4.24　4 号坝段残差时间序列

上下波动，与时间呈不规则变化，因此初步判定该序列不具有平稳性。采用自相关图法对原始残差序列的平稳性做进一步检验，利用 SPSS 计算软件，得出该序列的自相关图与偏自相关图，如图 4.25 所示。

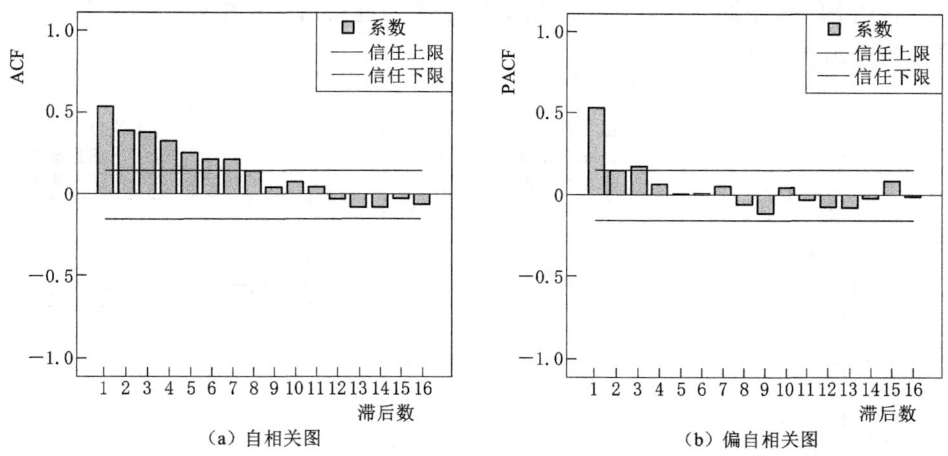

图 4.25　4 号坝段坝顶测点残差时间序列自相关与偏自相关

从图 4.25 可以看出，自相关系数随滞后数缓慢下降，由此可以判断该残差时间序列为非平稳序列，不能直接用原始的残差序列进行分析，因此，要对该序列进行差分处理。

2. 残差序列的平稳性处理

对该残差序列进行一阶差分处理，处理结果如图 4.26 所示。从图 4.26 可以看出，一阶差分后的残差序列基本符合平稳序列要求。由于高阶差分处理会使得序列数据因缺失而失真，因此，该残差序列进行一阶差分即可，无须进一步差分处理。

从图 4.26 可以看出，一阶差分处理后的残差序列在 0 值附近上下波动，没有固定的周期，初步判断处理后的序列具有平稳性。由于影响混凝土坝变形的因素多且复杂，差分残差序列呈现波动剧烈且无规律，从而与平稳白噪声序列

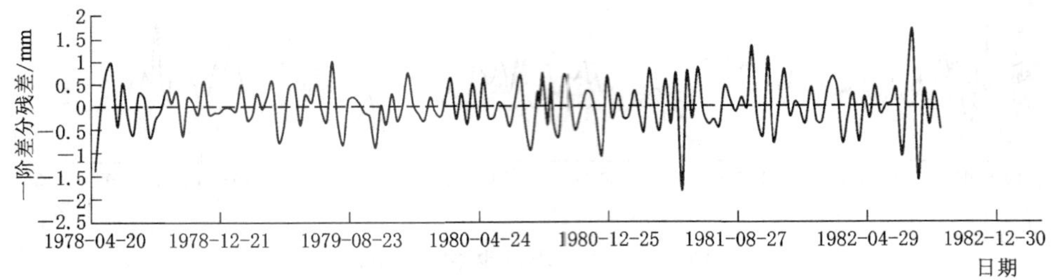

图 4.26 一阶差分残差时间序列

类似，因此，还要对处理后的序列进行白噪声检验。

3. 白噪声检验

利用 SPSS 计算软件，对处理后的残差序列进行白噪声检验，其自相关图与偏自相关图如图 4.27 所示。

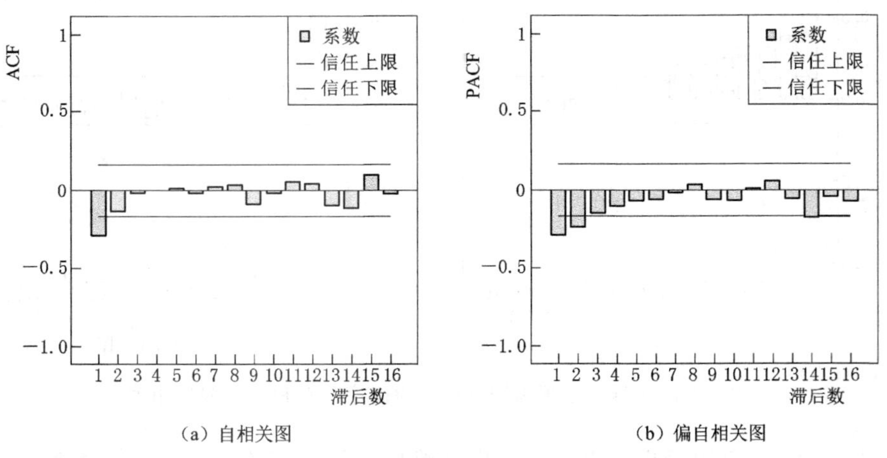

(a) 自相关图

(b) 偏自相关图

图 4.27 残差一阶差分时间序列自相关与偏自相关

由图 4.27 可知，残差一阶差分时间序列有明显的短期相关关系，由此表明该序列不是白噪声序列。且其自相关图表示从滞后数 2 开始，其自相关系数就迅速下降至零值附近，而后在零值附近上下波动，由此也进一步说明，残差一阶差分序列为平稳时间序列。

4.5.2.3 4 号坝段考虑残差效应的变形监测组合模型应用

从图 4.27 可以看出，残差序列经过一阶差分后自相关图在前两阶呈拖尾性，从第三阶开始截尾，迅速降至零值附近，因此初步估计 $q=2$ 或 $q=3$。其偏自相关图在前 6 阶呈拖尾性，第 7 阶截尾将至零值附近，因此取 $q=6$。利用 SPSS 计算软件中的 ARIMA 模型对一阶残差序列进行分析，通过 ARIMA(6,

1，2）模型与ARIMA(6，1，3）模型计算结果对比，ARIMA(6，1，3）模型预测效果更好，其预测残差的自相关与偏自相关图如图4.28所示，其拟合与预测情况如图4.29所示。

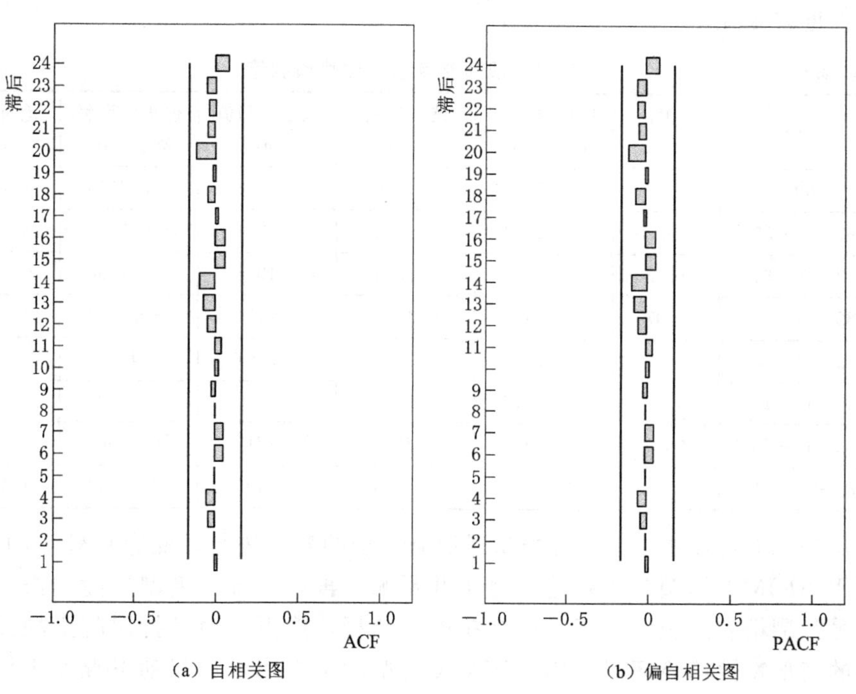

图4.28　模型预测的残差自相关与偏自相关

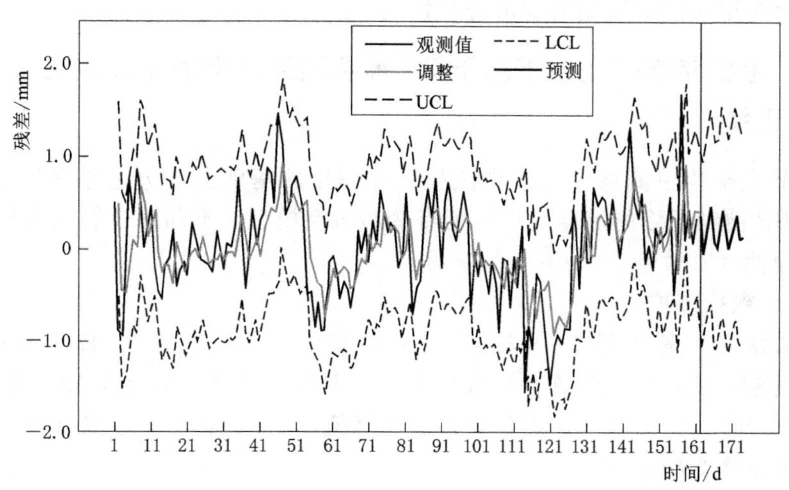

图4.29　模型拟合及预测

从图 4.28 可以看出，利用 ARIMA(6，1，3) 模型计算出的残差均落在置信区间内，表明该序列中有用的信息均被提取，进一步说明该模型的有效性。从图 4.29 可以看出，ARIMA(6，1，3) 模型对残差序列拟合效果很好，其预测结果见表 4.6。

表 4.6　　4 号坝段坝顶测点水平位移预测值

日　期	实测值/mm	统计模型预测值/mm	绝对误差/mm	残差预测值/mm	修正模型预测值/mm	绝对误差/mm
1982-09-10	−0.93	−0.7874	0.1426	−0.0669	−0.8543	0.0757
1982-09-30	−0.78	−1.2864	0.5064	0.4881	−0.7983	0.0183
1982-10-30	−0.33	−1.1364	0.8064	0.4266	−0.7098	0.3798
1982-11-20	0.07	−0.4120	0.4820	0.0155	−0.3966	0.4666
1982-11-30	0.47	0.1595	0.3105	0.2751	0.4345	0.0355
1982-12-10	0.32	−0.2605	0.5805	0.4005	0.1400	0.1800
1982-12-20	0.07	0.3243	0.2543	0.1217	0.4460	0.3760
1982-12-31	0.17	0.3255	0.1555	0.1490	0.4744	0.3044

从表 4.6 可以看出，统计模型对混凝土坝的变形进行预测存在较大的误差，而利用 ARIMA 模型对残差进行修正并预测，再结合统计模型构建的修正模型能改善预测精度。表明基于 ARIMA 模型分析，能更好地挖掘混凝土坝残差序列中的变形特性，验证了采用 ARIMA 模型对考虑库水位变动下混凝土坝位移统计模型的残差进行修正，能达到较好的预测效果。但是随着时间的延长，修正模型预测精度逐渐下降，由于运行中的混凝土坝受多种因素影响，因此，时间序列分析法仅能对短期的变形进行预测。

4.5.3　考虑库水位变动下基于 BP 神经网络的混凝土坝变形监控时空模型的构建

本节在构建单测点混凝土坝位移统计模型的基础上，构建考虑库水位变动下基于 BP 神经网络的混凝土坝多测点变形时空模型。下面通过算例来验证该模型的合理性及有效性。

4.5.3.1　数据提取

选取该坝 4 号坝段 1978 年 4 月 20 日至 1982 年 12 月 31 日 115m、85m、61m 处的测点变形监测值作为研究对象，需要指出的是，本节以 1978 年 4 月 20 日至 1982 年 1 月 29 日的数据作为模型训练值，以 1982 年 1 月 30 日至 12 月 31 日实测数据作为检验值。

1. 不同测点水平位移实测值确定

根据 4.5.1 节中水平位移确定的转换方法，得出 115m、85m、61m 处上游

至下游的水平位移监测值，如图 4.30 所示。

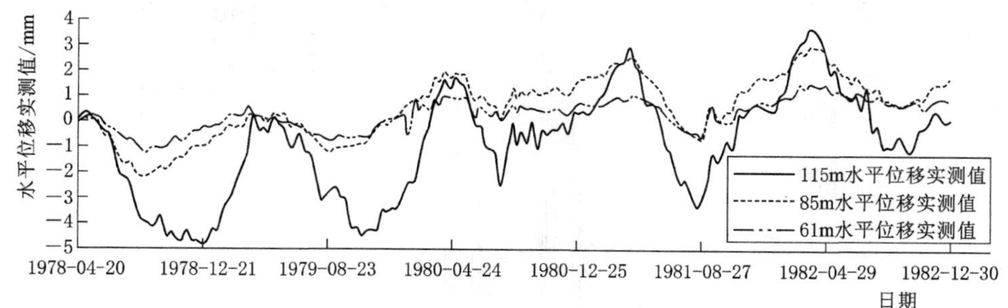

图 4.30　4 号坝段 115m、85m、61m 处水平位移变化情况

2. 不同测点位置信息确定

以顺水流方向从右至左为正方向，以 4 号坝段正垂线悬挂点为原点，那么 115m、85m、61m 处左右向位置变化即为该测点左右水平位移，如图 4.31 所示。

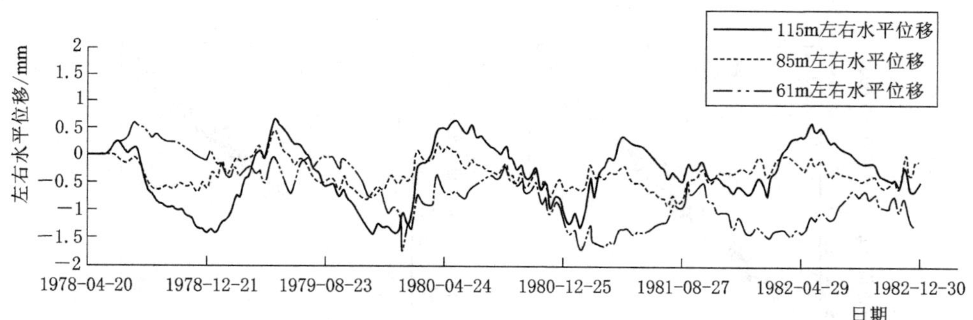

图 4.31　4 号坝段 115m、85m、61m 处位置信息变化情况

4.5.3.2　基于 BP 神经网络的混凝土坝变形监控时空模型应用

根据大坝环境量变化以及 4 号坝段不同测点位移监测数据，在位移统计模型的基础上分离出 115m、85m、61m 处测点的水压分量 δ_H、温度分量 δ_T 和时效分量 δ_θ，结合该坝段测点的位置信息，作为 BP 神经网络的输入层神经元，将 115m、85m、61m 处测点监测的水平位移作为 BP 神经网络的输出层神经元，经过 BP 神经网络的隐含层处理，得出 115m、85m、61m 处测点的变形规律。

1. 训练分析

利用 MATLAB 软件，BP 神经网络模型训练分析如图 4.32 和图 4.33 所示。

2. 基于 BP 神经网络的模型拟合

115m、85m、61m 处测点水平位移拟合效果图如图 4.34 和图 4.35 所示。

115m、85m、61m 处测点 BP 神经网络计算值与各测点水平位移实测值之

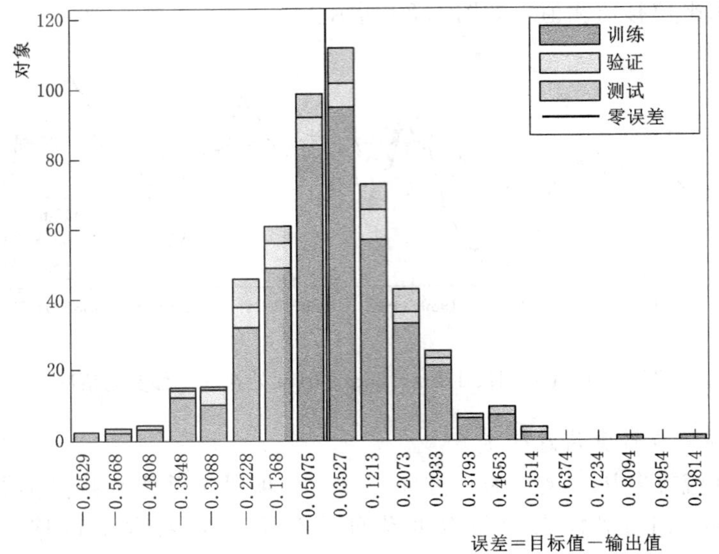

图 4.32 误差分布

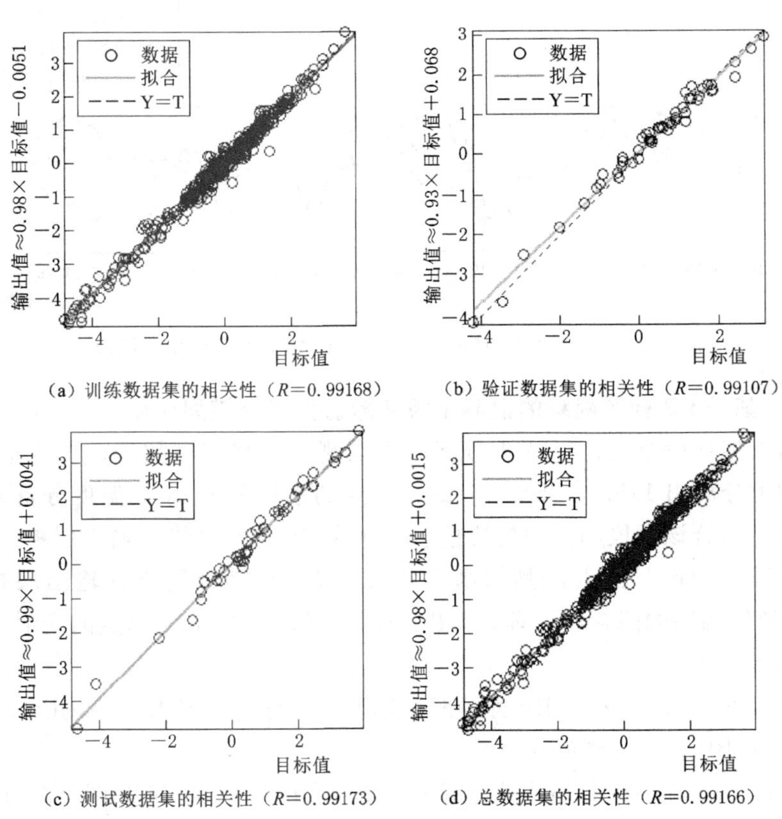

图 4.33 BP 神经网络回归分析

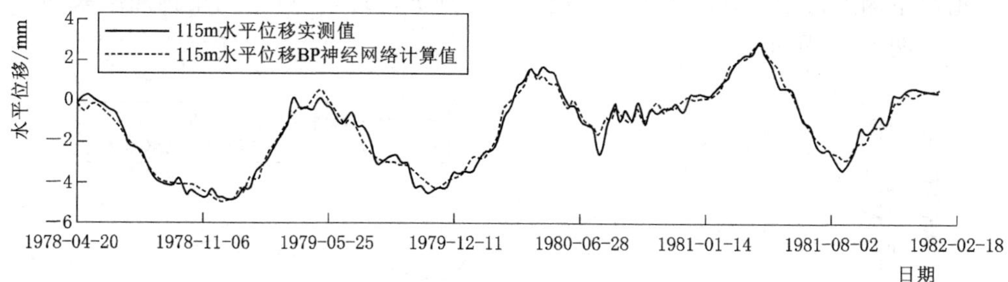

图 4.34　115m 处测点 BP 神经网络计算值与实测值拟合效果

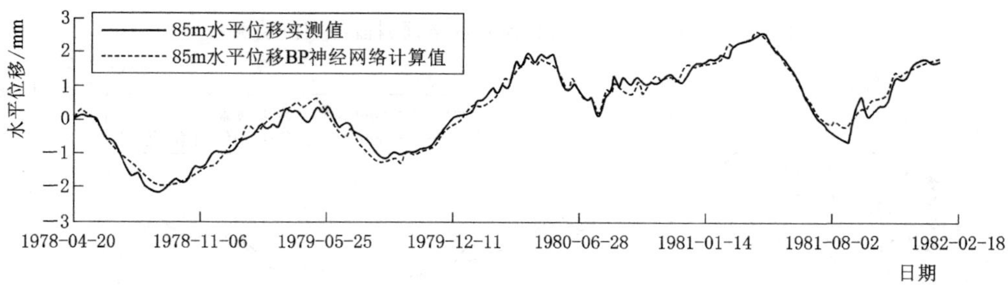

图 4.35　85m 处测点 BP 神经网络计算值与实测值拟合效果

图 4.36　61m 处测点 BP 神经网络计算值与实测值拟合效果

间的复相关系数值 R 分别为 0.986、0.984、0.945，其剩余标准差 S 分别为 0.329、0.210、0.200。

由图 4.34～图 4.36 以及复相关系数 R 与剩余标准差 S 可知，基于 BP 神经网络计算的模型变形值与原始变形监测数据具有较高的相关性，且差值较小，能较好地反映混凝土坝位移场变化规律。也进一步表明该模型的准确性与有效性。

3. 基于 BP 神经网络的模型预测与对比分析

为了进一步检验多测点位移统计模型的预测效果，将 BP 神经网络得出的预测值与单测点模型计算出的预测值进行对比分析，其BP神经网络预测结果如图4.37～图4.39所示。

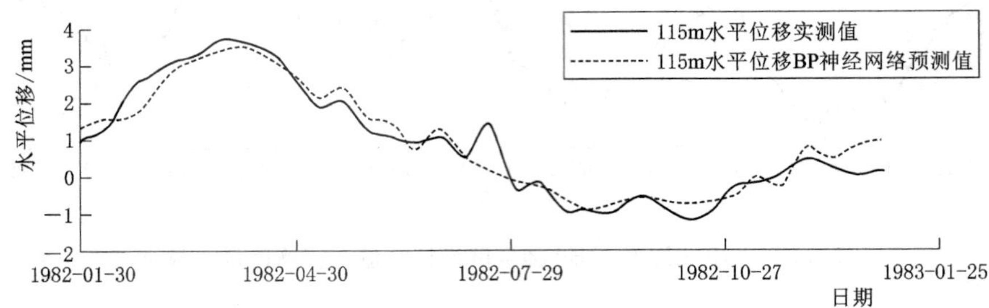

图4.37　115m处测点BP神经网络预测值与实测值关系

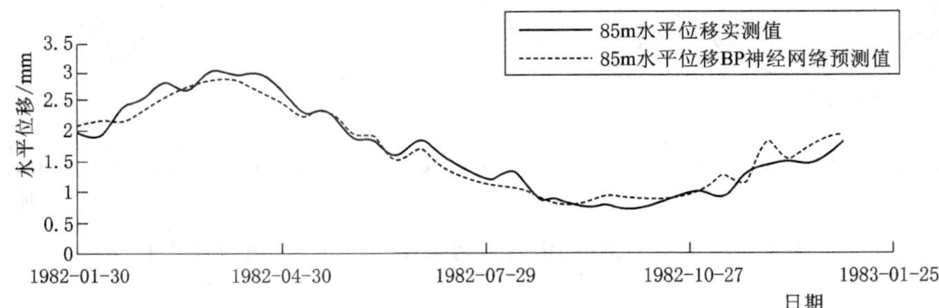

图4.38　85m处测点BP神经网络预测值与实测值关系

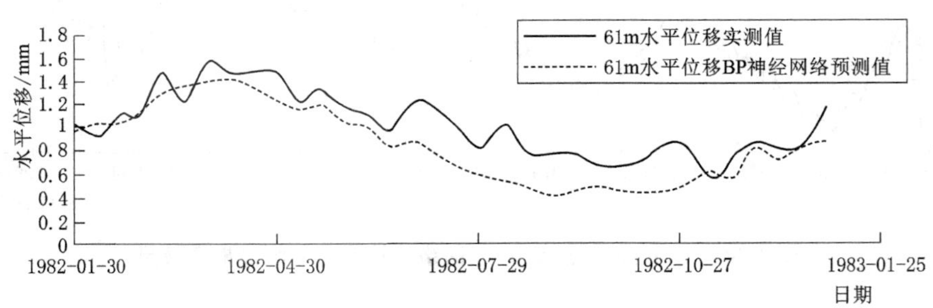

图4.39　61m处测点BP神经网络预测值与实测值关系

115m、85m、61m处测点BP神经网络预测值与各测点水平位移实测值之间的复相关系数值 R 分别为0.964、0.971、0.888，其剩余标准差 S 分别为0.414、0.184、0.235。

单测点模型计算出的预测结果如图4.40～图4.42所示。

图4.40～图4.42中，单测点模型计算值与实测值之间的复相关系数 R 分别为0.954、0.945、0.828，剩余标准差 S 分别为1.049、0.605、0.494。

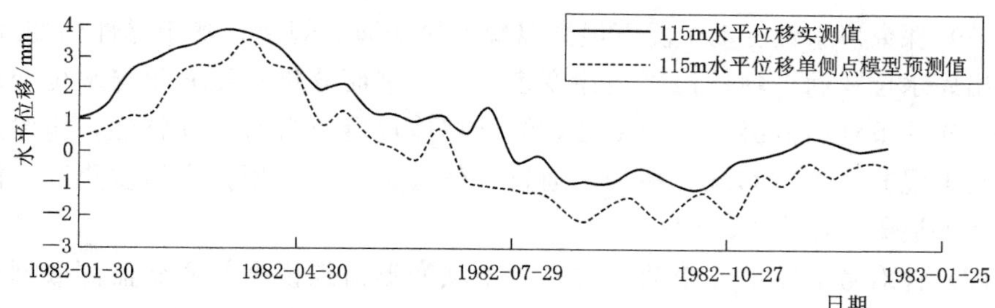

图 4.40　115m 处单测点模型预测值与实测值关系

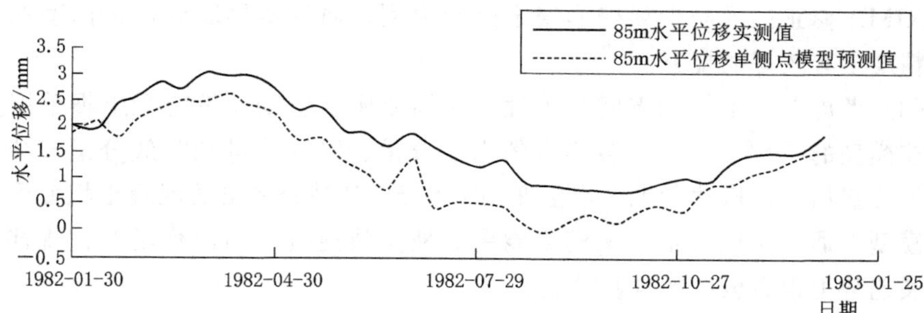

图 4.41　85m 处单测点模型预测值与实测值关系

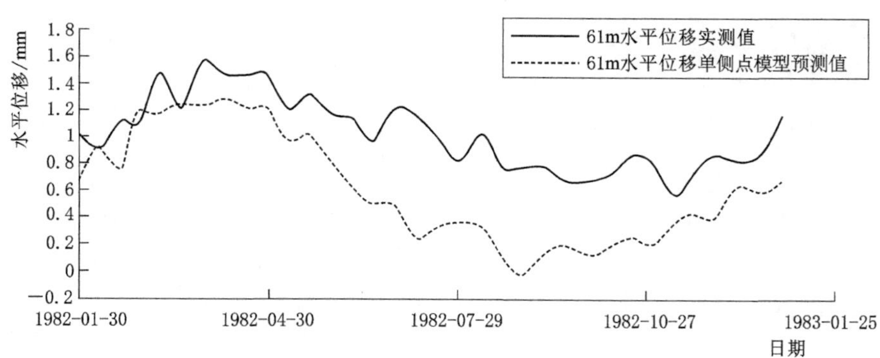

图 4.42　61m 处单测点模型预测值与实测值关系

综上所述，通过复相关系数 R 与剩余标准差 S 对比分析，基于 BP 神经网络的多测点模型在混凝土坝的变形规律及其发展趋势上都有较高的计算精度，在混凝土坝的变形预测上具有可行性。

4.6 本章小结

本章考虑库水位变动对混凝土坝徐变的影响，构建考虑库水位变动下混凝土坝位移单测点监控模型和时空监控模型。主要工作总结如下：

（1）探究库水位变动工况下坝体混凝土徐变演变规律，基于弹性徐变理论，推导出库水位变动下坝体混凝土徐变表达式，进而分析水压变化与水位变动速率协同作用下坝内混凝土徐变变形，综合坝体混凝土自身流变特性，构建库水位变动下混凝土坝位移统计模型。通过实例验证，该模型拟合精度更高，能更好地反映混凝土坝变形规律。

（2）针对考虑库水位变动下的混凝土坝变形监控模型与原始监测数据回归分析后得到的残差时间序列，探究了其平稳性检验与处理方法，基于ARIMA模型提出混凝土坝残差时间序列预测方法。进一步构建了考虑库水位变动下基于ARIMA修正的混凝土坝变形安全监控模型。通过实例验证，该模型在变形预测精度上有较好的提升。

（3）考虑混凝土坝测点间相关性，在构建库水位变动下混凝土坝单测点变形监控模型的基础上，分离各测点的水压分量、温度分量和时效分量，结合各测点的位置信息，构建考虑库水位变动下基于BP神经网络的混凝土坝变形监控时空模型。通过实例验证，该模型能更好地反映混凝土坝位移场变化规律，在其发展趋势上也有较高的预测精度。

第5章 无实测水温资料的混凝土坝安全监控模型研究

5.1 概 述

我国建坝的高峰期是20世纪六七十年代，限于经济条件及人们的认识水平，多数大坝内部并未安装温度计，或由于年代久远，部分温度监测仪器因为老化等质量问题出现故障，造成实测值的缺失或失真而无法利用。因此，当无法获得准确的坝体内部温度场时，特别是水温资料也缺失的情况下，通常会根据坝外的气温资料，推导坝体内部温度场的分布及其变化规律，从而得到大坝位移温度分量。温度荷载为影响大坝变形性态的主要因素之一，就混凝土坝而言，温度变化引起的坝体变形年变幅占总变形年变幅的40%～70%。而在实际情况中，外界的热量向混凝土坝坝体内部传输的过程会产生明显的滞后效应，准确地描述这种滞后效应，改进位移温度分量是混凝土坝安全监控急需解决的问题。

针对上述问题，运用水库水温分层判定方法，探究水库垂向水体温度特性，基于Boltzmann曲线提出无水温监测设备的坝前垂向水温计算方法，并采用随机森林模型构建未知参数的回归预测模型，提出计算公式中参数的确定方法；在此基础上，分析现有变形温度分量的不足，基于物体内部的热传导定律和傅里叶热传导理论研究环境温度为变量时的坝体混凝土内部温度场解析方法，研究环境温度在混凝土坝体中热传导滞后效应，建立单个脉冲环境温度变化引起坝体内部变形的表达式，将连续变化的环境温度离散化，基于线性叠加原理，改进温度分量表达式，构建无实测水温资料的混凝土坝安全监控模型。

5.2 坝前垂向水体温度计算方法

5.2.1 无温度监测设施的水库垂向水温计算方法

针对一些内部并未安装温度监测设备的水库，库水温垂向温度计算方法包括经验公式法以及模型法。模型法虽在理论上比较严密，但对水文气象资料的观测要求高，且计算烦琐，因此目前采用经验法较多[168]。

经验法主要有水利电力部东北勘测设计院张大发和中国水科院朱伯芳提出

的经验公式法以及西安理工大学李怀恩提出的幂函数公式。

1. 东北勘测设计院法

根据国内18座大中型水库的常年观测水温资料，收集整理中国水利水电科学研究院提出的方法和长江水利委员会提出的长办简化公式，在此基础上提出了计算水库月平均垂向水温的新公式，即

$$T_y=(T_o-T_b)e^{-\left(\frac{y}{x}\right)^n}+T_b \tag{5.1}$$

其中
$$n=\frac{15}{m^2}+\frac{m^2}{35};x=\frac{40}{m}+\frac{m^2}{2.37(1+0.1m)}$$

式中：T_y 为水深 y 处的月平均水温；T_o 为计算月份的库表月平均水温；T_b 为计算月份的库底月平均水温；m 为月份；n、x 为计算参数。

参数 n、x 皆与月份 m 相联系，计算方便。库表月平均水温和库底月平均水温可根据沿纬度分布曲线获得，但是库表月平均水温和纬度相关线主要根据我国东南部地区水库的资料，北方水库除官厅水库外均未观测库表面水温，因此此公式仅适用于我国东南部水库水温的计算。

2. 朱伯芳经验公式

分析国内外15座大中型水库水温实测资料，归纳总结了水库水温的变化规律，朱伯芳提出用余弦函数初步估算水库水温月平均水温的思路，其计算公式为

$$T(y,\tau)=T_m(y)+A(y)\cos\omega(\tau-\tau_0-\varepsilon) \tag{5.2}$$

$$T_m(y)=c+(b-c)e^{-\partial y} \tag{5.3}$$

$$A(y)=A_0e^{-\beta y} \tag{5.4}$$

$$\varepsilon=d-fe^{-ry} \tag{5.5}$$

$$c=(T_{底}-be^{-0.04H})/(1-e^{-0.04H}) \tag{5.6}$$

式中：$T(y,\tau)$ 为水深 y 处的月平均水温；τ 为月份；$T_m(y)$ 为水深 y 处的年平均温度；$A(y)$ 为水深 y 处的温度年变幅；b 为水库表面水温；ε 为水温与气温变化的相位差；$\omega=2\pi/P$ 为温度变化的圆频率；P 为温度变化的周期；c、d、f 为计算参数。

上述经验公式仅需通过水库表面的气温资料以及水库所在地区的经纬度即可求得水库表面水温，水库的库底水温一般估算为最低3个月的平均气温[169]。此公式所需资料较少，但对于一些工程计算中用到的参数，需要类似条件的水库的实测资料来推测，所以使用起来有一定难度。因此，在很大程度上限制了该经验公式的使用范围。

3. 李怀恩经验公式

李怀恩分析总结了典型分层型水库的水温分布规律，并且提出用幂函数来

模拟，其基本公式为

$$T_z = T_c + A\,|h_c - z|^{\frac{1}{B}}\,\text{sign}(h_c - z) \tag{5.7}$$

$$\text{sign}(h-z)=\begin{cases}1, h>z \\ 0, h=z \\ -1, h<z\end{cases} \tag{5.8}$$

式中：T_z 为水面下 z 深度处的水温；T_c 为温跃层中心点的温度；h_c 为温跃层中心点的水深；A、B 为经验参数，反映水库分层能力的强弱，A 值越大，分层越强。

对于某一水库，当参数 T_c、h_c、A、B 确定后即可由上述公式预测某一月的垂向水温分布。反映水库分层强弱的参数 A、B 通常取特定的数值或者类似水库的资料优选参数，但此法中温跃层的参数选取仅参照经验取值，影响水温的预测精度[170]。

以上所述库水温计算方法的优缺点对比，见表 5.1。

表 5.1　水温经验公式法总结

方法	东北勘测设计院法	朱伯芳经验公式	李怀恩经验公式
用途	计算水库逐月坝前垂向水温	计算水库年和逐月平均坝前垂向水温	计算水库年和逐月平均坝前垂向水温
适用条件	我国东南部海拔不高的水库	一般的大中型水库	库水深小于 40m 的中小型水库
所需参数	库表月平均水温和库底月平均水温	水库表面水温	温跃层中心点水温和水深，表征水库分层能力强弱的参数
确定参数	根据纬度和气温与水温相关关系曲线获得	水库表面的气温以及水库所在地区可求得水库表面水温	编制程序，解近似解，其中一个参数取常数，另外参数采用优选或者固定一个参数，剩下参数由转换的方程式求解
优点	部分参数与月份相关，未知参数方便求解	所需参数较少	可较好地预测分层水库水温分布
缺点	资料不全，可应用水库不多，无法预测典型分层型水库逐月坝前垂向水温	所需参数在某些工程中需要类似条件的水库实测资料来推测，并且不能计算典型分层型水库逐月坝前垂向水温	关于温跃层的参数选取参照经验值，影响水温的预测精度

经验公式法归根结底是在水库水温实测资料的基础上，从数学角度上统计综合出来的，没有体现水库水温变化的内在规律，在预测分层型水库垂向水温时，在温度变化拐点会出现较大误差。综上，针对没有水温监测设施且水温分层显著的大中型水库，经验公式难以满足研究的需求，急需进一步探求水温变

化的内在规律，在此基础上构建库水温垂向预测模型。

5.2.2　水库水温分层判定方法

水库水温是随着时间和空间不断变化的，水温的变化主要决定于热状态，即决定于水体和周围环境之间发生的热交换。发生热交换过程最强烈的地方就是水面，湖库的表层水体吸收太阳能使温度升高，当风浪不足以将整个水团扰动，系统就不能维持均一的水温，垂直温差就会增加，继而导致水的密度产生差异，当这种差异在某一深度消失，且此深度以下的水体能够不受风力扰动时，水体就会出现分层[171]。

5.2.2.1　水库水温分层类型

水温分层是水库一项重要的力学特征，而不同的水库在分层能力上也具有一定的差异。到目前为止，国内外通常将水温分层结构大致分为混合型[172]、稳定分层型[173] 和过渡型[174]，如图 5.1 所示。

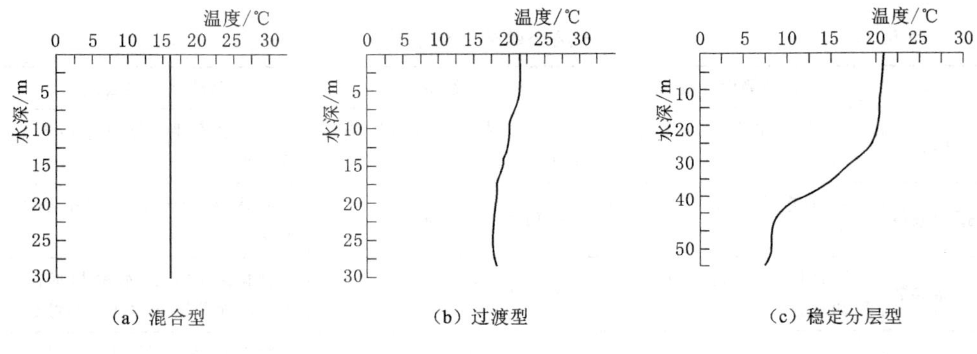

图 5.1　水库分层类型

混合型水库大多为库深较浅、调节能力弱的小型水库，水体在垂直方向能够进行充分的热量交换，即使在年内不同时期和不同深度，水库的水温分布也比较均匀，温度梯度很小，水库水温的变化主要是由水面气温的波动引起的[175]。

稳定分层型水库多数为水库库深大于 40m、调节能力强的水库，水库按照垂向的水温结构可分为三层。上层为温跃层，该层水体与空气相通，水温极易受环境的影响，与气温有显著的相关关系；中层为温跃层或斜温层，中层为上层与下层水体之间的过渡带，该层水体水深越往下水温变化越剧烈，具有较大的温度梯度，故而被俗称为温跃层；下层为滞温层，该层水体与空气的连接阻断，并且基本上水体不发生紊动，因此水温常年变化很小且温度较低。稳定分层型水库的上层和下层水体无法进行充分的热量交换，因此水温温差较大。

过渡型水库是同时兼有以上两种水温分布特征的水库，库内经常有较强的温跃层，但同时库底的水温年内变化很大。

5.2.2.2 水温分层结构判别

常用的有水库宽深比法、参数 $\alpha-\beta$ 法、Norton 密度弗劳德数法[176] 以及库内流速法[177]。前两种方法更为简单实用，判断出的结果与实际相差无几，常常用于水库水温的初步估算[178]。

1. 水库宽深比法

判别公式为

$$R=B/H \tag{5.9}$$

式中：B 为水库水面平均宽度；H 为水库平均水深。

若 $H>15\text{m}$，则当 $R>30$ 时判定为混合型水库，当 $R<30$ 时判定为分层型水库。

2. 参数 $\alpha-\beta$ 系数法

此法又称水库交换次数法，判别公式为

$$\alpha=\frac{\text{多年平均入库总流量}}{\text{水库总库容}} \tag{5.10}$$

$$\beta=\frac{\text{水库一次洪水总量}}{\text{水库总库容}} \tag{5.11}$$

当 $\alpha<10$ 时，可以判定水库为稳定分层型水库；当 $10<\alpha<20$ 时，可以判定水库分层不稳定，即过渡型水库；当 $\alpha>20$ 时，可以判定水库为混合型水库。

当 $\alpha<10$，$\beta>1$ 时，即水库一次的洪水总量大于水库总的库容时，此次洪水会破坏水库原来的水温结构，转变为混合型水库。当 $\alpha<10$，$\beta<0.5$ 时，洪水对水库水温的结构不造成明显影响，水库仍为分层型水库。

3. Norton 密度弗劳德数

弗劳德数 Fr，即流体内惯性力与重力的比值，水力学中通常用来判断水的流态，也可根据值的大小来判断水库分层与否，判别公式为

$$Fr=u\left(\frac{\Delta\rho}{\rho_0}gH\right)^{-1/2} \tag{5.12}$$

式中：u 为流速；$\Delta\rho$ 为密度差；ρ_0 为参考密度；g 为重力加速度；H 为水深。

当 $Fr<0.1$ 时，可以判定水库为稳定分层型水库；当 $0.1<Fr<1.0$ 时，可以判定水库为混合型或者弱分层型水库；当 $Fr>1.0$ 时，判定水库为完全混合型水库。

4. 库内流速法

当水库库容远大于水库的入库水量，即库内流速较小时，则水库的垂向扩散系数也会受之影响较小，垂向水体无法阻止水库水温分层的形成。国外学者绘制了水温成层强度 β' 和 s/q 的相关关系曲线，并给出了判定的标准，判别标

准为

$$\beta'=\overline{\theta}/\theta_s \tag{5.13}$$

$$s/q=0.1\times10^6 \tag{5.14}$$

$$V/q=(3\sim4)\times10^6 \tag{5.15}$$

式中：$\overline{\theta}$ 为水库垂向平均水温；θ_s 为水库库表水温；s 为水库面积；q 为入库流量；V 为水库的有效库容。

若根据水库实测资料得到的计算值大于上述标准，则判定为分层型水库；反之为混合型水库。

5.2.3　水库垂向水温特性分析及计算方法

自然界的许多事物总是经过发生、发展、成熟三个阶段，而每一个阶段的发展速度也各不相同。通常在发生阶段，变化速度较为缓慢；在发展阶段，变化速度加快；在成熟阶段，变化速度又趋缓慢，按上述三个阶段发展规律得到的变化曲线称为 S 形生长曲线。

它的大致思想是假设生物在无限制的空间和无限制的营养物质来源等众多无约束的条件下，进行生长和发展，因此其生长数量呈现出以时间为指数的函数。但是在实际情况中，随着时间的一步步推移，生长数量增大以后，由于环境的改变，营养物质来源的不足，衰老的加快，死亡的增多以及自然界其他生物之间的反馈作用，约束条件也就随之而来。因此，通常动物和植物的生长和发展过程表现出一定的规律，如生长的初期，生长速度比较缓慢，当生长开始进入中间的生长阶段，迅速生长，到了后期生长速度又开始变慢下来，整个生长过程会形成一条近似于 S 形的曲线，曲线上下各有一条近似水平的渐近线。当曲线到达某点时，曲线上升或者下降的趋势逐渐缓慢，但始终不会与两条渐近线相交，因此这一曲线被取名为 S 形曲线[179]。

S 形生长曲线能够较好地描述事物生长的过程，它来源于人口研究，起初是用来研究人口增长的规律，如今已经广泛应用于种群增长、植物和动物生长和信息预测等诸多领域。

当水库水深大于 40m 时，水温在垂直方向极易发生分层现象，综合国内众多水库的实测水位对应水温资料及水温沿水深分布图，可以看出，在水深的尺度上，水深较浅时，水温分布变化较为平缓，即 S 形生长曲线中的发生阶段；随着水深的进一步增大，水温不断减小而进入非线性变化阶段，并且降温急速，呈现很大的温度梯度，即 S 形生长曲线中的发展阶段；当水深较深时，即接近库底时，水温随水深的关系又变得平缓，近似于平滑直线，即 S 形生长曲线中的成熟阶段。库表水体受气温影响最大，与气温呈现出很深的相关关系，所以库表的水温通常是整个水体水温最高的水层；库底水体由于常年与气温隔绝，水库较深时，上下水体无法进行充分的能量混合，所以库底水温的年内变幅较小，常年保持在一个均值；而中间水层由于水体的上下混合，以及太阳的辐射，水温曲线会呈现急剧的变化。综上所述，水温在垂直方向上近似于S形曲线，所以本节采用S形曲线来描述水温与水深之间的关系。

5.2.3.1 S形生长曲线方程

S形生长曲线有多种方程表达形式，Boltzmann 拟合模型是一种半理论、半经验的数学模型[180-182]，目前有很多领域运用了 Boltzmann 模型，该模型的数学意义是随着自变量 x 的增大，因变量 y 值开始迅速增大，逐渐趋于稳定，并无限接近于某一恒定值，该曲线方程为

$$y=A_2+\frac{A_1-A_2}{1+e^{(x-x_0)/dx}} \tag{5.16}$$

式中：A_1 为曲线上部分的极限值；A_2 为曲线下部分的极限值；x_0 为中间值所对应的时间。

图 5.2 展现了 Boltzmann 累积形式的回归模型，当曲线的生长程度达到 $(A_1+A_2)/2$ 时，曲线的增速达到最大，此时图中 A 点称为S形曲线的拐点，内部增长率通常用 A 点的斜率 K 表示，用特征时间 Δt 对其进行计算，$K=(A_1-A_2)/(4\Delta x)$，$4\Delta x$ 表示生长量从 A_1-A_2 的 12%生长到 A_1-A_2 的 88%所需要的时间。在一段完整的S形曲线中，A_1、A_2、Δx 这三个参数决定了S形曲线的基本形状。

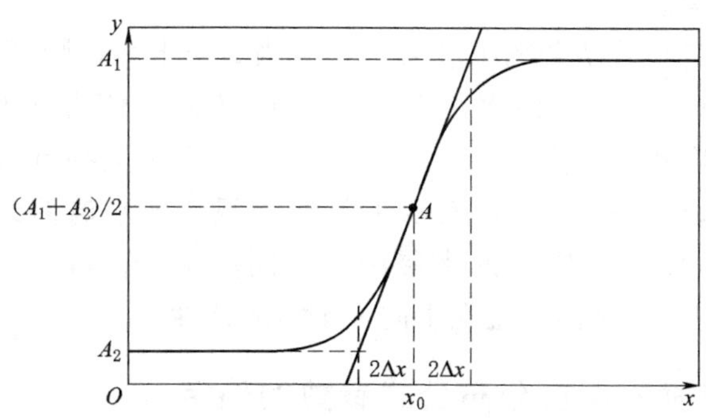

图 5.2 Boltzmann 曲线示意

5.2.3.2 水库垂向水温分布公式

气温、热辐射和风的扰动等环境因素对水温沿水深上的效应是非线性关系的，随着水深的逐渐加深，热量逐渐往下传导，由于水体热量交换的时间不同，不同深度处的水温也不相同，随着水深的增加，这一热量向下传导的效应也逐渐减弱并在一定深度 H 处消失，因此通过对大、中型水库的水温实测资料研究发现，水库在垂直方向上的坝前水温表现为随深度的增加而不断减小，呈现出

类似于Boltzmann模型的演替过程，因此借助S形生长曲线中的Boltzmann曲线来模拟水温在水深上的变化预测，根据Boltzmann曲线的上述性质以及分层型水库坝前水温在垂向上的分布规律，在Boltzmann曲线的基础上，提出垂向水温的分布公式为

$$T_{(x)}=A_2+\frac{A_1-A_2}{1+e^{(x-x_0)/\Delta x}} \tag{5.17}$$

式中：$T_{(x)}$ 为水深 x 处的水温；x 为水深；A_1、A_2、Δx、x_0 分别为计算参数。

为了方便研究分析水温随水深的变化情况，式（5.17）可变形为

$$y=A_2+\frac{A_1-A_2}{1+e^{\frac{x-m}{n}}} \tag{5.18}$$

式中：A_1、A_2、m、n 为拟合参数。

式（5.18）表示在垂直方向上水温随水深 x 的变化；将式（5.18）对水深 x 求一阶导数、二阶导数可得

$$y'=\frac{A_2-A_1}{n}e^{\frac{x-m}{n}}\left(1+e^{\frac{x-m}{n}}\right)^{-2} \tag{5.19}$$

$$y''=\frac{A_2-A_1}{n^2}e^{\frac{x-m}{n}}\frac{1-e^{\frac{x-m}{n}}}{\left(1+e^{\frac{x-m}{n}}\right)^3} \tag{5.20}$$

当 $x=m$ 时，$y''=0$，y' 出现最大值，出现反弯点；当 $x>m$，$y'<0$，$y''>0$，水温逐渐趋于不变。

根据式（5.17）并结合图5.2可知，y'' 当 $x\to+\infty$，则 $T\to A_2$，即库底水温；当 $x\to0$，则 $T\to A_1$，即库表水温；x_0 对应的 T 值为 $(A_1+A_2)/2$，它代表水温曲线上温度转折最大的点；$x_2=x_0+2\Delta x$ 表示上拐点水温，即水温曲线区间12%的点；$x_1=x_0-2\Delta x$ 表示下拐点水温，即水温曲线区间88%的点；$\Delta x=4\Delta x$ 表示水温变化剧烈的水层深度区间；Boltzmann参数 A_1、A_2、x_0、Δx 表现了分层型水库坝前水温在垂向上水温的特性。

5.2.4 库水温垂向深度分布公式参数的确定

5.2.4.1 参数 A_2 的确定

参数 A_2 指的是水温预测曲线上水温最低的温度，通常认为水库库底的水温最低。

根据已有的研究成果，库底水温近似等于当年最低三个月的平均气温，计算方法可表示为

$$A_2\approx(T_{12}+T_1+T_2)/3 \tag{5.21}$$

式中：T_{12}、T_1、T_2 分别表示当年12月、1月和2月的月平均气温。特别要指

出的是，此估算方法在一般地区误差为 0～3℃；而在高寒地区，库底水温误差一般为 4～6℃。

在我国，对于没有实测水温资料的水库，若库水深大于 40m，库底的水温 A_2 可参照表 5.2 采用。

表 5.2　　建议采用的库底水温

气候条件	高寒（东北）	寒冷（华北、西北）	一般（华东、华中、西南）	炎热（华南）
库底水温 A_2/℃	4～6	6～7	7～10	10～12

对于建造在含沙量较高河流上的水库，极有可能会形成直达库底的泥沙异重流，由于泥沙异重流的影响过程格外复杂，目前没有可行精确的定量计算方法[178]，因此库底的水温初步可定为 A_2=11～13℃。

5.2.4.2　参数 A_1 的确定

参数 A_1 指的是水温预测曲线上温度最高点的温度，通常将水面认定为水温曲线上温度最高处，库表水温即为 A_1。

针对水库表面水温的估算方法有两种：一是根据纬度推求水温；二是根据气温推求水温。

1. 根据纬度估算库表水温

水温与纬度呈现出明显的相关关系，由南至北逐渐递减，随着纬度的变化而变化，据此建立水温与纬度之间的关系估算水库表面温度。

图 5.3 为纬度与水库表层水温的关系图，从图中可以看出，水温与纬度的关系线可以近似看成一条折线，在纬度 35°水温与纬度的关系出现了一个间断，35°以下，呈现出明显的线性关系；而 35°以上，水温与纬度的相关关系基本上是一条水平线，纬度对库表水温影响较小。

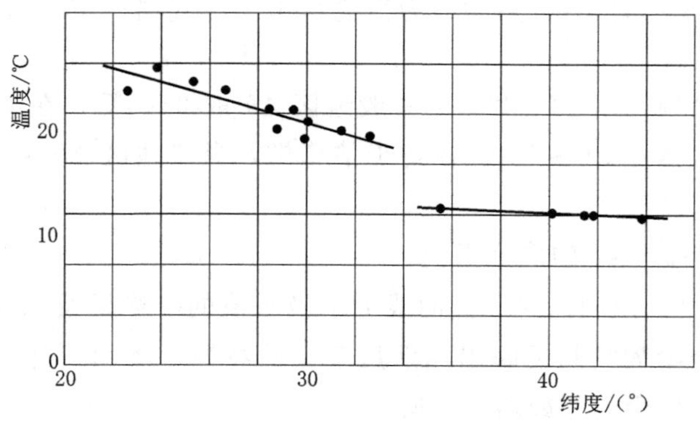

图 5.3　水库表层水温与纬度关系

图 5.4 给出纬度较低地区（我国东南地区）部分月份纬度与逐月的月平均水温关系，由于水温不仅与水库所处纬度有关，还与水库的库水深、上游来水、运行方式等有关。因此，从图 5.4 能够看出，随着年内水温的上升，相关线亦逐渐变缓。

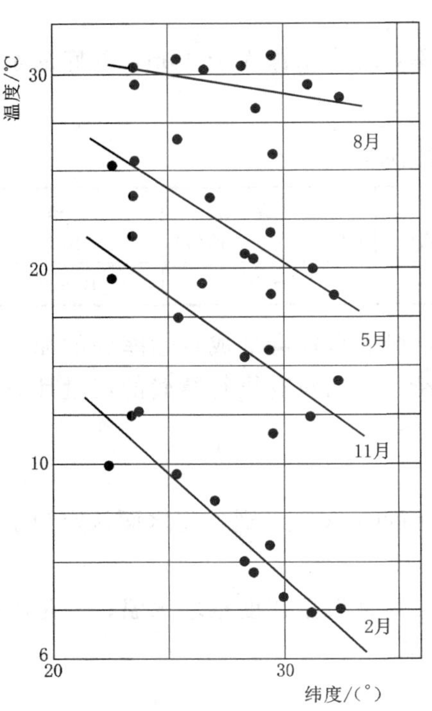

图 5.4　水库表层水温与纬度月份关系

对于北方的一些极寒冰冻地区，库表水温一般为 12～12.4℃；若水库冬季结冰并形成稳定冰盖，则表层水温取高值；如若该水库冬季会结冰，并形成稳定的冰盖，则将表层水温取高值，反之，就取低值。

综上所述，根据纬度估算库表水温的方法只适用于我国东南部地区，有一定局限性。

2. 根据气温估算库表水温

水库表层水温的变化是一个复杂的过程，是水面和大气热交换的过程，参与其过程的有气温、太阳辐射、相对辐射和风速，而其中影响程度最为重要的当属气温。

为了计算的方便，有学者将表层水温简化成对平均气温的修正，计算公式为

$$T_{表}=T_{气}+\Delta b \tag{5.22}$$

式中：$T_{表}$为年平均表层水温；$T_{气}$为当地当年平均气温；Δb 为日光引起的温度增量。

通常在年平均气温 10～20℃的一般地区 Δb 取 2～4℃，在年平均气温 20℃以上的炎热地区 Δb 取 0～2℃。在初步估算中，炎热地区 Δb 取 1℃，一般地区 Δb 取 3℃。

5.2.4.3　参数 x_0、Δx 的确定

参数 x_0 和 Δx 反映的是水温曲线上下极限值的一半以及水温剧烈变化范围的区间，这两个参数共同反映出温跃层变化的特性，下面研究这两个参数的确定方法，两参数确定流程如图 5.5 所示。

1. 数据的收集及处理

基于典型分层水库的坝前垂向不同水深水温原型观测资料，应用上节提出

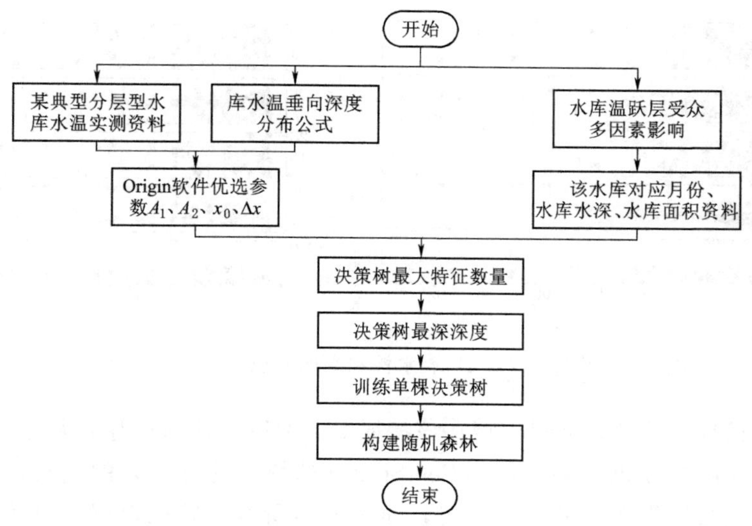

图 5.5 x_0、Δx 随机森林模型流程

的库水温垂向深度分布公式利用 Origin 软件拟合，记录软件自动优选的参数 A_1、A_2、x_0、Δx。考虑到 x_0、Δx 参数能够反映分层水库水温分层的特性，而水库温跃层受众多因素影响（如水库水深、水库面积、时间等），据此，整理上述优选参数 x_0 和 Δx 对应的月份、水库水深、水库面积。特别地，水库水深指水库月平均水深，水库面积指水库水域面积。因此，将月份、A_1、A_2、水库水深、水库面积作为未知参数预测模型的输入量，借助随机森林作为预测模型[183]，由于随机森林属于单预测模型，分别将 x_0 和 Δx 作为模型单次输出量。数据集样本量属于中等，因此，将数据集随机划分成训练集和验证集，训练集占 75%，验证集占 25%。利用训练集训练模型，验证集交叉验证模型的准确度。

2. 未知参数的回归预测

利用随机森林构造 x_0 和 Δx 回归预测模型，模型首先需要建立单棵决策树，在多棵弱决策树的基础上形成强回归模型。

第一步，单棵决策树的建立需确定决策树的最大特征数量。图 5.6 为某水库五个因素与未知参数 x_0 和 Δx 的相关性图。由图可知，五个因素均与未知参数 x_0 和 Δx 具有很强的相关关系，因此遍历所有自变量将 5 个特征排列组合进行 19 次建模，结果表明 5 个自变量作为最大特征时模型的 MSE 最小，因此单棵决策树的最大特征数选为 5。

第二步，决策树的最深深度。选取默认情况 max_depth＝None，即决策树上的每个节点会拟合到增益为 0，一直循环到最佳为止。

第三步，单棵决策树的训练。随机森林中的每棵决策树会随机在 5 个特征

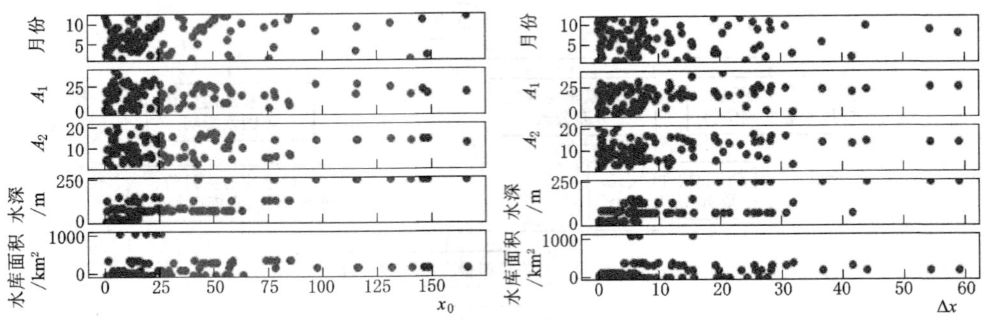

图 5.6 月份、A_1、A_2、水深和水库面积与 x_0、Δx 相关性

中寻找到最优的特征，使得模型在该特征上分裂后得到的收益最大化。

此步骤的实现即函数 chooseBestSpilt（选择最佳分裂）的实现，该函数的目标是找到数据集切分的最佳位置，通过遍历所有的特征值以及其可能的取值来找到使误差最小化的切分阈值，即针对某个特征的每个特征值，将数据集切分成两份，分别计算切分的误差，如果当前误差小于最小误差，那么将当前切分设定为最佳切分并更新最小误差，再返回最佳切分的特征和阈值，对于森林中每棵回归树都采用此种方法。

在决策树中，针对某一特征 A 某一节点 S，将数据集划分成数据集 D_1 和 D_2，求解使得 D_1 和 D_2 各自集合的均方差最小并同时满足 D_1 和 D_2 的均方差之和最小所对应的特征和特征值划分点，即

$$\underbrace{\min}_{A,s}\left[\underbrace{\min}_{c_1}\sum_{x_i\in D_1(A,s)}(y_i-c_1)^2+\underbrace{\min}_{c_2}\sum_{x_i\in D_2(A,s)}(y_i-c_2)^2\right] \tag{5.23}$$

式中：c_1 为 D_1 数据集的样本输出均值；c_2 为 D_2 数据集的样本输出均值；x_i 为数据集中的切分变量；y_i 为数据集中的切分点。

上述分裂过程在本模型中，即当某棵决策树划分的最优特征为月份时，针对每一个节点（每个月份），决策树将训练集随机划分成两个子集，并且求得左右两个子集中每个月份所对应的 x_0 与所有 x_0 的均值的差值，在月份这个特征中每个月份的两个子集差值求和最小的特征所对应的节点，即为最佳分裂。

第四步，森林的构建。在构建森林之前，首先需要确定森林决策树的数目，即模型评估器的数量，理论上来说该数量对模型的准确性影响是单调的，即数量越大模型效果越好，但是任何模型都有决策边界，当达到某一程度后，模型的准确性就会缓慢地持平，且该值过大会造成森林模型过于复杂，影响模型的运行效率。因此对于决策树的数目，在训练难度和模型效果之间取得平衡最好。森林建造完成后，每个决策树均会预测一个 x_0，将所有决策树的结果取均值即为随机森林的结果。由于随机森林为单预测模型，因此，首先对 x_0 进行回归预

测，Δx 的模型实现过程同上。

5.3 无实测水温资料的混凝土坝安全监控模型

5.3.1 传统温度位移分量因子的不足之处

对于服役中的混凝土坝，其内部温度场主要取决于外界温度。往往采用边界气温和水温计算坝体内部温度场。研究混凝土坝变形温度分量变化规律，在大坝安全监控理论中，比较常见的温度分量有以下两种形式：

（1）坝体内部温度场的变化滞后于外界气温，假定混凝土变形与温度呈线性关系，采用观测前 i 日的气温和水温的均值作为温度因子，温度分量表达式为

$$\delta_T = \sum_{i=i_1}^{m_1} b_i T_i \quad (i = i_1, i_2, \cdots, m_1) \tag{5.24}$$

式中：b_i 为回归系数；T_i 为观测日期前 i 日的气温平均值；i 可根据实际情况进行取值，如重力坝 i 取 5d、20d、60d、90d，拱坝 i 取 1d、2d、3d、4d。

（2）考虑到坝体内部的各点温度随气温近似做简谐运动，且滞后于外界气温一个相位角，假定混凝土变形与温度呈线性关系，采用多个周期的谐波函数的线性组合构造温度分量，温度分量表达式为

$$\delta_T = \sum_{i=1}^{m_2} \left(b_{1i} \sin \frac{2\pi i \tau}{\tau_T} + b_{2i} \cos \frac{2\pi i \tau}{\tau_T} \right) \tag{5.25}$$

式中：b_{1i} 和 b_{2i} 均为回归系数；τ 为资料始测日期至观测日期的累计时间；τ_T 为一年的周期时间，当时间 τ 的单位为 d 时，τ_T 取为 365；m_2 根据实际情况取 1 或 2。

上述两种温度分量的表达形式能够从不同的方面体现外界热量与坝体内部热量的关联，但尚存在一些问题：

由式（5.24）可得，回归系数 b_i 的实际物理意义为观测日期前 i 日的环境气温在观测日当天引起的坝体温度变形在整个位移温度分量中所占的权值。因此，式（5.25）通过三角转换可改写为

$$\delta_T = \sum_{i=1}^{m_2} \left[\sqrt{b_{1i}^2 + b_{2i}^2} \cos\left(\frac{2\pi i \tau}{365} - \arctan \frac{b_{1i}}{b_{2i}} \right) \right] \tag{5.26}$$

式中：$\arctan b_{1i}/b_{2i}$ 为表征坝体内部温度变化滞后于外界气温的相位角。

气温引起的坝体位移所占的权重以及坝体内部与外部温度变化引起的相位差等表征热传导过程造成滞后与衰减的因子，应当与外界环境温度、坝体的结构以及混凝土材料的自身性能等有关，而不能简单地由最小二乘原理得到的回归系数所决定。若式（5.24）的 i 取值不当，或外界实际气温不完全等同于

式（5.25）中的简谐运动时，由式（5.24）和式（5.25）参与构建的大坝位移安全监控模型必定很难准确反映原型观测资料的规律。

另外，大坝的外界环境温度包括气温和水温，5.2节的研究表明，气温对水温在时间和空间上均有一定的影响，如何将这些影响作用在坝体温度位移中体现，以及无实测水温资料时如何表述坝体外部连续变化的温度对坝体变形的影响作用尚有待研究。

基于以上原因，本节将基于傅里叶热传导理论，通过数值求解及理论推导相结合的方法，研究分析外界环境热量进入坝体内部是如何产生衰减以及滞后的效应，探讨温度变化对大坝位移的具体表现形式，改进混凝土坝温度分量表达式，为提高大坝位移监控模型奠定基础。

5.3.2 物体内部的热量传导规律

物体内部的热量传导遵循傅里叶定律[184,185]，令 $T(x, y, z, \tau)$ 为某个物体中任意一闭合曲线 S 内的一点 $M(x, y, z)$ 在时刻 τ 的温度，则在微小时间段 $\mathrm{d}\tau$ 内经过曲面 S 上某一微小面积 $\mathrm{d}S$ 的热量 $\mathrm{d}Q$ 与时间 $\mathrm{d}\tau$、曲面的面积 $\mathrm{d}S$ 以及温度函数 $T(x, y, z, \tau)$ 沿着微小曲面 $\mathrm{d}S$ 在法线方向上的方向导数 $\partial T/\partial n$ 三者成正比，即

$$\mathrm{d}Q=-k\frac{\partial T}{\partial n}\mathrm{d}S\mathrm{d}\tau \tag{5.27}$$

式中：k 为物体的热传导系数，取大于0的数，式中的负号代表温度梯度方向 $grad(u)$ 与热量的流向相反。则从时刻 τ_1 至时刻 τ_2 经过闭合曲面 S 流出的热量为

$$Q_{out}=-\int_{\tau_1}^{\tau_2}\left(\iint_s k\frac{\partial T}{\partial n}\mathrm{d}S\right)\mathrm{d}\tau \tag{5.28}$$

假设物体为均匀并且是各向同性的介质，比热为 c，密度为 ρ，则针对闭合曲面 S 所包围的空间区域 V 内的某一微小体积 $\mathrm{d}V$，其温度由 $T(x, y, z, \tau_1)$ 变化至 $T(x, y, z, \tau_2)$ 所吸收的热量为

$$\mathrm{d}Q_{in}=c\rho[T(x,y,z,\tau_2)-T(x,y,z,\tau_1)]\mathrm{d}V \tag{5.29}$$

因此，在空间区域 V 内各点温度由 $T(x, y, z, \tau_1)$ 变至 $T(x, y, z, \tau_2)$ 所吸收的热量为

$$Q_{in}=c\rho\iiint_v[T(x,y,z,\tau_2)-T(x,y,z,\tau_1)]\mathrm{d}V \tag{5.30}$$

假定闭合曲面 S 内没有热源，则

$$Q_{in}=-Q_{out} \tag{5.31}$$

即

$$c\rho\iiint_v[T(x,y,z,\tau_2)-T(x,y,z,\tau_1)]\mathrm{d}V=\int_{\tau_1}^{\tau_2}\left(\iint_s k\frac{\partial T}{\partial n}\mathrm{d}S\right)\mathrm{d}\tau \tag{5.32}$$

假定温度函数 $T(x, y, z, \tau)$ 关于 x，y，z 具有连续的二阶偏导数，关于 τ 具有连续的一阶偏导数，根据 Gauss 公式可知

$$\int_{\tau_1}^{\tau_2}\iiint_{v}\left[c\rho\frac{\partial T}{\partial \tau}-\frac{\partial}{\partial x}\left(k\frac{\partial T}{\partial x}\right)-\frac{\partial}{\partial y}\left(k\frac{\partial T}{\partial y}\right)-\frac{\partial}{\partial z}\left(k\frac{\partial T}{\partial z}\right)\right]\mathrm{d}V\mathrm{d}\tau=0 \tag{5.33}$$

由于时刻 τ_1 至时刻 τ_2 及空间区域 V 均为任意选取，因此在物体内任意一点任意时刻下式皆成立，即

$$c\rho\frac{\partial T}{\partial \tau}=\frac{\partial}{\partial x}\left(k\frac{\partial T}{\partial x}\right)+\frac{\partial}{\partial y}\left(k\frac{\partial T}{\partial y}\right)+\frac{\partial}{\partial z}\left(k\frac{\partial T}{\partial z}\right) \tag{5.34}$$

令 $a=\frac{k}{c\rho}$ 为热扩散系数，对上式整理得到

$$\frac{\partial T}{\partial \tau}=a\left(\frac{\partial^2 T}{\partial x^2}+\frac{\partial^2 T}{\partial y^2}+\frac{\partial^2 T}{\partial z^2}\right) \tag{5.35}$$

则式（5.35）为物体内部没有热源的均匀介质的傅里叶热传导方程。

当介质内部有热源时，假定热源的密度为 $F(x, y, z, \tau)$，则其傅里叶热传导方程为

$$\frac{\partial T}{\partial \tau}=a\left(\frac{\partial^2 T}{\partial x^2}+\frac{\partial^2 T}{\partial y^2}+\frac{\partial^2 T}{\partial z^2}\right)+\frac{F(x,y,z,\tau)}{c\rho} \tag{5.36}$$

5.3.3 混凝土坝傅里叶热传导方程求解

外界热量向混凝土坝内传导，坝体内部各点的温度重新分布，该过程可应用傅里叶热传导理论对其原理进行分析与求解。当大坝运行多年，坝体内部混凝土的水化热已基本挥发完毕，因此可假设此时坝体内部无热源。对于一个大体积混凝土结构（图 5.7），近似认为坝体内部的温度函数 $T(x, y, z, \tau)$ 在空间坐标上仅与坝体表面的法向坐标 x 有关，即 $\frac{\partial T}{\partial y}=0$，$\frac{\partial T}{\partial z}=0$。

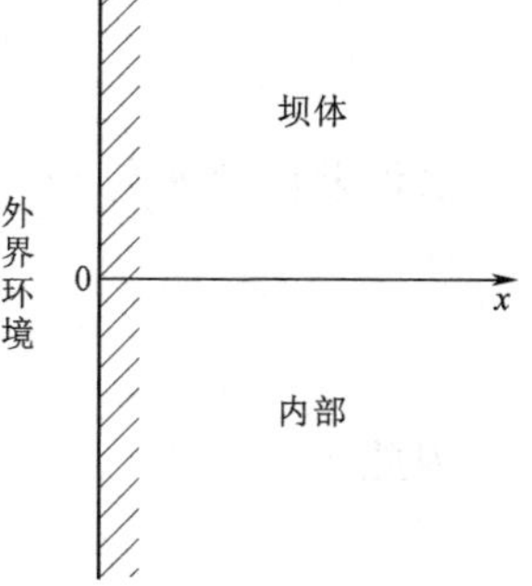

图 5.7 半无限大体积混凝土结构示意

因此，可将外界环境温度对坝体内部各点温度影响过程简化为半无限大体积混凝土结构的一维热传导过程，其偏微分方程表达式为

$$\frac{\partial T}{\partial \tau}=a\frac{\partial^2 T}{\partial x^2}\quad(0\leqslant x<\infty,\ \tau\geqslant 0) \tag{5.37}$$

5.3.3.1 环境温度为常量的傅里叶热传导方程求解

假定混凝土外界的温度恒为 T_e，初始时刻混凝土坝体内的各点温度皆为 T_0，则边界条件表示为

$$\begin{cases} T|_{\tau=0}=T_0 & (0\leqslant x<\infty) \\ T|_{\tau=0}=T_e & (\tau\geqslant 0) \\ T|_{\tau\to\infty}=T_0 & (\tau\geqslant 0) \end{cases} \tag{5.38}$$

此时，转化为对式（5.37）和式（5.38）组成的偏微分方程的第一类边界条件求定解问题，令 $\lambda=\dfrac{T(x,\tau)-T_0}{T_e-T_0}$，则式（5.37）变形为

$$\frac{\partial\lambda}{\partial\tau}=a\frac{\partial^2\lambda}{\partial x^2} \quad (0\leqslant x<\infty,\ \tau\geqslant 0) \tag{5.39}$$

假定 $\eta=\dfrac{x}{2\sqrt{a\tau}}$为微分变量，则

$$\frac{\partial\lambda}{\partial\tau}=\frac{\mathrm{d}\lambda}{\mathrm{d}\eta}\frac{\partial\eta}{\partial\tau}=-\frac{x}{4\tau\sqrt{a\tau}}\frac{\mathrm{d}\lambda}{\mathrm{d}\eta} \tag{5.40}$$

$$\frac{\partial^2\lambda}{\partial x^2}=\frac{\mathrm{d}}{\mathrm{d}\eta}\left(\frac{\mathrm{d}\lambda}{\mathrm{d}\eta}\frac{\partial\eta}{\partial x}\right)\frac{\partial\eta}{\partial x}=\frac{\mathrm{d}^2\lambda}{\mathrm{d}\eta^2}\left(\frac{\partial\eta}{\partial x}\right)^2+\frac{\mathrm{d}\lambda}{\mathrm{d}\eta}\frac{\partial^2\eta}{\partial x^2}=\frac{1}{4a\tau}\frac{\mathrm{d}^2\lambda}{\mathrm{d}\eta^2} \tag{5.41}$$

将式（5.40）和式（5.41）代入式（5.37）中，则方程和边界条件变形为

$$\frac{\mathrm{d}^2\lambda}{\mathrm{d}\eta^2}+2\eta\frac{\mathrm{d}\lambda}{\mathrm{d}\eta}=0 \tag{5.42}$$

$$\begin{cases} \lambda|_{\eta\to\infty}=0 \\ \lambda|_{\eta=0}=1 \end{cases} \tag{5.43}$$

对式（5.42）和式（5.43）求解，替换变量 λ 的解可得

$$\lambda=1-\frac{1}{\int_0^\infty \mathrm{e}^{-\eta^2}\mathrm{d}\eta}\int_0^\eta \mathrm{e}^{-\eta^2}\mathrm{d}\eta \tag{5.44}$$

由误差函数 $\mathrm{erf}(x)=\dfrac{2}{\sqrt{\pi}}\displaystyle\int_0^x \mathrm{e}^{-u^2}\mathrm{d}u$ 及 $\mathrm{erf}(\infty)=1$ 可知

$$\lambda=1-\frac{2}{\sqrt{\pi}}\mathrm{erf}(\eta) \tag{5.45}$$

因此

$$\frac{T(x,\tau)-T_0}{T_e-T_0}=1-\mathrm{erf}\left(\frac{x}{2\sqrt{a\tau}}\right) \tag{5.46}$$

在统计学中，式（5.46）的误差函数 $\mathrm{erf}(u)$ 是一个超越函数，其函数值无法从初等函数展开获得，可根据 Excel 软件或者专门的表格获取。

5.3.3.2 环境温度为变量的傅里叶热传导方程求解

在实际运行中的混凝土坝，坝体外界的环境温度并不是恒定的常量，而是随季节和昼夜的不断交替变化的连续变量。当连续变化的物理量难以用确定的函数表达式表征时，处理此类问题常用方法如下：近似地将其看作无数个微小

增量叠加而成的变量，对每个微小变量的物理过程进行单独分析研究再累加其结果。下面首先探讨热传导过程是否满足上述累加原理以及在满足累加原理时所需服从的初始边值条件。

1. 证明热传导过程满足叠加原理

热传导方程的第一类边值条件可表示为

$$\begin{cases}\dfrac{\partial T}{\partial \tau}=a\left(\dfrac{\partial^2 T}{\partial x^2}+\dfrac{\partial^2 T}{\partial y^2}+\dfrac{\partial^2 T}{\partial z^2}\right),\ (x,y,z)\in\Omega,\ \tau\geqslant 0\\ T|_{\tau=0}=T_0,\ (x,y,z)\in\Omega\\ T|_{\Gamma}=T_e(\tau),\ \tau\geqslant 0\end{cases}\tag{5.47}$$

式中：Ω 为介质区域；Γ 为介质区域 Ω 的边界；其余参数意义与式（5.38）一致。

因此，式（5.47）中的泛定方程和定解条件皆为线性，满足偏微分方程的线性叠加原理。

令 $\Theta=T-T_0$，代入式（5.47）中，得

$$\begin{cases}\dfrac{\partial \Theta}{\partial \tau}=a\left(\dfrac{\partial^2 \Theta}{\partial x^2}+\dfrac{\partial^2 \Theta}{\partial y^2}+\dfrac{\partial^2 \Theta}{\partial z^2}\right),\ (x,y,z)\in\Omega,\tau\geqslant 0\\ \Theta|_{\tau=0}=0,(x,y,z)\in\Omega\\ \Theta|_{\Gamma}=T_e(\tau)-T_0,\tau\geqslant 0\end{cases}\tag{5.48}$$

假定 $\theta_i=T_i-T_0(i=1,\ 2,\ \cdots,\ n)$ 是偏微分方程（5.48）的 n 个定解，即

$$\begin{cases}\dfrac{\partial \theta_i}{\partial \tau}=a\left(\dfrac{\partial^2 \theta_i}{\partial x^2}+\dfrac{\partial^2 \theta_i}{\partial y^2}+\dfrac{\partial^2 \theta_i}{\partial z^2}\right),\ (x,y,z)\in\Omega,\ \tau\geqslant 0\\ \theta_i|_{x=0}=0,\ (x,y,z)\in\Omega\\ \theta_i|_{\Gamma}=T_{ei}(\tau)-T_0,\ \tau\geqslant 0\end{cases}\tag{5.49}$$

因此通过偏微分方程的线性叠加原理，可得

$$\begin{cases}\dfrac{\partial}{\partial \tau}\left(\sum\limits_{i=1}^{n}\theta_i\right)=a\left(\dfrac{\partial^2}{\partial x^2}+\dfrac{\partial^2}{\partial y^2}+\dfrac{\partial^2}{\partial z^2}\right)\sum\limits_{i=1}^{n}\theta_i,\ (x,y,z)\in\Omega,\ \tau\geqslant 0\\ \sum\limits_{i=1}^{n}\theta_i\Big|_{x=0}=0,\ (x,y,z)\in\Omega\\ \sum\limits_{i=1}^{n}\theta_i\Big|_{\Gamma}=\sum\limits_{i=1}^{n}[T_{ei}(\tau)-T_0],\ \tau\geqslant 0\end{cases}\tag{5.50}$$

因此，要使得 $\sum\limits_{i=1}^{n}\theta_i=\Theta$，即 $\sum\limits_{i=1}^{n}\theta_i$ 为偏微分方程式（5.48）的定解，则下式成立

$$\sum_{i=1}^{n}[T_{ei}(\tau)-T_0]=T_e(\tau)-T_0\tag{5.51}$$

式（5.51）可理解为，每个微小时间段内外界环境温度与介质初始时刻的温度差值的累加和近似等于整个完整时间段内环境温度对于介质初始温度的变化过程。

2. 环境温度为变量的傅里叶方程求解

利用式（5.51），将连续变化的 $T_e(\tau)-T_0$ 近似等同为多个阶梯状的函数形式，如图 5.8 所示，假设在时刻 τ_1，τ_2，τ_3，…，τ_i，τ_{i+1}，…，τ_n 时，$T_e(\tau)-T_0$ 相对于上一个时刻的温度增量依次为 ΔT_{e1}，ΔT_{e2}，ΔT_{e3}，…，ΔT_{ei}，$\Delta T_{e,i+1}$，…，ΔT_{en}。

因此，从某一时刻 τ_i 开始的温度增量 ΔT_{ei}（图 5.9）均满足当坝体外界环境温度为常量时的坝体内部温度场的推导理论。

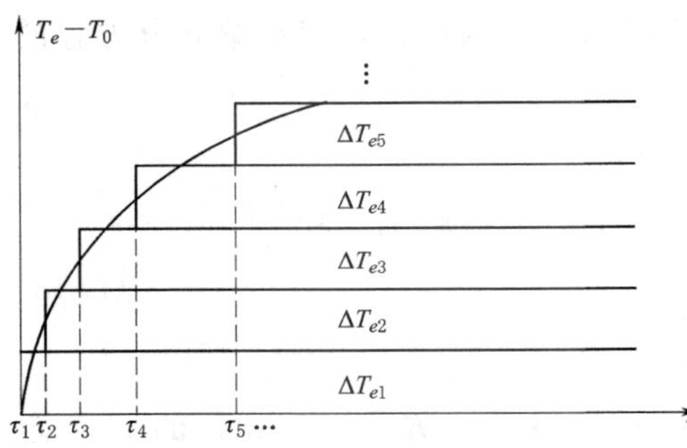

图 5.8 外界环境温度与介质初始时刻温度差值的阶梯状量化形式

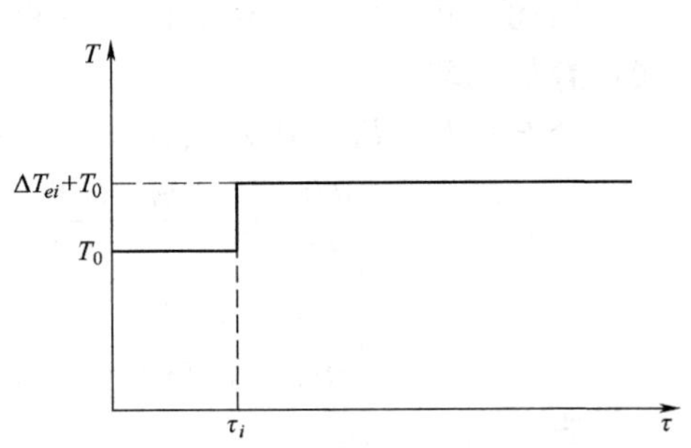

图 5.9 第 i 个温度增量过程线

式（5.46）可写成

$$T_i(x,\tau)-T_0=\Delta T_{ei}\left[1-\mathrm{erf}\left(\frac{x}{2\sqrt{a(\tau-\tau_i)}}\right)\right](\tau>\tau_i) \tag{5.52}$$

式中：$T_i(x,\tau)$ 为单独分析第 i 个温度增量引起的坝体内部深度 x 处时刻 τ 的温度；其余参数的意义与式（5.46）一致。

将 i 个温度增量引起的坝体内部温度重新分布进行累加，则有

$$\begin{aligned} T(x,\tau)-T_0 &= \sum_{i=1}^{n}[T_i(x,\tau)-T_0] \\ &= \sum_{i=1}^{n}\left\{\Delta T_{ei}\left[1-\mathrm{erf}\left(\frac{x}{2\sqrt{a(\tau-\tau_i)}}\right)\right]\right\}(\tau>\tau_i) \end{aligned} \tag{5.53}$$

5.3.4 环境温度为变量时坝体内部温度场及其解析解

据上节分析结果可知，热传导结果的累加效应是引起温度变化条件下坝体

内部温度场重新分布较为复杂的原因。为此，本节仍旧根据傅里叶热传导的叠加原理，将连续变化的外界环境温度离散处理，分解成多个发生在微小时段内的温度脉冲作用的叠加，将数值求解与有限元仿真计算的手段相结合，以准确的函数形式表征单个温度脉冲作用下坝体温度场的分布情况以及由此产生的温度变形。

5.3.4.1 环境温度为变量时的坝体内部温度场的解析解

假设坝体初始时刻的温度为 T_0，外界环境温度为 $T_e(\tau)$，微小时间段为 $(\tau_i, \tau_i+\Delta\tau)$，其中 $i=1, 2, \cdots, n$，该微小时间段中心为 $\tau_i+\Delta\tau/2$，半径为 $\Delta\tau/2$，则可近似认为处于该时间段的环境温度为定值 $T_e(\tau_i)$。由此便将外界环境温度 $T_e(\tau)$ 分解成发生在无限个微小时间段 $\Delta\tau$ 内温度的叠加，如图 5.10 所示，则

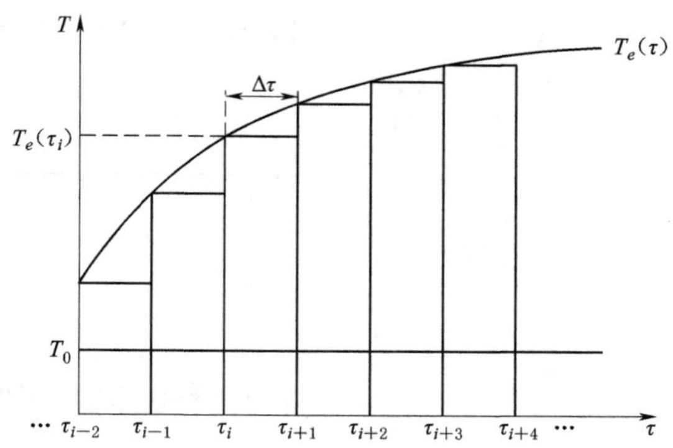

图 5.10 微小时间段环境温度叠加示意

$$\sum_{i=1}^{n}[T_e(\tau_i)-T_0]=T_e(\tau)-T_0 \tag{5.54}$$

对式（5.54）和式（5.51）进行比较，发现两式的函数表达形式相同，则说明离散化环境温度边界条件的方法是可行的，并且满足傅里叶热传导方程的线性叠加原理，换言之，连续变化的外界环境温度 $T_e(\tau)$ 引起的坝体内部温度场的变化可近似等效于所有在微小时间段 $\Delta\tau$ 发生的温度脉冲 $T_e(\tau_i)$ 对坝体内部温度场的影响结果的累加。

如图 5.11 所示，针对某一个发生在时间段 $(\tau_i, \tau_i+\Delta\tau)$ 内的温度脉冲 $T_e(\tau_i)$，可以看作由图 5.12 两个梯状温变过程的叠加，即

$$T_i(x,\tau)-T_0=[T_{ai}(x,\tau)-T_0]+[T_{bi}(x,\tau)-T_0] \tag{5.55}$$

将混凝土坝简化为半无限大体积的混凝土结构，当边界温度分别处于图 5.12（a）、（b）条件下时，坝体内部时刻 τ 深度 x 的混凝土坝温度分别为 $T_{ai}(x, \tau)$、$T_{bi}(x, \tau)$，根据上节的研究成果，当环境温度为常量时半无限大体积混凝土结构的温度解析式（5.46），则

$$T_{ai}(x,\tau)-T_0=[T_e(\tau_i)-T_0]\left[1-\mathrm{erf}\left(\frac{x}{2\sqrt{a(\tau-\tau_i)}}\right)\right] \tag{5.56}$$

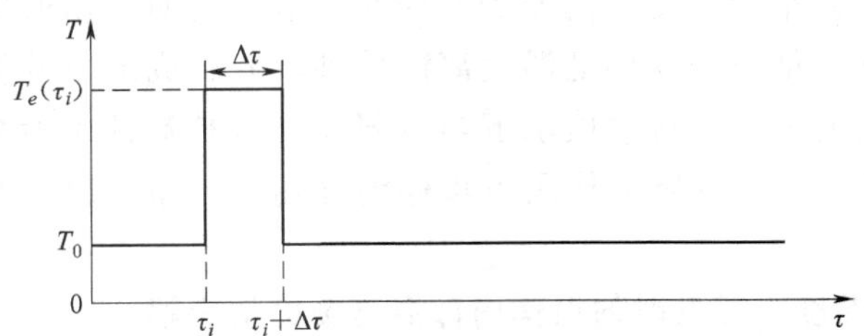

图 5.11 微小时间段 Δτ 内外界环境温度脉冲叠加示意

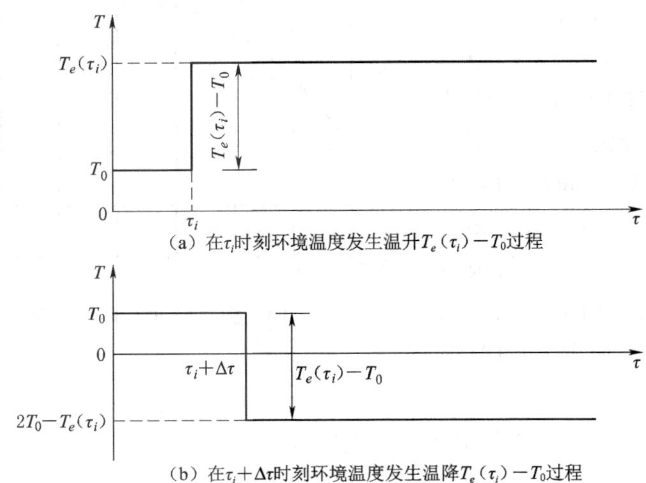

图 5.12 阶梯状温变过程

$$T_{bi}(x,\tau)-T_0=[T_0-T_e(\tau_i)]\left[1-\text{erf}\left(\frac{x}{2\sqrt{a(\tau-\tau_i-\Delta\tau)}}\right)\right] \tag{5.57}$$

根据式（5.55），将式（5.56）和式（5.57）叠加，即可求得在微小时间段（τ_i，$\tau_i+\Delta\tau$）内的温度脉冲 $T_e(\tau_i)$ 对半无限大体积的混凝土坝内的温度场的影响为

$$T_i(x,\tau)-T_0=[T_e(\tau_i)-T_0]\left[\text{erf}\left(\frac{x}{2\sqrt{a(\tau-\tau_i-\Delta\tau)}}\right)-\text{erf}\left(\frac{x}{2\sqrt{a(\tau-\tau_i)}}\right)\right] \tag{5.58}$$

为了更加直观地了解式（5.58）所反映的坝体内部温度场的变化规律，假设大坝混凝土的材料参数为表 5.3 中取值，坝体初始温度 $T_0=0$℃，环境温度脉冲开始时间 $\tau_i=0$（由于大坝变形监测数据的采集频率通常为 1d，且热量在大坝内部传导时间较长，可将 $\Delta\tau=1$d 看作微小时段），因此，持续时间 $\Delta\tau=1$d，分别计算坝体内部不同深度 x 处的温度变化与外界环境温度脉冲量之间的比值

$[T_i(x,\tau)-T_0]/[T_e(\tau_i)-T_0]$，并绘制坝体内部温度场的过程线，如图 5.13 所示。

表 5.3 混凝土的材料参数

参数	密度 ρ /(kg/m³)	热传导系数 k /[W/(m·K)]	比热 c /[J/(kg·K)]	热扩散系数 a /(m²/s)
取值	2400	2.94	1170	1.05×10^{-6}

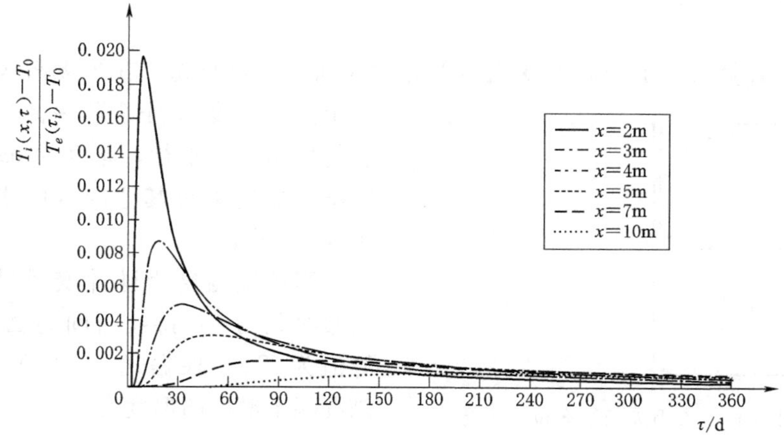

图 5.13 坝体内部不同深度温度随时间变化的过程线

由图 5.13 可知，坝体内部不同深度 x 处的混凝土温度皆经历从初始温度逐渐升高再逐渐降低，最终接近于初始温度的变化过程。另外，坝体内部不同深度 x 处的混凝土温度随时间的变化趋势呈现出近似于偏态分布函数的曲线形状特征，即温度逐渐升至峰值且升温过程所持续的时间要远小于降温过程。与此同时，混凝土峰值温度出现时间随着深度 x 的增大而推后，且其峰值随着深度 x 增大而降低。从图 5.13 中可以看出，坝面 10m 以下的坝体，外界环境温度的变化对坝体内部温度场的影响结果几乎可以忽略不计。

5.3.4.2 环境温度为变量时的坝体内部位移场的解析解

由物理知识可知，当物体的温度发生变化时，物体的表面积、长度以及体积等皆会发生变化，在一定范围内，其温度和长度的改变量呈现出正比关系，线膨胀系数 α 正是用来描述此关系，在物理学中 α 的意义是：每当温度升高 1℃，在某个方向上的长度的增加量与 0℃时同方向上的长度的比值，即

$$\alpha=\frac{l_T-l_0}{l_0 T} \tag{5.59}$$

式中：l_T 为物体在 T℃时某一方向上的长度；l_0 为物体在 0℃时某一方向上的长度。

对式（5.59）进行变形，则有

$$l_T = l_0(1+\alpha T) \tag{5.60}$$

当 $T=T_1$ 和 $T=T_2$ 时，代入式（5.60），并将两式相减，则有

$$l_{T_2} - l_{T_1} = \alpha l_0(T_1 - T_2) = \frac{\alpha l_{T_1}}{1+\alpha T_1}(T_1 - T_2) \tag{5.61}$$

式中：l_{T_2} 和 l_{T_1} 分别代表当物体温度为 T_2 和 T_1 时某一方向的长度。

因此，式（5.61）可表示在任意温度变化条件下物体在某一方向上长度的变化量。

为了计算大坝由于温度变化而引起的表面法向位移量，在半无限大体积混凝土内部深度 x 处选取一薄层，该薄层与坝体表面平行，厚度为 dx，计算时不考虑约束等其他因素的影响，如图 5.14 所示。

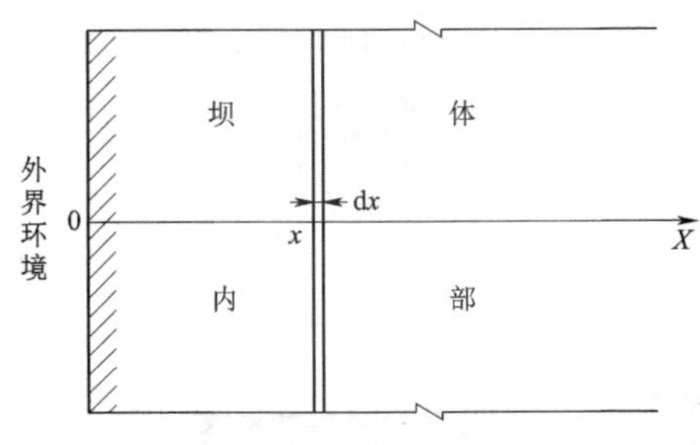

图 5.14　大坝表面法向位移示意

当环境温度为脉冲变量时，温度初始时刻为 0，持续时间为 $\Delta\tau$，温度峰值为 T_{ep}，根据式（5.58），τ 时刻该混凝土薄层的温度为

$$T(\tau) - T_0 = (T_{ep} - T_0)\left[\mathrm{erf}\left(\frac{x}{2\sqrt{a(\tau-\Delta\tau)}}\right) - \mathrm{erf}\left(\frac{x}{2\sqrt{a\tau}}\right)\right] \tag{5.62}$$

将式（5.62）代入式（5.61），则得时刻 τ 该混凝土薄层厚度的变化量

$$\mathrm{d}[\Delta l(\tau)] = l_{T(\tau)} - l_{T_0} = \frac{\alpha(T_{ep} - T_0)}{1+\alpha T_0}\left[\mathrm{erf}\left(\frac{x}{2\sqrt{a(\tau-\Delta\tau)}}\right) - \mathrm{erf}\left(\frac{x}{2\sqrt{a\tau}}\right)\right]\mathrm{d}x \tag{5.63}$$

假设坝体内部当深度趋近于无穷时位移为 0，对时刻 τ 大坝坝面以下所有深度的混凝土薄层厚度的变化量进行积分，则可以得到在时刻 τ 时坝体在该厚度方向上长度的总变化量，即坝体表面的法向位移量为

$$\Delta l(\tau) = \int_{x=0}^{\infty} \mathrm{d}[\Delta l(\tau)] = \frac{\alpha(T_{ep} - T_0)}{1+\alpha T_0}\int_0^{\infty}\left[\mathrm{erf}\left(\frac{x}{2\sqrt{a(\tau-\Delta\tau)}}\right) - \mathrm{erf}\left(\frac{x}{2\sqrt{a\tau}}\right)\right]\mathrm{d}x \tag{5.64}$$

根据图 5.13 的分析结果可知，随着坝体深度的增加，温度峰值及持续时间均呈现逐渐减弱的趋势，当坝体外界环境温度的持续脉冲时间 $\Delta\tau=1$d 时，温度对坝体表面 10m 以下的影响可以忽略不计。因此，利用式（5.64）进行计算时，将积分上限取至正无穷的实际意义较小并且难以实践。为此，将求解方式改为数值积分，将式（5.64）的积分形式变换成有限个厚度相等的薄层厚度总变化

量的累加，则有

$$\Delta l(\tau)=\frac{\alpha(T_{ep}-T_0)\Delta x}{1+\alpha T_0}\sum_{i=1}^{n}\left[\operatorname{erf}\left(\frac{x_i}{2\sqrt{a(\tau-\Delta\tau)}}\right)-\operatorname{erf}\left(\frac{x_i}{2\sqrt{a\tau}}\right)\right] \tag{5.65}$$

式中：Δx 为厚度相等的混凝土薄层；x_i 为混凝土薄层的深度，$i=1, 2, \cdots, n$。

计算不同温度峰值下的坝体表面法向位移，并且绘制其随时间变化的过程线，混凝土的材料参数参照表 5.3 中的取值。

由图 5.15 可知，坝体表面的法向位移由于温度脉冲作用的开始而迅速增加，在某一时刻达到峰值后，随着时间的增加逐渐减小并接近于初始值。总体来说，位移量的整体变化趋势呈现出偏态分布函数的曲线形状特征。

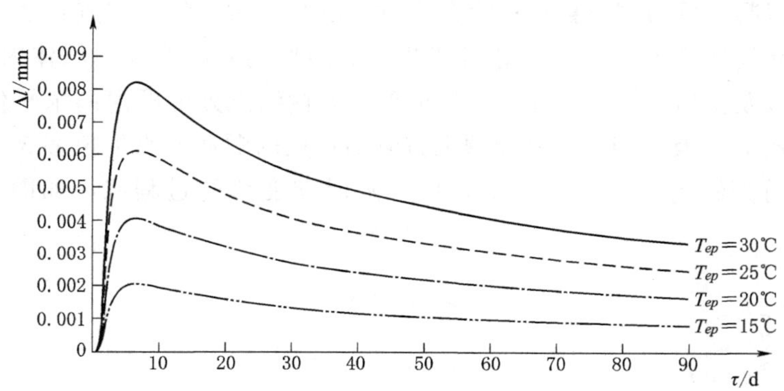

图 5.15 坝体表面的法向位移随着时间变化的过程线

对式 (5.65) 等号两边同时对 τ 进行求导，则有

$$\frac{d(\Delta l)}{d\tau}=\frac{\alpha(T_{ep}-T_0)\Delta x}{1+\alpha T_0}\sum_{i=1}^{n}\left\{\frac{d}{d\tau}\left[\operatorname{erf}\left(\frac{x_i}{2\sqrt{a(\tau-\Delta\tau)}}\right)\right]-\frac{d}{d\tau}\left[\operatorname{erf}\left(\frac{x_i}{2\sqrt{a\tau}}\right)\right]\right\} \tag{5.66}$$

令 $\frac{d(\Delta l)}{d\tau}=0$，由于 $T_{ep}\neq T_0$，则有

$$\sum_{i=1}^{n}\left\{\frac{d}{d\tau}\left[\operatorname{erf}\left(\frac{x_i}{2\sqrt{a(\tau-\Delta\tau)}}\right)\right]-\frac{d}{d\tau}\left[\operatorname{erf}\left(\frac{x_i}{2\sqrt{a\tau}}\right)\right]\right\}=0 \tag{5.67}$$

式 (5.67) 的解即为 Δl 等于极大值或者极小值时所对应的时刻，因此当环境温度的持续脉冲时间 $\Delta\tau$ 确定时，位移量达到峰值的时刻以及从峰值逐渐减小并接近于初始值的时间，仅仅与混凝土材料的自身热扩散系数 a 有关，而与外界环境温度的峰值 T_{ep} 无关。图 5.15 也证实了上述结论。

当外界环境温度的持续脉冲时间 $\Delta\tau$ 和混凝土的材料参数确定时，任意时刻的大坝表面法向位移量 Δl 与环境温度相较于初始时刻温度的脉冲峰值 $T_{ep}-T_0$ 成正比，则

$$\frac{\Delta l_1(\tau)}{\Delta l_2(\tau)}=\frac{T_{ep1}-T_0}{T_{ep2}-T_0} \tag{5.68}$$

5.3.4.3 混凝土坝位移场的有限元求解

据上节数值求解结果可知，环境温度为脉冲变量时，坝体表面的法向位移量呈现出先迅速增加后逐渐减小的偏态分布函数的变化特征，且位移量峰值出现时间明显滞后于环境温度发生脉冲的时间。因此，本节将采用有限元仿真计算的手段来模拟大坝在实际运行过程中，环境温度变化引起的变形是否与上节数值求解的理论一致。混凝土重力坝和拱坝由于温度变化引起的变形规律可能有所差别，故分别对两种坝型进行有限元分析。

选取混凝土重力坝及拱坝作为典型对象研究，对原型结构进行适当的简化，利用有限元软件建模，计算环境温度开始脉冲作用后的 90d 内坝体内部单元结点的温度以及位移。分别计算重力坝坝顶上游侧结点处的顺河向水平位移 δ_y 和垂直位移 δ_z，以及拱坝拱冠梁坝顶上游侧结点处的顺河向水平位移 δ_y 和垂直位移 δ_z，并分别绘制水平位移和垂直位移随时间变化的过程线，如图 5.16～图 5.19 所示。

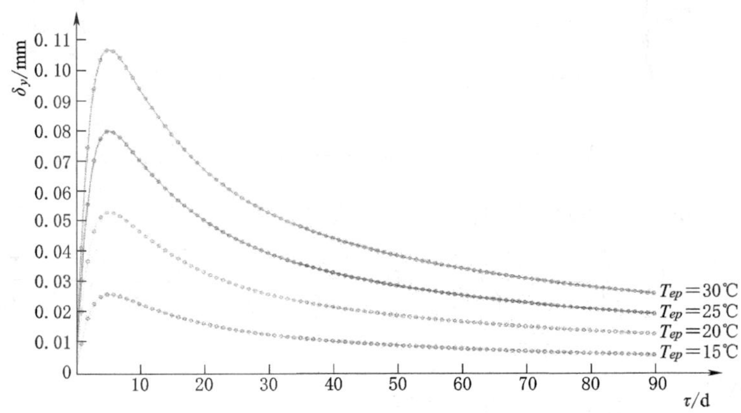

图 5.16 重力坝坝顶上游侧结点顺河向水平位移随时间变化过程线

对图 5.16～图 5.19 分析研究可知，坝顶结点的位移量由于温度脉冲作用的开始而迅速增加，脉冲作用结束后的某一时刻其位移量达到峰值，在经历了较长时间的降低过程后逐渐趋近于初始位移量。整个位移变化过程呈现出偏态分布函数的曲线形状特征。这一表现与前文理论推导的结论是基本一致的。

混凝土重力坝的坝顶水平位移量到达峰值后其减小的速度要远小于混凝土拱坝，原因在于拱坝的坝体相较于重力坝来说更为单薄，坝体径向方向的热量传导速率更快，并且其内部温度场对外界环境温度较为敏感，但从图中未发现重力坝和拱坝的坝顶垂直位移有表现出比较明显的规律性差异。

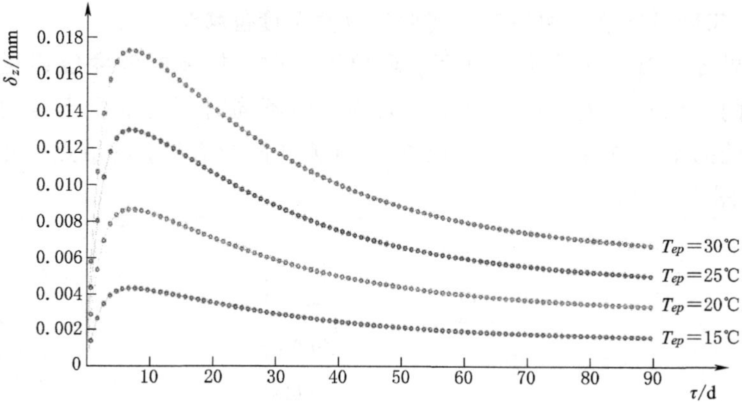

图 5.17 重力坝坝顶上游侧结点顺河向垂直位移随时间变化过程线

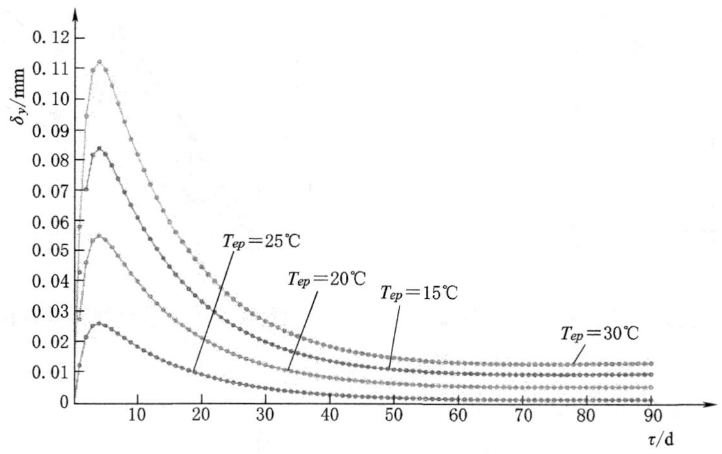

图 5.18 拱坝拱冠梁剖面坝顶上游侧结点顺河向水平位移随时间变化过程线

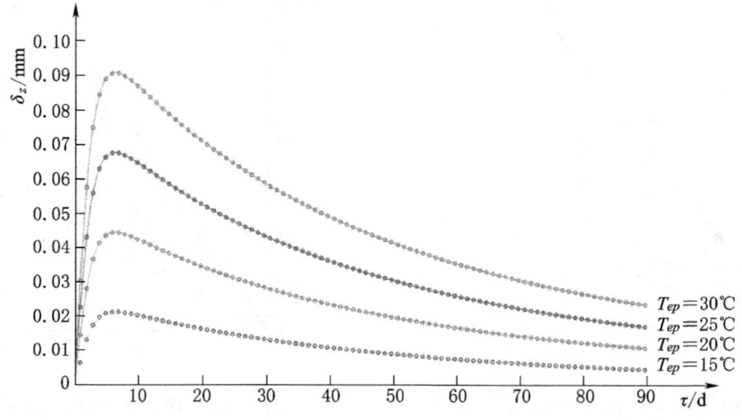

图 5.19 拱坝拱冠梁剖面坝顶上游侧结点顺河向垂直位移随时间变化过程线

5.3.4.4　环境温度的脉冲峰值不同取值时的温度位移量

当外界环境温度的脉冲峰值 T_{ep} 取值不同时，坝体的温度位移量也会跟随脉冲峰值的变化而产生变化。绘制不同峰值时不同时刻的混凝土重力坝和拱坝坝顶结点处的水平位移 δ_y 和垂直位移 δ_z 有关脉冲峰值 T_{ep} 的散点分布图像，如图 5.20～图 5.23 所示。

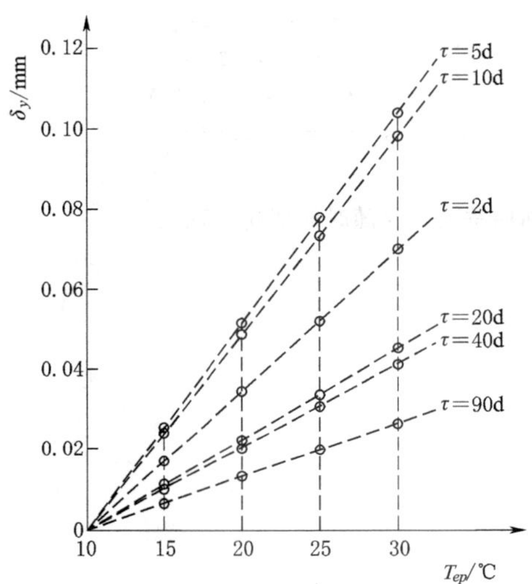

图 5.20　重力坝坝顶水平位移分布

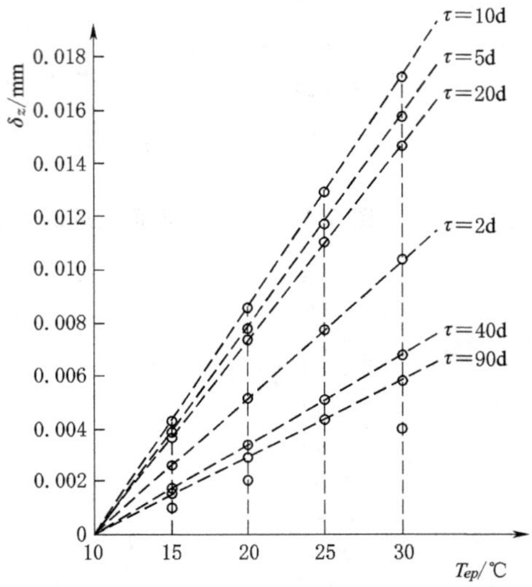

图 5.21　重力坝坝顶垂直位移分布

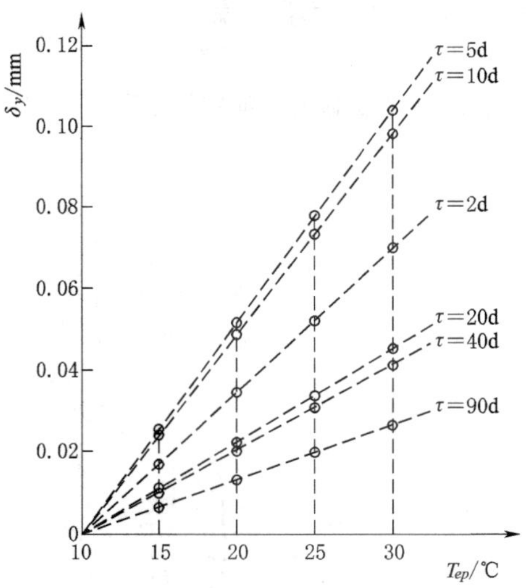

图 5.22　拱坝坝顶水平位移分布

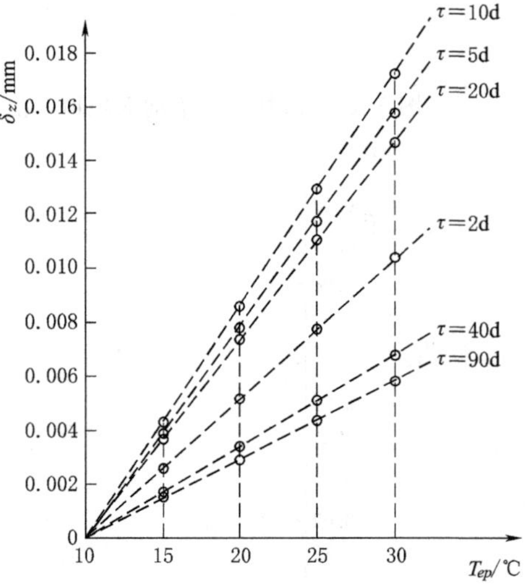

图 5.23　拱坝坝顶垂直位移分布

由图 5.20～图 5.22 分析研究可知，同一时刻 τ，由不同的温度脉冲峰值 T_{ep} 和位移 δ_y 或 δ_z（水平位移或垂直位移）所绘制的散点，均经过某一固定点（0，T_0），不同斜率的直线，此直线的解析式为

$$\delta_T(\tau)=bf(\tau)(T_{ep}-T_0) \tag{5.69}$$

式中：$\delta_T(\tau)$ 为时刻 τ 的温度分量，对应图 5.20～图 5.23 中的水平位移 δ_y 和垂直位移 δ_z；b 为常系数，$bf(\tau)$ 表示为时刻 τ 直线 $\delta_T(\tau)$ 的斜率。

根据式（5.69）可知，当时刻 τ 确定时，坝体的温度变形同环境温度相较于初始温度的脉冲峰值 $T_{ep}-T_0$ 成正比。这与前文对半无限大体积混凝土结构的数值求解结果基本一致。

将式（5.61）与式（5.69）进行对比不难发现，式（5.69）针对某一确定时刻 τ 的坝体温度变形 $\delta_T(\tau)$ 的解析式具有一定的物理意义，其中 $T_{ep}-T_0$ 表示坝体内部与外界环境之间的温度差值，常系数 b 包括了混凝土材料线膨胀系数 a 的内容，函数 $f(\tau)$ 是表征坝体内部热量传导滞后效应的具体形式，用来决定坝体温度变化造成的位移 $\delta_T(\tau)$ 随时间变化的规律。

对于某一个确定的大坝，温度初始边值条件是确定的，因此，函数 $f(\tau)$ 与坝体温度变形应当表现出一致的规律。由此，式（5.69）为大坝在外界环境温度脉冲下坝体温度变形的一种具体的表现形式，亦是一种量化途径和方法，若找寻到合适的偏态分布函数 $f(\tau)$，使之曲线分布规律近似符合图 5.20～图 5.23 中的坝体温度变形的变化规律，就可以将该函数应用于混凝土坝的位移安全监控模型温度分量的表达式中，以期达到更加准确、真实地反映大坝实际工作状态的目标。

5.3.5 偏态分布函数

由图 5.20～图 5.23 可以看出，坝体的位移变化呈现出先快速增加尔后逐步减小的偏态分布函数。本节将力求找寻到合适的偏态分布函数形式来表述坝体的温度位移变化的过程。

5.3.5.1 瑞利分布函数

在一个存在着众多障碍物的传播环境中，发射端发射出的一个无线电信号，在历经多次反射、折射和散射等传播过程后，真正到达接收端时将会变成大量的脉冲信号的叠加；假定这些脉冲信号均发生了反射、折射等传播过程，则接收端的叠加信号的能量强度包络是服从瑞利分布函数的。同样地，外界环境温度变化对坝体位移的影响作用本质上是热量在坝体内部传导以及损耗的过程，因此，可采用广泛应用于通信领域中用以描述无线电信号在传播过程中衰减效应的瑞利分布函数来近似表征坝体的温度位移变化的过程。

瑞利分布的概率密度函数为

$$f(x)=\begin{cases}\dfrac{x}{\sigma^2}e^{-\frac{x^2}{2\sigma^2}} & ,x>0\\ 0 & ,x\leqslant 0\end{cases} \tag{5.70}$$

其概率密度曲线如图5.24所示。

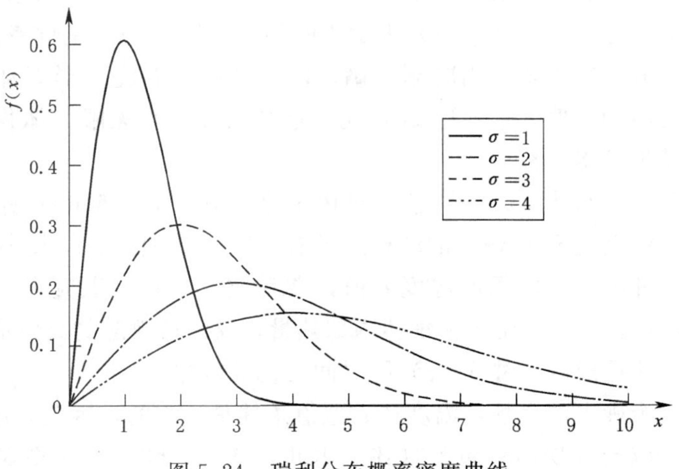

图5.24 瑞利分布概率密度曲线

瑞利分布的概率密度函数具有如下性质：

(1) 函数的形状与σ的取值息息相关。当σ取值较小时，函数的曲线波形范围在横坐标上分布较窄，波峰陡峻；当σ取值较大时，函数的曲线波形范围在横坐标上分布较宽，波峰低平。

(2) 函数的曲线与横轴之间围成的面积恒为1，即有

$$\int_0^{\infty}\frac{x}{\sigma^2}e^{-\frac{x^2}{2\sigma^2}}dx=1 \tag{5.71}$$

式(5.71)两边对x进行求导，则有

$$f'(x)=\frac{1}{\sigma^2}\left(1-\frac{x^2}{\sigma^2}\right)e^{-\frac{x^2}{2\sigma^2}} \tag{5.72}$$

当函数值为最大时，即导数为0，求解得$x=\sigma$(省略负根)，则有

$$f(x)_{\max}=f(x)|_{x=\sigma}=\frac{1}{\sigma}e^{-\frac{1}{2}} \tag{5.73}$$

为了验证瑞利分布的概率密度函数是否符合环境温度脉冲下的坝体温度位移的变化规律，令瑞利分布的概率密度函数中的$x=\tau$，将时间作为变量，则有

$$f(\tau)=\frac{\tau}{\sigma^2}e^{-\frac{\tau^2}{2\sigma^2}},\ \tau>0 \tag{5.74}$$

绘制上节由有限元计算得到的坝顶温度水平位移δ_y过程线及将式(5.74)

中的 σ 取为大坝温度位移到达峰值的时刻 $f(\tau)$ 函数曲线于一图中，以做比较，如图 5.25 所示。

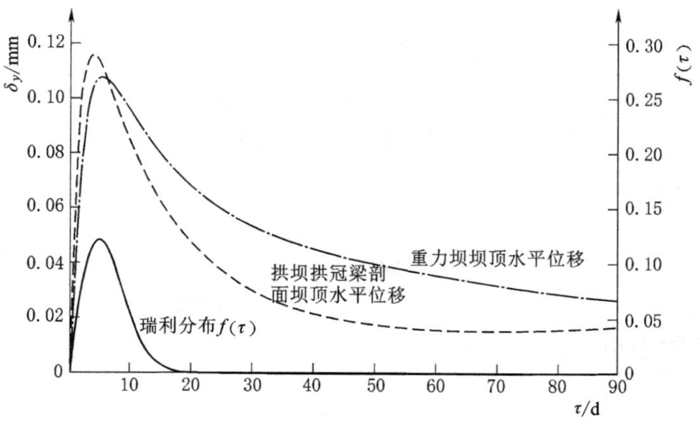

图 5.25 瑞利分布与环境温度脉冲下坝体温度位移过程线

分析可知，瑞利分布的概率密度函数能够较好地吻合拱坝水平位移到达峰值的时间，并且位移衰减速度也能够较好地吻合。但是对于混凝土重力坝，温度位移的衰减速率与瑞利分布存在一定的差异，究其原因在于重力坝的坝身较厚，外界热量进入坝体内部传导的时间较长，造成温度位移的衰减速率相对平缓。

5.3.5.2 卡方分布

在通信领域中的瑞利分布函数能够较好地模拟无线电信号从发射端经过众多障碍物反射、散射和折射等传播过程再被接收端接收的能量强度包络，由于电磁波可以分解为两个在传播方向上垂直的正交波动分量，根据中心极限定律知识可知，接收端的叠加信号和在两个正交波动方向上 $\vec{X}$ 的 $\vec{i}$ 和 $\vec{j}$ 分量皆服从于高斯正态分布，即 X_i，$X_j \sim N(\mu, \sigma)$。据此，瑞利分布的形式又可以表示为两个互相独立且服从高斯正态分布的正交随机向量之和的模，则有

$$|\vec{X}| = |X_i\vec{i} + X_j\vec{j}| \sim R(\sigma^2) \tag{5.75}$$

又因为两个分量相互正交，则

$$|\vec{X}|^2 = X_i^2 + X_j^2 \tag{5.76}$$

根据式 (5.76) 可知，当 X_i，$X_j \sim N(0, 1)$ 情况成立时，$\vec{X}^2$ 是服从 χ^2 分布且自由度为 2 的随机变量。由 χ^2 分布的可加性可知

$$\begin{cases} |\vec{X}_1|^2 = X_{1i}^2 + X_{1j}^2 \\ |\vec{X}_2|^2 = X_{2i}^2 + X_{2j}^2 \\ \vdots \\ |\vec{X}_\lambda|^2 = X_{\lambda i}^2 + X_{\lambda j}^2 \end{cases} \tag{5.77}$$

对式（5.77）进行累加计算，并且构造出随机变量 Y，服从 χ^2 分布且自由度为 2λ，则

$$f(y)=\begin{cases}\dfrac{y^{\lambda-1}}{2^{\lambda}\Gamma(\lambda)}e^{-\frac{y}{2}} & ,y>0\\ 0 & ,y\leqslant 0\end{cases} \tag{5.78}$$

其中

$$\Gamma(\lambda)=(\lambda-1)(\lambda-2)\cdots\Gamma(1)=(\lambda-1)! \tag{5.79}$$

将式（5.79）代入式（5.78），则

$$f(y)=\begin{cases}\dfrac{y^{\lambda-1}}{2^{\lambda}(\lambda-1)!}e^{-\frac{y}{2}} & ,y>0\\ 0 & ,y\leqslant 0\end{cases} \tag{5.80}$$

其概率密度曲线如图 5.26 所示。

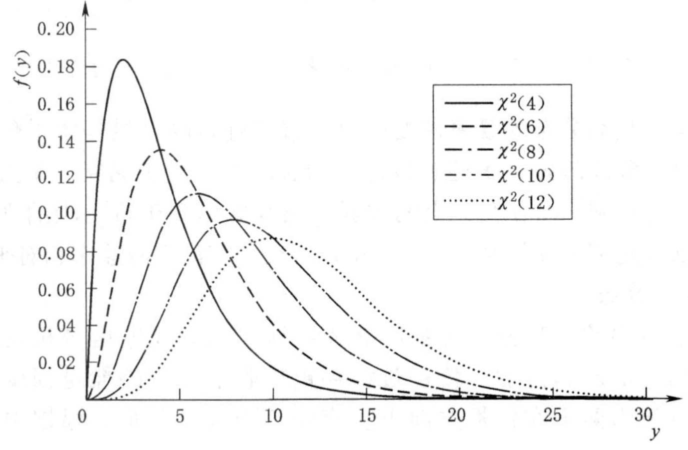

图 5.26 卡方分布概率密度曲线

卡方 χ^2 分布的概率密度函数具有如下性质：

（1）函数的形状与自由度的取值息息相关，如图 5.26 所示。当自由度取值较小时，函数的曲线波形范围在横坐标上分布较窄，波峰陡峻；当自由度取值较大时，函数的曲线波形范围在横坐标上分布较宽，波峰低平。

（2）函数的曲线与纵轴之间围成的面积恒为 1，即

$$\int_0^{\infty}\frac{y^{\lambda-1}}{2^{\lambda}(\lambda-1)!}e^{-\frac{y}{2}}dy=1 \tag{5.81}$$

（3）在式（5.81）两边同时对 y 进行求导，则

$$f'(y)=\frac{1}{2^{\lambda}(\lambda-1)!}y^{\lambda-2}e^{-\frac{y}{2}}\left[(\lambda-1)-\frac{y}{2}\right] \tag{5.82}$$

当函数值为最大时，即导数为 0，求解得 $y=2(\lambda-1)$，则有

$$f(y)_{\max}=f(y)|_{y=2(\lambda-1)}=\frac{1}{2(\lambda-2)!}(\lambda-2)^{\lambda-2}e^{1-\lambda} \tag{5.83}$$

为了验证 χ^2 分布的概率密度函数是否符合环境温度脉冲下的坝体温度位移的变化规律，令 $y=\tau$，将时间作为变量，则有

$$f(\tau)=\frac{\tau^{\lambda-1}}{2^{\lambda}(\lambda-1)!}e^{-\frac{\tau}{2}},\tau>0 \tag{5.84}$$

绘制卡方 χ^2 分布和瑞利分布的概率密度函数曲线以及前文由有限元计算得到的混凝土重力坝坝顶水平位移 δ_y 的过程线，如图 5.27 所示。

在实际建模时，可适当地将式（5.84）的函数 $f(\tau)$ 沿时间 τ 进行拉伸变形以更好地服从坝体温度位移的变化规律，即变化成 $f(\tau/a)$ 的形式，a 即为拉伸比例，取 $a>1$。另外，绘制卡方分布的概率密度函数 $f(\tau/3)$ 的曲线，取自由度为 $2(\lambda+2)/3$。一同绘于图 5.27。

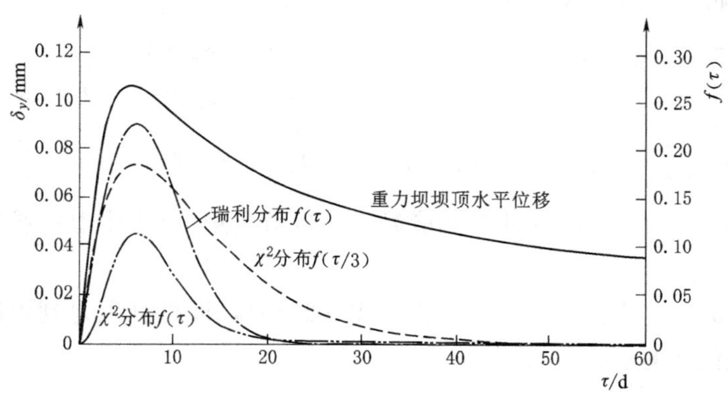

图 5.27 χ^2 分布和瑞利分布与环境温度脉冲下坝体温度位移过程线

对图 5.27 分析研究可知，同瑞利分布相比，卡方分布的函数曲线极值点的两侧不对称的程度更加明显，极值点左侧曲线上升速率同瑞利分布一样快，但右侧下降速率比瑞利分布要慢，因此，卡方分布相较于瑞利分布来说，更适合描述混凝土重力坝温度位移达到峰值后再缓慢衰减的变化过程。此外，进行了拉伸后的卡方分布要比瑞利分布和变形之前的卡方分布更能吻合混凝土重力坝温度变形规律，尤其是温度变形达到峰值后的衰减过程。

5.3.6 连续型环境温度的变化对坝体位移的影响

前文已对离散型环境温度变化作用下的坝体温度位移进行了研究和分析，本节将基于以上结论，对连续型环境温度变化作用下的坝体温度变形进行探讨，并研究坝体温度场的时空分布规律与环境之间的关系，在此基础上，改进温度分量表达式，提高混凝土坝安全监控模型的精度。

5.3.6.1 混凝土坝温度位移的叠加分析

通过将外界的环境温度离散为有限个温度脉冲作用的累加形式，从理论方面推导，求解数值并利用有限元进行验证，找到了单个温度脉冲下的坝体温度变形 $\Delta\delta_T(\tau)$、的规律，即

$$\begin{cases}\Delta\delta_T(\tau)=bf(\tau)(T_{ep}-T_0)\\ f(\tau)=\dfrac{\tau}{\sigma^2}e^{-\frac{\tau^2}{2\sigma^2}}\text{或 } f(\tau)=\dfrac{\tau^{n-1}}{2^n(n-1)!}e^{-\frac{\tau}{2}}\end{cases} \tag{5.85}$$

由傅里叶方程的线性叠加原理可知，时刻 [0，τ] 内连续变化的外界环境温度在时刻 τ 引起的坝体位移 $\delta_T(\tau)$ 为该时段内所有单个温度脉冲在时刻 τ 引起的坝体位移 $\delta_T(\tau)$ 的累加和。假定单个温度脉冲的持续时间均为 $\Delta\tau$，则时段 [0，τ] 内共有 $\tau/\Delta\tau$ 个脉冲，其中开始第一个脉冲的时间为 $\tau_0=0$，开始最后一个脉冲的时间 $\tau_n=\tau-\Delta\tau$，则有

$$\begin{aligned}\delta_T(\tau)&=\Delta\delta_0(\tau)+\Delta\delta_1(\tau)+\cdots+\Delta\delta_i(\tau)+\cdots+\Delta\delta_n(\tau)\\&=\Delta\delta_T(\tau)+\Delta\delta_T(\tau-\tau_1)+\cdots+\Delta\delta_T(\tau-\tau_i)+\cdots+\Delta\delta_T(\tau-\tau_n)\\&=\sum_{i=0}^{n}\Delta\delta_T(\tau-\tau_i)=\sum_{i=0}^{n}bf(\tau-\tau_i)[T_e(\tau_i)-T_0],n=\frac{\tau}{\Delta\tau}-1\end{aligned} \tag{5.86}$$

式中：$T_e(\tau_i)$ 为时刻 τ_i 的外界环境温度，也就是第 $i+1$ 个温度脉冲的温度峰值 T_{epi}。

将式（5.85）中的函数 $f(\tau)$ 代入式（5.86），即可分别得到混凝土重力坝和拱坝温度位移的表达式为

$$\delta_T(\tau)=b_1\sum_{i=0}^{n}\frac{\tau-\tau_i}{\sigma^2}e^{-\frac{(\tau-\tau_i)^2}{2\sigma^2}}[T_e(\tau_i)-T_0] \tag{5.87}$$

$$\delta_T(\tau)=b_2\sum_{i=0}^{n}\frac{(\tau-\tau_i)^{n-1}}{2^n(n-1)!}e^{-\frac{\tau-\tau_i}{2}}[T_e(\tau_i)-T_0] \tag{5.88}$$

在实际情况中，对于坝身相对较薄的拱坝，选择式（5.87）的表达式对坝顶水平向温度位移进行拟合；而对于坝身相对较厚的重力坝，选择式（5.88）的表达式对坝顶的水平向温度位移进行拟合。

另外，出于单个的环境温度脉冲对坝体位移的影响结果在经历较长时间后即衰减至几乎忽略不计程度的考虑，因此，式（5.87）和式（5.88）对坝体温度位移的累加形式不需从始测日开始计算，可以适当地选取前 30d 或者 60d 等。

5.3.6.2 环境温度场的量化及其对坝体温度位移的影响

在大坝实际运行过程中，环境温度 T_e 是由气温 T_a 和水温 T_w 等多项介质温度组成的复杂温度场，其中水温受气温的影响，在对流、传导、辐射等多种传导方式的作用下，表现出在空间上的 S 形分布现象以及在时间上随气温波动

的现象。因此，在对水温及其组成的外界环境温度场进行描述时，可将环境温度 T_e 表示为以下几种形式的函数因子，以反映坝体边界温度在空间及时间上的分布规律：

（1）假定环境温度 T_e 为关于时间 τ 的周期函数，用以反映水温随气温在时间上波动的情况，即

$$T_e = b_1 \sin\frac{2\pi\tau}{365} + b_2 \cos\frac{2\pi\tau}{365} \tag{5.89}$$

式中：b_1、b_2 分别为回归系数。

（2）假定环境温度 T_e 为关于水深 H 的 S 形曲线函数，用以反映水温受气温影响在空间上的分布情况，即

$$T_e = b_3\left[T_{a2} + \frac{T_{a1} - T_{a2}}{1 + e^{(H - H_0)/\Delta H}}\right] \tag{5.90}$$

式中：b_3 为回归系数，T_{a2}、T_{a1}、H_0 以及 ΔH 均为参数，可根据 5.2 节提出的库水垂向水温计算公式理论推求。

将以上两种形式的环境温度表达式分别代入式（5.87）和式（5.88）中，并将其相加，即得到坝体温度位移为

$$\begin{aligned}\delta_T(\tau) = {} & \alpha \sum_{i=0}^{n} \frac{\tau - \tau_i}{\sigma^2} e^{-\frac{(\tau-\tau_i)^2}{2\sigma^2}} \left[\left(b_1 \sin\frac{2\pi\tau_i}{365} + b_2 \cos\frac{2\pi\tau_i}{365}\right) - T_0\right] \\ & + \beta \sum_{i=0}^{n} b_3 \frac{\tau - \tau_i}{\sigma^2} e^{-\frac{(\tau-\tau_i)^2}{2\sigma^2}} \left\{\left[T_{a2} + \frac{T_{a1} - T_{a2}}{1 + e^{(H_i - H_0)/\Delta H}}\right] - T_0\right\} + \gamma\end{aligned} \tag{5.91}$$

$$\begin{aligned}\delta_T(\tau) = {} & \alpha \sum_{i=0}^{n} \frac{(\tau - \tau_i)^{n-1}}{2^n (n-1)!} e^{-\frac{\tau-\tau_i}{2}} \left[\left(b_1 \sin\frac{2\pi\tau_i}{365} + b_2 \cos\frac{2\pi\tau_i}{365}\right) - T_0\right] \\ & + \beta \sum_{i=0}^{n} b_3 \frac{(\tau - \tau_i)^{n-1}}{2^n (n-1)!} e^{-\frac{\tau-\tau_i}{2}} \left\{\left[T_{a2} + \frac{T_{a1} - T_{a2}}{1 + e^{(H_i - H_0)/\Delta H}}\right] - T_0\right\} + \gamma\end{aligned} \tag{5.92}$$

式中：H_i 为 τ_i 时刻的水位；T_0 为初始时刻的气温；α、β 为回归系数，$\alpha+\beta=1$；γ 为常数项。

5.3.7 大坝位移统计模型的建立

坝体上任一时刻 τ 某一点的位移量 $\delta(\tau)$ 皆可以分解为水压位移分量 δ_H、温度位移分量 δ_T 和时效位移分量 δ_τ，即

$$\delta(\tau) = \delta_H + \delta_T + \delta_\tau \tag{5.93}$$

其中，温度位移分量 δ_T 的表达形式，采用推导出的基于卡方分布和瑞利分布的

概率密度函数的温度位移表达式，见式（5.91）和式（5.92）。针对水压位移分量 δ_H 和时效位移分量 δ_τ 的表达方法进行如下的考虑。

1. 水压位移分量 δ_H

$$\delta_H = \sum_{i=1}^{\omega} a_i H^i \quad (\omega = 3,4) \tag{5.94}$$

式中：a_i 为多项式系数。

2. 时效位移分量 δ_τ

时效位移分量 δ_τ 是对大坝混凝土和坝体基岩因为材料自身的塑性变形以及内部裂缝的持续生长而引起的徐变位移。对于某一个运行多年的大坝，其时效位移 δ_τ 通常呈现出初期生长较为剧烈，再逐渐趋于稳定的变化过程。因此，假设时效位移 δ_τ 随着时间 τ 逐渐衰减的速度同残余的变形量成正比，则有

$$\frac{\mathrm{d}\delta_\tau}{\mathrm{d}\tau} = \gamma(C - \delta_\tau) \tag{5.95}$$

式中：C 表示时效位移最终接近的值；γ 为参数。

对式（5.95）求解，则得到时效位移分量 δ_τ 的表达形式为

$$\delta_\tau = C(1 - \mathrm{e}^{-\gamma\tau}) \tag{5.96}$$

式（5.96）是时效位移分量 δ_τ 的指数函数形式的表达方法，对其进行泰勒级数展开，令 $n=1$，即得到时效位移的线性函数形式的表达形式，该式可以描述大坝已工作多年后，时效位移渐渐由非线性变化过渡转化到线性变化的情况，即

$$\delta_\tau = -C\gamma\tau \tag{5.97}$$

式（5.96）对 τ 进行求导，则

$$\delta'_\tau = C\,\frac{\mathrm{d}(1 - \mathrm{e}^{-\gamma\tau})}{\mathrm{d}\tau} = \frac{C\gamma}{\mathrm{e}^{\gamma\tau}} \tag{5.98}$$

式（5.98）对 τ 进行积分，则得到时效位移分量 δ_τ 的表达形式为

$$\delta_\tau \approx C\ln(1 + \gamma\tau) + c_0 \tag{5.99}$$

式（5.99）是时效位移分量 δ_τ 的对数函数形式的表达方法，其中 c_0 为常数项。

一般情况下，采用线性函数和对数函数的组合形式对大坝的时效位移分量 δ_τ 进行描述，并令式（5.97）和式（5.99）中的 $\gamma = 1/100$，则有

$$\delta_\tau = c_1\,\frac{\tau}{100} + c_2\ln\left(1 + \frac{\tau}{100}\right) + c_0 \tag{5.100}$$

综上所述，将各个位移分量的表达形式代入式（5.93），整理并合并其中的常数项 $\gamma + c_0 = a_0$，即得到大坝位移的安全监控模型为

$$\delta(\tau)=a_0+\sum_{i=1}^{\omega}a_iH^i+\alpha\sum_{i=0}^{n}\frac{\tau-\tau_i}{\sigma^2}e^{-\frac{(\tau-\tau_i)^2}{2\sigma^2}}\left[\left(b_1\sin\frac{2\pi\tau_i}{365}+b_2\cos\frac{2\pi\tau_i}{365}\right)-T_0\right]$$
$$+\beta\sum_{i=0}^{n}b_3\frac{\tau-\tau_i}{\sigma^2}e^{-\frac{(\tau-\tau_i)^2}{2\sigma^2}}\left\{\left[T_{a2}+\frac{T_{a1}-T_{a2}}{1+e^{(H_i-H_0)/\Delta H}}\right]-T_0\right\}$$
$$+c_1\frac{\tau}{100}+c_2\ln\left(1+\frac{\tau}{100}\right) \tag{5.101}$$

或 $$\delta(\tau)=a_0+\sum_{i=1}^{\omega}a_iH^i+\alpha\sum_{i=0}^{n}\frac{(\tau-\tau_i)^{n-1}}{2^n(n-1)!}e^{-\frac{\tau-\tau_i}{2}}\left[\left(b_1\sin\frac{2\pi\tau_i}{365}+b_2\cos\frac{2\pi\tau_i}{365}\right)-T_0\right]$$
$$+\beta\sum_{i=0}^{n}b_3\frac{(\tau-\tau_i)^{n-1}}{2^n(n-1)!}e^{-\frac{\tau-\tau_i}{2}}\left\{\left[T_{a2}+\frac{T_{a1}-T_{a2}}{1+e^{(H_i-H_0)/\Delta H}}\right]-T_0\right\}$$
$$+c_1\frac{\tau}{100}+c_2\ln\left(1+\frac{\tau}{100}\right) \tag{5.102}$$

式（5.101）和式（5.102）则为混凝土重力坝或者拱坝的位移安全监控模型表达式。

5.4 工 程 实 例

针对无实测水温资料的水库，基于 Boltzmann 模型提出了计算坝前垂向水温的方法，并进一步研究了水温计算表达式中各参数的确定方法。在此基础上，探究了现有变形温度分量的不足，考虑环境温度在混凝土坝体中的热传导效应，建立了适合混凝土重力坝及混凝土拱坝的坝体温度分量表达式，构建了精度较高的混凝土坝变形安全监控模型，为验证上述两节方法及模型的正确性与有效性，本节以某混凝土重力坝 2 号、4 号及 5 号坝段为例进行分析，以期取得满意的精度。

5.4.1 工程概况

某水利工程项目属于Ⅰ等枢纽工程，主要由挡水坝段、溢流坝段、副坝、输水建筑物以及发电厂房、泄水底孔等建筑物所组成。挡河坝段为碾压混凝土重力坝，坝顶高程为 179.0m，最大坝高为 113.0m，坝顶总长度为 308.5m，坝顶宽度为 7.0m，坝底最大宽度为 84.5m。水库正常蓄水位为 173.0m，水库调节库容为 11.22 亿 m^3，校核洪水位为 177.8m，相应总库容为 20.35 亿 m^3。3 号和 4 号溢流坝段位于主河床，总宽度为 33.0m；2 号非溢流坝段位于两岸。2 号坝段设有电梯井，可连通坝上公路、坝身廊道。非溢流坝段的上游面垂直于水平面，坝体设置了开敞式溢洪道，三孔净宽均为 16.0m，堰顶高程为

155.0m，大坝的下游面坡度均为 1∶0.75。泄水底孔位于 5 号坝段，孔口的宽度为 5.0m，高度为 7.2m，主要作用为泄洪或排空水库。大坝平面布置如图 5.28 所示。

5.4.1.1 自然环境条件

1. 气象条件

该水库库区属于热带海洋性季风气候，多年平均气温为 20.1℃，年内气温变化幅度较大，通常 7 月气温最高，1 月气温最低。水库库区降雨量充沛，多年平均降雨量为 1400～1800mm，最大年平均降水量将近 2000mm。库区雨季集中于 5—9 月，约占全年降雨量的 70%，10 月至次年 1 月降雨量较少，约占全年的 10%。

2. 水文地质条件

该水库库区地下水主要为构造裂隙水、基岩裂隙水、第四系覆盖层中的孔隙水。裂隙水主要分布于花岗闪长岩、花岗岩、粉砂岩等岩石的裂隙中。

地下水由降水以及库水补给，向库区或河道中排放。

5.4.1.2 地质环境条件

1. 地形地貌条件

该坝坝址属于中低山区，山体地形复杂，地势由西北及东南逐渐降低。库区内主要为构造组成的剥蚀丘陵地貌、中低山地貌、剥蚀残丘地貌，部分为人工改造平地和堆积河谷盆地。大坝坝址位于两岸山体强大雄壮处，两岸河谷形状大致对称，呈现出 V 形，坡度为 25°～45°。

2. 地层岩性条件

库区露出地层较为单一，主要为侏罗系火山碎屑岩、白垩系沉积岩、前震旦系变质岩、第四系残破及冲洪形成的松散堆积物。两岸基岩为燕山早期黑云母花岗岩，中细粒结构、块状构造，微风化岩石致密坚硬。基岩内还育有花岗斑岩脉、闪斜煌斑岩脉和多组断层。虽偶有断层和破碎带的出现，但影响甚微。坝址所在区域属于地质构造较好且稳定不变区，因此大坝不存在大规模破坏失稳或水库水体渗漏的问题。

3. 地质构造条件

库区地质构造较为复杂，位于东南沿海新华夏巨型构造体系的第三隆起带南段。同时又位于南岭东西向构造带、梅县-蕉岭山字形构造带、华夏系-华夏式构造的交接地段。

5.4.1.3 大坝变形测点的布置

大坝在运行和施工时期的变形监测数据能直观反映其运行状态，同时可为大坝的除险加固提供有效依据，从而确保坝体基岩或坝身结构的安全。水平位移作为大坝变形监测项目中的重点，其监测方法已有多种，例如大地量测监测法、引张线法、GPS 测量法、真空激光准直法、视准线法及正（倒）垂线法等。

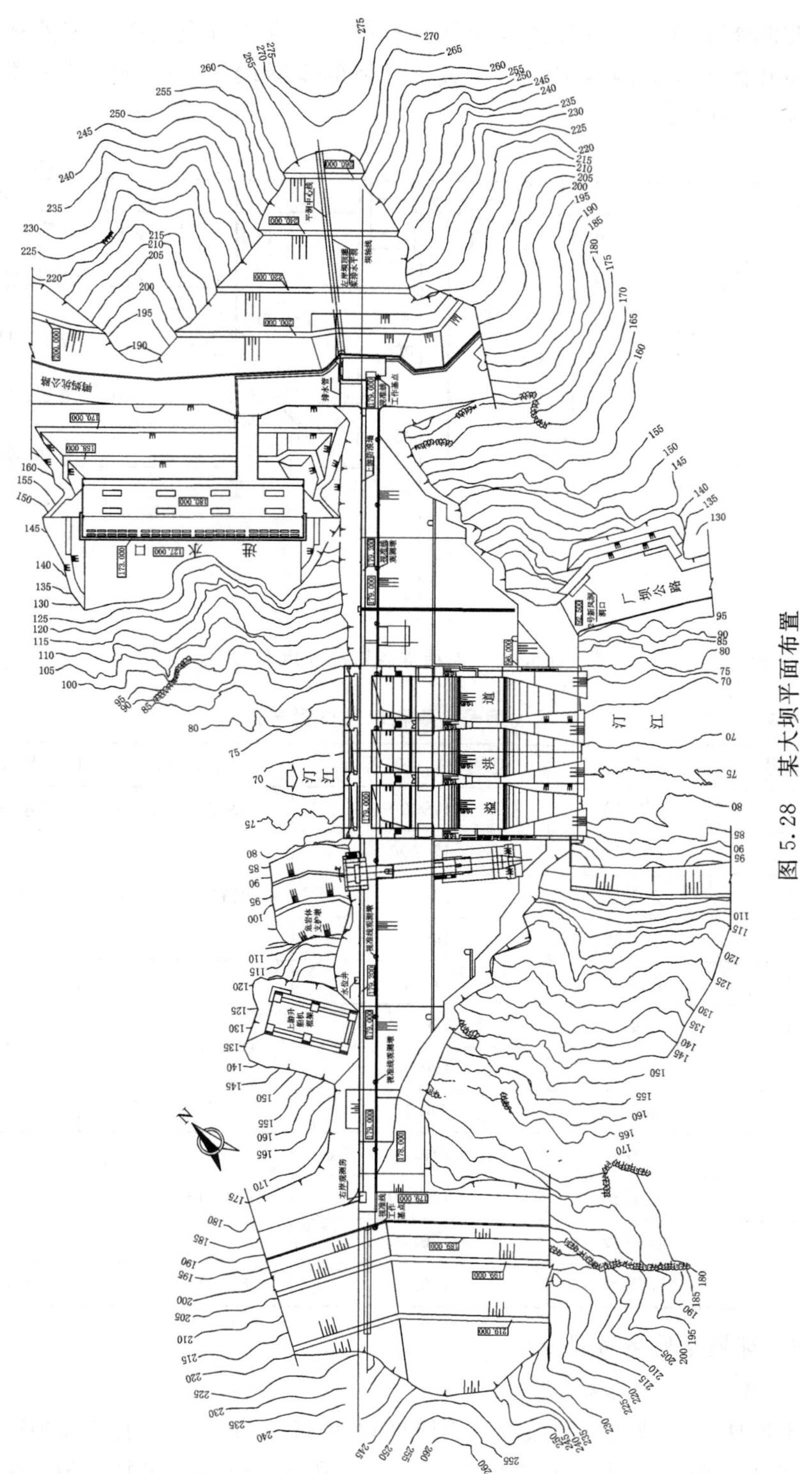

图 5.28 某大坝平面布置

本工程监测水平位移的方法主要包括视准线、正垂线及倒垂线。本节选取其中的正垂线和倒垂线监测数据进行研究，具体的垂线编号、高程以及位置布置详情见图 5.29 和表 5.4。

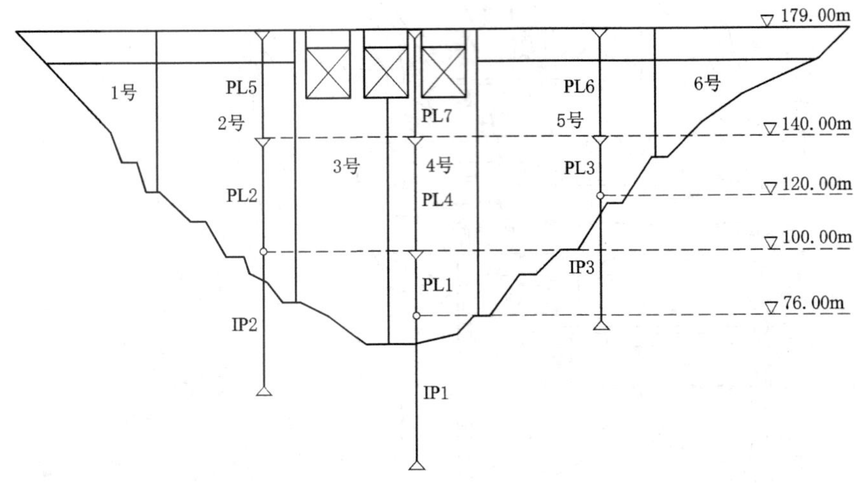

图 5.29　大坝垂线监测系统布置

表 5.4　　**垂线编号、高程以及位置布置**

垂线编号	监测方法	监测目标点高程/m	水平位置	所在坝段
IP4	倒垂线	179.00	坝左 0+2.10	左岸坝头
PL5	正垂线	179.00	坝右 0+98.00	2 号
PL2	正垂线	140.00		
IP2	倒垂线	100.00		
PL7	正垂线	179.00	坝右 0+152.50	4 号
PL4	正垂线	140.00		
PL1	正垂线	100.00		
IP1	倒垂线	76.00		
PL6	正垂线	179.00	坝右 0+218.00	5 号
PL3	正垂线	140.00		
IP3	倒垂线	120.00		
IP5	倒垂线	179.00	坝右 0+311.95	右岸坝头

5.4.1.4　环境量监测资料分析

1. 气温监测资料分析

该水库所处区域的气温监测数据时间段为 1999 年 1 月 1 日至 2008 年 12 月 31 日。气温监测数据的变化过程线如图 5.30 所示，气温监测特征值见表 5.5。

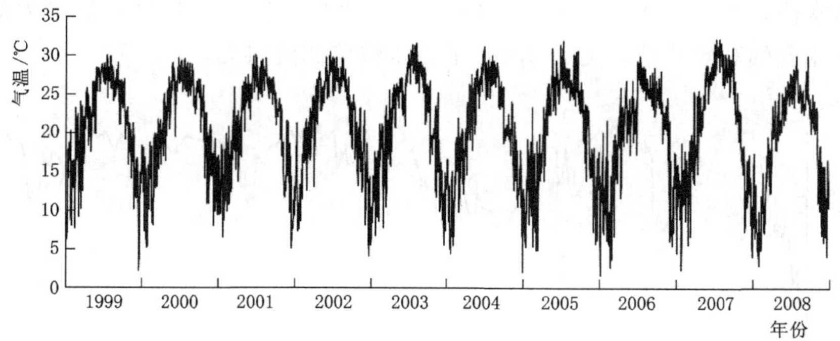

图 5.30　日平均气温变化过程线

表 5.5　　　　日平均气温特征值统计表

年份	年最高日均气温		年最低日均气温		年变幅/℃	年均值/℃
	最大值/℃	出现日期	最小值/℃	出现日期		
1999	29.5	1999-07-24	1.8	1999-12-23	27.7	20.3
2000	29.2	2000-06-30	4.8	2000-01-27	24.4	20.3
2001	29.6	2001-07-04	4.7	2001-12-22	24.9	20.4
2002	30.0	2002-06-25	3.7	2002-12-27	26.3	20.9
2003	31.2	2003-08-11	5.1	2003-01-07	26.1	20.5
2004	30.8	2004-07-01	4.8	2004-12-31	26.8	20.1
2005	31.5	2005-07-13	1.7	2005-01-01	29.8	19.8
2006	29.5	2006-07-15	1.3	2006-01-07	28.2	19.3
2007	31.8	2007-07-30	2.0	2007-01-29	29.8	20.8
2008	29.6	2008-09-23	2.5	2008-02-03	27.1	18.1

由图 5.30 以及表 5.5 可知，该水利工程所处区域的气温呈现出明显的年内周期变化规律，每年 6—9 月气温较高，每年的 1—2 月气温较低。在监测时间段内，年内最高日平均气温介于 29.2～31.8℃，年内最低日平均气温介于 1.3～5.1℃。年内日平均气温变化幅度介于 24.4～29.8℃，年内最大变幅为 29.8℃，分别于 2005 年和 2007 年出现；年内最小变幅为 24.4℃，于 2000 年出现。年内日平均气温介于 18.1～20.9℃，2002 年出现年内最高气温 20.9℃，2008 年出现年内最低气温 18.1℃。

2. 上游水位监测资料分析

该水电站的正常蓄水位为 173m，调节库容为 11.22m^3，水库属于不完全年调节水库，校核洪水位 177.80m。自 2000 年 12 月 18 日该水库开始蓄水，上游水位监测数据时间段为 2000 年 12 月 31 日至 2008 年 12 月 31 日，监测资料为每日平均水位，其变化过程线如图5.31所示，水位特征值包括每年的最大值、最小值、年变幅和年均值，见表5.6，下游水位监测资料无。

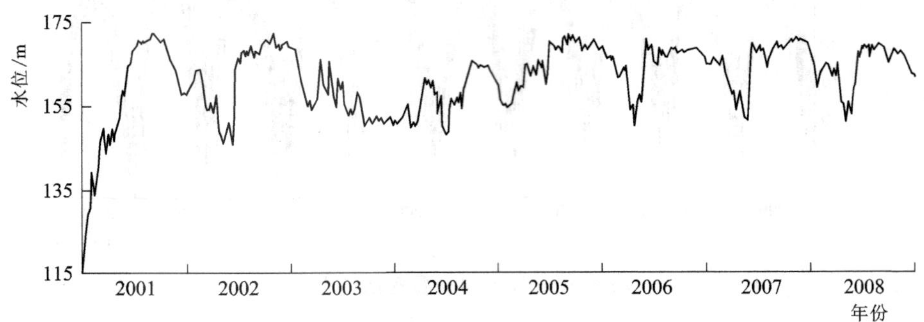

图5.31　上游水位变化过程线

表5.6　上游日平均水温特征值统计表

年份	年最高水位		年最低水位		年变幅/m	年均值/m
	最大值/m	出现日期	最小值/m	出现日期		
2001	173.00	2001-09-11	115.73	2001-01-01	57.27	157.41
2002	172.68	2002-11-02	146.11	2002-06-11	26.57	162.76
2003	170.45	2003-01-01	150.18	2003-09-18	19.87	156.99
2004	165.89	2004-10-06	148.10	2004-06-30	17.80	157.74
2005	172.38	2005-09-04	154.74	2005-01-31	17.64	165.46
2006	171.17	2006-06-02	149.96	2006-04-26	21.21	165.43
2007	171.14	2007-11-12	151.61	2007-05-24	19.53	165.52
2008	170.10	2008-08-29	150.98	2008-05-01	19.12	164.42

由图5.31和表5.6可知，该水库上游水位呈现出年内周期变化规律，通常春季的水位较低，雨季来临时上游水位开始逐渐回升，并在下半年保持于较高水位。2001—2008年，年内最高水位在165.89～173m浮动，最高水位173m，于2001年9月11日出现。年内最低水位在115.73～154.74m浮动，最低水位115.73m，于2001年1月1日出现。上游水位日平均年内变幅介于17.64～57.27m，年内最大变幅为57.27m，出现在2001年，次之为26.57m，出现在2002年。年内最小变幅为17.64m，出现在2005年。

5.4.2　坝前垂向水温预测

利用库水温垂向深度分布公式分别计算2003年1月1日至2008年12月31

日水下典型深度处的水温，公式中的参数 A_1 取为每天的气温均值，A_2 取为当年气温最低三个月的平均值，参数 x_0 和 Δx 采用 5.2 节构建的随机森林模型计算，见表 5.7。限于篇幅，仅展示部分月份水温垂向深度分布公式中参数的取值及水下 35m 处水温计算均值。与实测值相比，利用 5.2 节水温预测公式预测的温度值与实测值相近，预测精度较高，具体见表 5.8。

表 5.7　　水温垂向深度分布公式参数取值

参数名称	A_1/℃	A_2/℃	x_0/m	Δx/m	参数名称	A_1/℃	A_2/℃	x_0/m	Δx/m
2003 年 9 月	25.218	13.8	31.548	20.523	2004 年 8 月	26.633	13.7	35.478	19.617
2003 年 10 月	24.241	13.7	45.447	18.257	2004 年 9 月	26.348	13.935	45.574	21.224
2003 年 11 月	23.148	14.003	52.577	16.421	2004 年 10 月	24.478	14.077	56.567	20.751
2003 年 12 月	22.14	14.089	66.245	15.518	2004 年 11 月	22.126	14.162	65.488	18.631
2004 年 1 月	21.55	13.041	80.487	14.244	2004 年 12 月	19.88	13.368	70.148	16.349
2004 年 2 月	21.5	13.005	76.056	16.487	2005 年 1 月	18.066	13.832	85.657	15.487
2004 年 3 月	18.15	13.165	60.144	16.9996	2005 年 2 月	18.868	14.165	77.932	15.007
2004 年 4 月	21.9	13.954	50.648	17.218	2005 年 3 月	18.17	13.703	69.324	16.915
2004 年 5 月	23.425	14.214	39.158	18.457	2005 年 4 月	20.309	13.793	50.192	17.328
2004 年 6 月	24.998	14.358	29.144	18.889	2005 年 5 月	25.135	14.196	40.298	18.532
2004 年 7 月	25.541	13.9	20.647	19.213	2005 年 6 月	24.633	13.9	30.493	19.517

表 5.8　　水下 35m 水温计算值　　单位：℃

时间	水温预测值	实测值	时间	水温预测值	实测值
2003 年 9 月	12.8	12.7	2004 年 8 月	12.7	12.7
2003 年 10 月	13.5	13.6	2004 年 9 月	12.8	12.7
2003 年 11 月	13.5	13.6	2004 年 10 月	13.0	13.1
2003 年 12 月	12.8	13.0	2004 年 11 月	13.1	13.0
2004 年 1 月	12.0	12.1	2004 年 12 月	13.2	12.9
2004 年 2 月	15.3	15.2	2005 年 1 月	13.0	13.0
2004 年 3 月	12.3	12.3	2005 年 2 月	12.5	12.6
2004 年 4 月	12.5	12.7	2005 年 3 月	13.5	13.5
2004 年 5 月	12.6	12.7	2005 年 4 月	15.6	15.5
2004 年 6 月	12.5	12.1	2005 年 5 月	15.9	15.7
2004 年 7 月	12.4	12.3	2005 年 6 月	16.7	16.7

5.4.3 大坝位移安全监控模型的建立

出于自动化监测数据在完整性和可靠度等方面皆优于人工手动监测数据的考量，采取垂线自动化监测数据来构建混凝土重力坝的位移安全监控模型。为了方便分析，特作统一规定：坝体水平位移沿坝轴方向，向左岸为正，向右岸为负；沿上下游方向，向下游为正，向上游为负。垂线监测点名称统一命名为：垂线编号+(测点高程)，如PL2（140.0m）表示正垂线PL2上140.0m高程处测点的位移值。由于该大坝垂线监测数据中横河向水平位移变化幅度比较小，与水压、温度等外界环境量的相关关系不强，演变规律性不强，对其进行模型构建分析不适合；另外，自动化系统数据资料监测频率较高，并且在一定程度上能够减少或者避免人工原因引起的观测误差，在剔除极个别异常数据后，数据所表现出来的规律性要显著优于人工监测数据，因此，本节仅对垂线自动化监测数据中的顺河向水平位移进行建模分析和研究。

基于式（5.101）、式（5.102）混凝土重力坝或者拱坝的位移安全监控模型表达式，分别构建当温度分量取传统的时间周期函数、瑞利分布函数以及卡方 χ^2 分布函数的大坝位移安全监控统计模型。该大坝垂线自动化监测数据中的水平位移的统计模型，采用逐步回归的方法确定各项系数以及常数项的取值，其相关系数 R 和标准差 S 见表5.9。

表5.9 温度分量为不同形式时大坝垂线水平位移统计模型主要参数统计

垂线编号	测点高程/m	所在坝段	时间周期函数		瑞利分布函数		卡方 χ^2 分布函数	
			R	S/mm	R	S/mm	R	S/mm
PL5	179.00	2号	0.9302	0.5571	0.9660	0.4303	0.9670	0.3996
PL7	179.00	4号	0.9320	0.3541	0.9733	0.3358	0.9788	0.3262
PL1	100.00		0.8074	0.6587	0.8976	0.5418	0.9480	0.4481
IP1	76.00		0.8595	0.6099	0.9034	0.4447	0.9344	0.3329
PL6	179.00	5号	0.9043	0.5332	0.9654	0.4346	0.9738	0.4128
IP3	120.00		0.9646	0.3761	0.9835	0.5641	0.9837	0.3027

由表5.9可知，采用瑞利分布函数及卡方 χ^2 分布函数作为温度分量的大坝位移统计模型跟传统的选用时间周期函数作为温度分量的大坝位移统计模型相比，拟合优度均有不同程度的提高，卡方分布函数的统计模型同瑞利分布函数的统计模型比较，又有一定程度的提高与改进。由于本工程为混凝土重力坝，该现象也验证了卡方 χ^2 分布要比瑞利分布更加适合描绘大体积混凝土重力坝温度传导过程造成的衰减以及滞后的现象。

各个垂线测点中，模型拟合优度有显著提高的主要为测点IP1、IP3、PL1、

PL5、PL6、PL7，优化前的温度分量为传统的时间周期函数，优化后的温度分量为卡方分布，位移实测值与模型优化前后的拟合值变化过程线如图 5.32～图 5.37 所示。

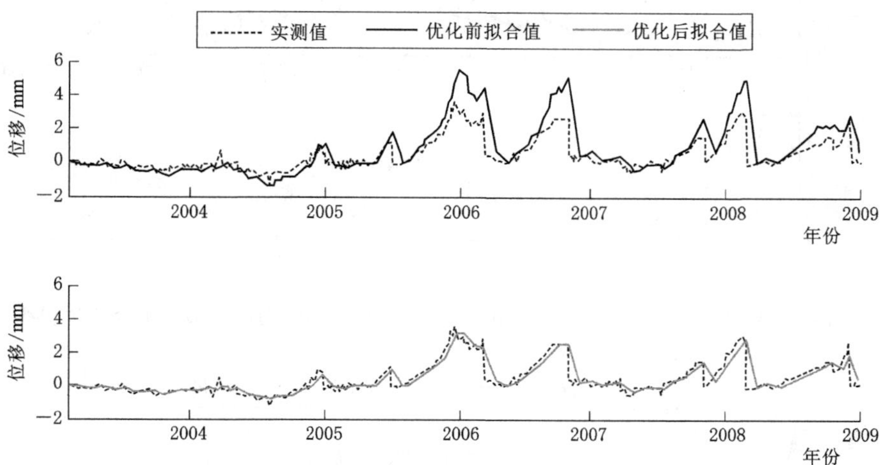

图 5.32　IP1 垂线测点（76.00m）水平位移实测值与统计模型拟合值过程线

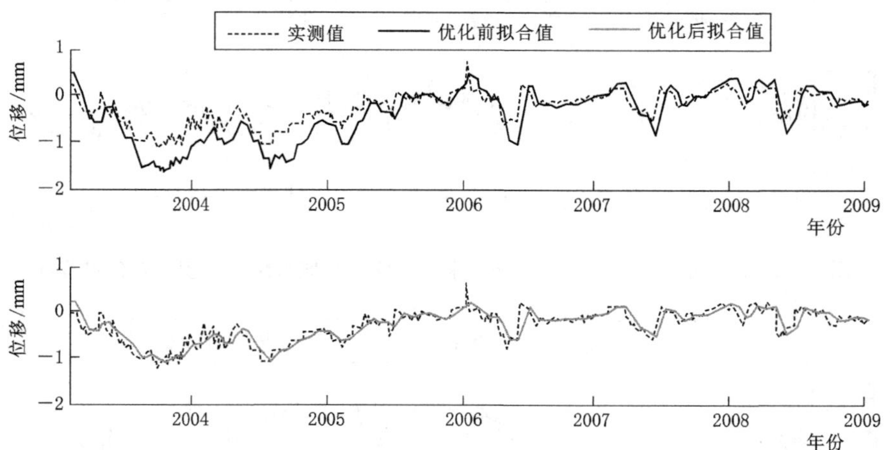

图 5.33　IP3 垂线测点（120.00m）水平位移实测值与统计模型拟合值过程线

由图可知，改进后的大坝位移安全监控模型对于规律性不强的测值系列也能有较好的适应性，本节采用卡方 χ^2 分布作为温度分量的大坝位移安全监控模型对测点的位移模拟具有较好的适用性，且拟合优度较高，与传统的采用时间周期函数作为温度分量的统计模型相比具有明显的提升，说明本节建立的大坝位移安全监控模型能够在一定程度上较好地模拟大体积混凝土坝的位移变化。

以下将对模型拟合精度最高的 IP3 测点垂线测值进行位移分析。

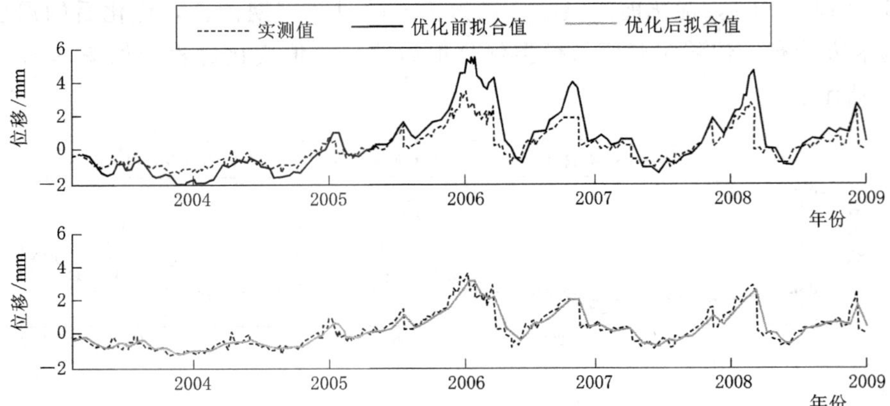

图 5.34 PL1 垂线测点（100.00m）水平位移实测值与统计模型拟合值过程线

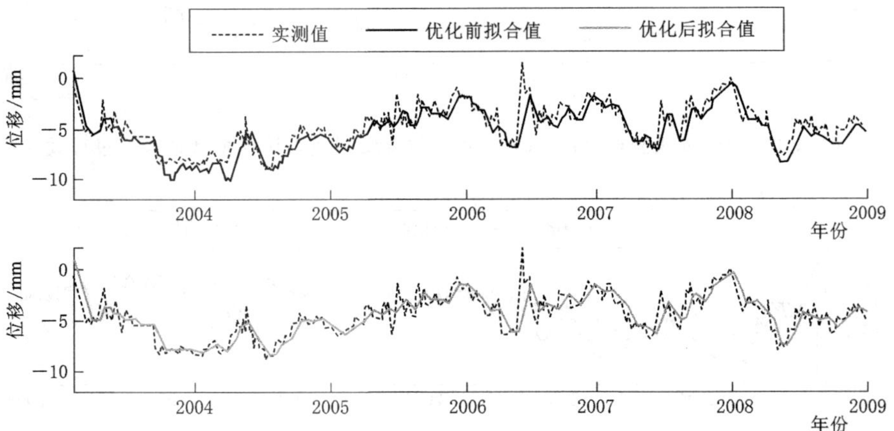

图 5.35 PL5 垂线测点（179.00m）水平位移实测值与统计模型拟合值过程线

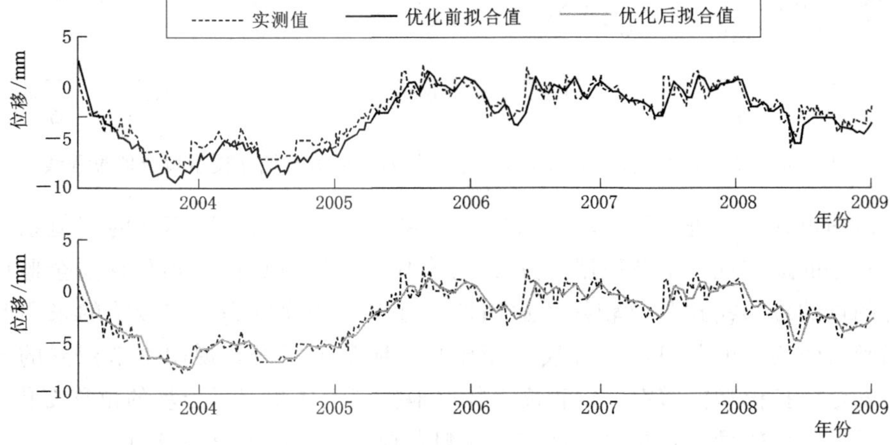

图 5.36 PL6 垂线测点（179.00m）水平位移实测值与统计模型拟合值过程线

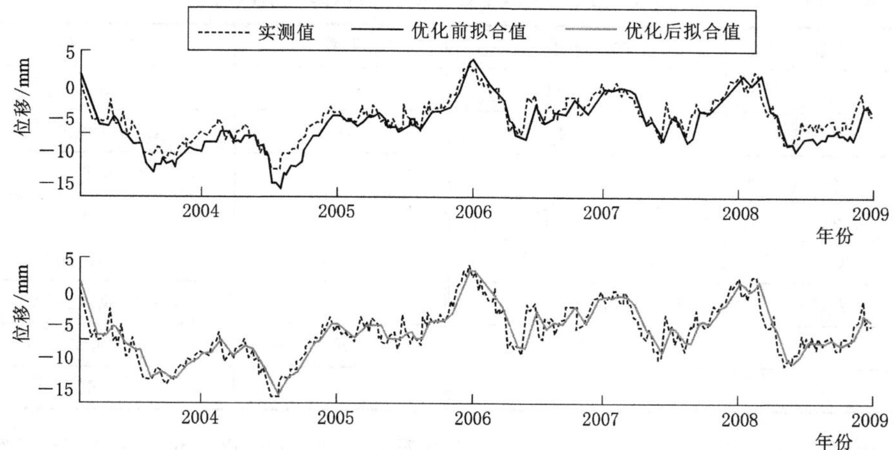

图 5.37 PL7 垂线测点（179.00m）水平位移实测值与统计模型拟合值过程线

根据以卡方 χ^2 分布函数形式作为温度位移分量的 IP3 测点垂线水平位移统计模型的建模结果，图 5.38 和图 5.39 所示为 IP3 测点水平位移拟合过程线及拟合残差过程线，表 5.10 给出了统计模型的各项回归系数。

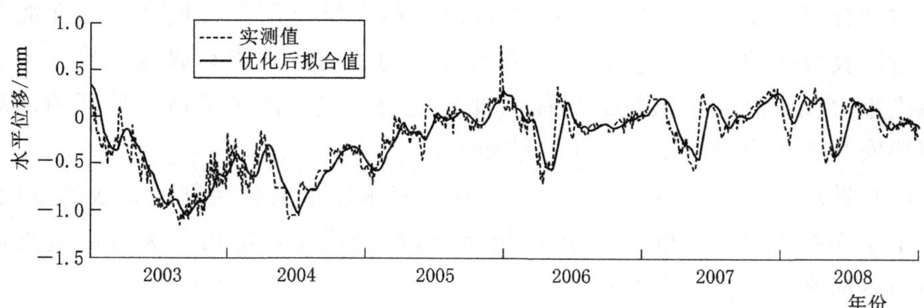

图 5.38 测点 IP3 水平位移统计模型拟合过程线

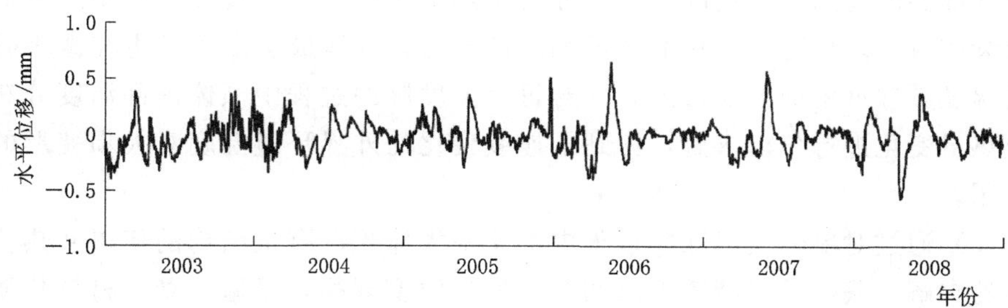

图 5.39 测点 IP3 水平位移统计模型残差过程线

表 5.10 IP3 垂线测点水平位移统计模型回归系数

系数	数　值	系数	数　值
a_0	-5.3261	b_{31}	4.2103×10^{-5}
a_1	2.8684×10^{-1}	b_{32}	1.6841×10^{-6}
a_2	-8.8034×10^{-3}	α	0.6
a_3	4.4535×10^{-5}	β	0.4
b_{11}	3.5541×10^{-3}	c_1	1.7830×10^{-4}
b_{12}	-3.8607×10^{-1}	c_2	1.2034×10^{-1}
b_{21}	-1.4236×10^{-1}	R	0.9837
b_{22}	-2.5203×10^{-3}	S	0.3027

由图 5.38、图 5.39 以及表 5.10 可以看出，改进后的大坝位移统计模型计算值与实测值拟合效果较好，且模型的负相关系数为 0.9837、标准差为 0.3027，因此模型拟合效果较好，精度较高。

5.5 本章小结

本章针对无实测水温资料的水库以及目前广泛应用于大坝结构和性能等方面评价以及分析的安全监控模型中温度分量的表达形式进行研究，建立了适合混凝土重力坝及混凝土拱坝的坝体温度分量表达式，构建了精度较高的混凝土坝变形安全监控模型。主要工作总结如下：

(1) 针对无实测水温资料的水库，在探究水库水温分层判定方法的基础上，研究了水库垂向水温特性，基于 Boltzmann 拟合模型，提出了无温度监测设施的坝前垂向水体温度计算方法。

(2) 通过将大体积混凝土坝体简化成半无限大体积混凝土结构，根据傅里叶热传导原理，定量求解出了当环境温度分别为常量和变量时半无限大体积混凝土内部温度场的变化情况，由此分析了热量在坝体内部传导过程中发生的滞后及衰减效应。将连续变化的环境温度离散化，分解成有限个发生在微小时段内的温度脉冲过程的累加形式，并对每个温度脉冲过程中坝体内部温度分布场以及热量变化进行分析求解，得到了连续变化的外界环境温度对大坝变形的影响作用。

(3) 通过对单个温度脉冲过程中半无限大体积混凝土结构的傅里叶热传导方程的求解，获得了温度随着时间和深度的演变规律，根据混凝土材料热膨胀性质，累加各层混凝土的线性膨胀量，得到了单个温度脉冲作用下半无限大体积混凝土结构表面的温度位移量。结果表明，单个温度脉冲下半无限大体积混凝土结构的表面位移表现出初始时期快速增长，到达峰值后逐渐减小再逐渐向初始值趋近的分布规律。

（4）坝体的温度位移变化呈现出先快速增加尔后逐步减小的偏态分布函数，通过比较热量进入到坝体内部的传播过程与电磁波在障碍物介质中的传导过程的相似之处，选用瑞利分布函数来描述混凝土拱坝及卡方分布函数来模拟混凝土重力坝的温度变形规律。据此获得了单个脉冲过程中坝体温度位移的表达形式，研究坝体边界温度场的时间空间分布情况与环境因素之间的关系，并根据以上结论得到了温度变形的表达形式，从而建立了大坝位移安全监控统计模型。

参 考 文 献

[1] 晏志勇，钱钢粮．水电中长期（2030、2050）发展战略研究［J］．中国工程科学，2011，13（6）：108-112.

[2] 中华人民共和国水利部．2018年全国水利发展统计公报［M］．北京：中国水利水电出版社，2019.

[3] 矫勇．中国大坝70年［M］．北京：中国三峡出版社，2021.

[4] 王少伟．特高混凝土坝变形时变效应分析方法研究［D］．南京：河海大学，2016.

[5] 宋恩来．国内几座大坝事故原因分析［J］．大坝与安全，2000，14（2）：41-44.

[6] 顾冲时，苏怀智，王少伟．高混凝土坝长期变形特性计算模型及监控方法研究进展［J］．水力发电学报，2016，35（5）：1-14.

[7] 黄国兴，惠荣炎，王秀君．混凝土徐变与收缩［M］．北京：中国电力出版社，2012.

[8] 孙钧．岩石流变力学及其工程应用研究的若干进展［J］．岩石力学与工程学报，2007，26（6）：1081-1106.

[9] 蒋昱州，徐卫亚，王瑞红，等．水电站大型地下洞室长期稳定性数值分析［J］．岩土力学，2008，29（S1）：52-58.

[10] Liu Z Z，Yan Z X，Duan J. Couple analysis on strength reduction theory and rheological mechanism for slope stability［J］. Journal of Central South University of Technology，2008，15（1）：356-361.

[11] Yu Y，Shang Y Q，Sun H Y，et al. Displacement evolution of a creeping landslide stabilized with piles［J］. Natural Hazards（Dordrecht），2015，75（2）：1959-1976.

[12] Xu W Y，Nie W P，Zhou X Q，et al. Long-term stability analysis of large-scale underground plant of Xiangjiaba hydro-power station［J］. Journal of Central South University，2011，18（2）：511-520.

[13] Stephan P，Salin J. Ageing management of concrete structure：Assessment of EDF methodology in comparison with SHM and AIEA guides［J］. Construction & Building Materials，2012，37（12）：924-933.

[14] 宋恩来．东北几座混凝土坝老化与加固效果分析［J］．大坝与安全，2006（1）：44-49.

[15] Su H，Wen Z，Hu J，et al. Evaluation model for service life of dam based on time-varying risk probability［J］. Science in China Series E：Technological Sciences，2009，52（7）：1966-1973.

[16] 吴子平，王振波，宋修广．施工期混凝土拱坝应力实测数据的混合模型研究［J］．河海大学学报（自然科学版），2000，28（1）：102-107.

[17] 胡德秀，屈旭东，杨杰，等．基于M-ELM的大坝变形安全监控模型［J］．水利水电科技进展，2019，39（3）：75-80.

[18] 黄梦婧，杨海浪．基于PSO的SVM-ARIMA大坝安全监控模型［J］．人民黄河，2018，40（8）：149-151.

[19] 杜辉，赵二峰，郭珅，等. 大坝服役性态安全监控的GA-RBF组合模型 [J]. 三峡大学学报（自然科学版），2018，40（2）：11-14.

[20] 王甜，包腾飞，徐波，等. 改进的大坝安全监控粗集推理预报模型 [J]. 人民黄河，2017，39（2）：139-142.

[21] 李小奇，郑东健，鞠宜朋. 基于Copula熵理论的大坝渗流统计模型因子优选 [J]. 河海大学学报（自然科学版），2016，44（4）：370-376.

[22] 杨晓晓，刘懿，王超，等. 基于改进PSO算法和SVM的大坝监控模型研究 [J]. 人民长江，2015，46（18）：97-100.

[23] 杨令强，马静，高蕊. 土石坝加固前后的监测分析及监控模型 [J]. 水利学报，2015，46（S1）：70-73.

[24] Yang Q，Liu Y R，Feng X Q，et al. Time-independent plasticity related to critical point of free energy function and functional [J]. Journal of Engineering Materials and Technology，2014，136（2）：21001.

[25] 顾冲时，李云，宋敬衎. 碾压混凝土坝变形安全监控模型研究 [J]. 计算力学学报，2010，27（2）：286-290.

[26] Li F，Wang Z Z，Liu G. Towards an error correction model for dam monitoring data analysis based on cointegration theory [J]. Structural Safety，2013，43：12-20.

[27] Lin C，Zheng D. Two online dam safety monitoring models based on the process of extracting environmental effect [J]. Advances in Engineering Software（1992），2013，57：48-56.

[28] 李占超，张慧莉，刘兴阳，等. 混凝土坝小样本安全监控模型研究 [J]. 中国科学：技术科学，2014，44（10）：1043-1051.

[29] Tatin M，Briffaut M，Dufour F，et al. Thermal displacements of concrete dams：Accounting for water temperature in statistical models [J]. Engineering Structures，2015，91：26-39.

[30] 梁通，金峰. 基于广义有效应力原理的混凝土坝分析 [J]. 水力发电学报，2009，28（2）：47-51.

[31] 徐宝松，刘贝贝，郑东健，等. 大坝变形温变效应分析方法研究 [J]. 中国科学：技术科学，2012，42（6）：704-712.

[32] 吴邦彬，顾冲时，陈波，等. 分叉型库盘变形及对特高拱坝变形性态的影响 [J]. 水利水电科技进展，2019，39（6）：31-36.

[33] 张乃尧，阎平凡. 神经网络与模糊控制 [M]. 北京：清华大学出版社，1998.

[34] 王雪红，刘晓青，陶海龙，等. 优化BP神经网络的位移预测模型 [J]. 水利水运工程学报，2014（2）：38-42.

[35] 魏博文，袁冬阳，李火坤，等. 基于参数区间反演修正混合模型的混凝土坝位移监控指标确定方法 [J]. 岩石力学与工程学报，2018，37（S2）：4151-4160.

[36] 刘武，陈益峰，胡冉，等. 基于非稳定渗流过程的岩体渗透特性反演分析 [J]. 岩石力学与工程学报，2015，34（2）：362-373.

[37] 罗丹，李昌彩，吴长彬. 基于微粒群-BP神经网络算法的堆石坝坝体变形监控模型研究 [J]. 岩石力学与工程学报，2012，31（S1）：2926-2931.

[38] 张豪，许四法. 基于经验模态分解和遗传支持向量机的多尺度大坝变形预测 [J]. 岩

石力学与工程学报，2011，30（S2）：3681-3688.

[39] 李波，徐宝松，武金坤，等. 基于最小二乘支持向量机的大坝力学参数反演［J］. 岩土工程学报，2008，30（11）：1722-1725.

[40] 闫滨，高真伟，李东艳. RBF神经网络在大坝安全综合评价中的应用［J］. 岩石力学与工程学报，2008，27（S2）：3991-3997.

[41] 魏博文，袁冬阳，谢斌，等. 基于鸡群算法优化相关向量机的混凝土坝变形预报模型［J］. 水利水电技术，2020，51（4）：98-105.

[42] 牛景太. 基于奇异谱分析与PSO优化SVM的混凝土坝变形监控模型［J］. 水利水电科技进展，2020，40（6）：60-65.

[43] 欧斌，吴邦彬，袁杰，等. 基于LSTM的混凝土坝变形预测模型［J］. 水利水电科技进展，2022，42（1）：21-26.

[44] 李端有，周元春，甘孝清. 混凝土拱坝多测点确定性位移监控模型研究［J］. 水利学报，2011，42（8）：981-985.

[45] 李明超，任秋兵，孔锐，等. 多维复杂关联因素下的大坝变形动态建模与预测分析［J］. 水利学报，2019，50（6）：687-698.

[46] 蔡忍，黄耀英，万智勇，等. 基于投影寻踪-云模型法的碾压混凝土坝综合变形监控指标拟定［J］. 武汉大学学报（工学版），2019，52（3）：194-200.

[47] 安慧琳，李艳玲，曾贝佳，等. 重力坝挠度多测点空间模型研究［J］. 水电能源科学，2016，34（11）：77-81.

[48] 刘斌，戴吾蛟，曾凡河，等. 利用独立分量回归建立大坝多测点位移模型［J］. 大地测量与地球动力学，2016，36（2）：124-128.

[49] 魏博文，柳波，徐富刚，等. 融合PSO-SVM的混凝土拱坝多测点变形监控混合模型［J］. 武汉大学学报（信息科学版），2022，47（5）：1-14.

[50] 刘汉龙，秦红玉，高玉峰，等. 堆石粗粒料颗粒破碎试验研究［J］. 岩土力学，2005，26（4）：562-566.

[51] 张兵，高玉峰，刘伟，等. 坝体填筑料压缩特性及影响因素分析［J］. 岩土力学，2009，30（3）：741-745.

[52] Mamoru K，David M W，Adrian R. Particle crushing and deformation behaviour［J］. Soils and Foundations，2010，50（4）：547-563.

[53] 尹振宇，许强，胡伟. 考虑颗粒破碎效应的粒状材料本构研究：进展及发展［J］. 岩土工程学报，2012，34（12）：2170-2180.

[54] 郭熙灵，胡辉，包承纲. 堆石料颗粒破碎对剪胀性及抗剪强度的影响［J］. 岩土工程学报，1997，19（3）：83-88.

[55] Lee K L，Farhoomand I. Compressibility and crushing of granular soil in anisotropic triaxial compression［J］. Canadian geotechnical journal，1967，4（1）：68-86.

[56] Marsal R J. Large scale testing of rockfill materials［J］. Proceedings of the American Society of Civil Engineers，1967，93：27-43.

[57] Lade P V，Yamamuro J A，Bopp P A. Significance of particle crushing in granular materials［J］. Journal of Geotechnical Engineering，1996，122（4）：309-316.

[58] Nakata Y，Hyde A F L，Hyodo M，et al. A probabilistic approach to sand particle crushing in the triaxial test［J］. Géotechnique，1999，49（5）：567-583.

[59] Xiao Y, Liu H L. Elastoplastic constitutive model for rockfill materials considering particle breakage [J]. International Journal of Geomechanics, 2016, 17 (1): 4016041.

[60] Hardin B O. Crushing of soil particles [J]. Journal of Geotechnical Engineering, 1985, 111 (10): 1177 - 1192.

[61] Indraratna B, Lackenby J, Christie D. Effect of confining pressure on the degradation of ballast under cyclic loading [J]. Géotechnique, 2005, 55 (4): 325 - 328.

[62] Einav I. Breakage mechanics—Part I: Theory [J]. Journal of the Mechanics and Physics of Solids, 2007, 55 (6): 1274 - 1297.

[63] Muir Wood D, Maeda K. Changing grading of soil: effect on critical states [J]. Acta Geotechnica, 2007, 3 (1): 3 - 14.

[64] 刘萌成，高玉峰，刘汉龙. 模拟堆石料颗粒破碎对强度变形的影响 [J]. 岩土工程学报，2011，33 (11)：1691 - 1699.

[65] 张季如，祝杰，黄文竞. 侧限压缩下石英砂砾的颗粒破碎特性及其分形描述 [J]. 岩土工程学报，2008，30 (6)：783 - 789.

[66] 韩华强，陈生水，傅华，等. 循环荷载作用下堆石料的颗粒破碎特性 [J]. 岩土工程学报，2017，39 (10)：1753 - 1760.

[67] Indraratna B, Salim W. Modelling of particle breakage of coarse aggregates incorporating strength and dilatancy [J]. Proceedings of the Institution of Civil Engineers. Geotechnical engineering, 2002, 155 (4): 243 - 252.

[68] Salim W, Indraratna B. A new elastoplastic constitutive model for coarse granular aggregates incorporating particle breakage [J]. Canadian Geotechnical Journal, 2004, 41 (4): 657 - 671.

[69] 魏松，朱俊高，钱七虎，等. 粗粒料颗粒破碎三轴试验研究 [J]. 岩土工程学报，2009，31 (4)：533 - 538.

[70] 杨光，张丙印，于玉贞，等. 不同应力路径下粗粒料的颗粒破碎试验研究 [J]. 水利学报，2010，41 (3)：338 - 342.

[71] 孔宪京，刘京茂，邹德高，等. 紫坪铺面板坝堆石料颗粒破碎试验研究 [J]. 岩土力学，2014，35 (1)：35 - 40.

[72] 贾宇峰，王丙申，迟世春. 堆石料剪切过程中的颗粒破碎研究 [J]. 岩土工程学报，2015，37 (9)：1692 - 1697.

[73] 童晨曦，张升，李希，等. 基于 Markov 链的岩土材料颗粒破碎演化规律研究 [J]. 岩土工程学报，2015，37 (5)：870 - 877.

[74] Zhang S, Tong C X, Li X, et al. A new method for studying the evolution of particle breakage [J]. Géotechnique, 2015, 65 (11): 911 - 922.

[75] 姚仰平，路德春，周安楠，等. 广义非线性强度理论及其变换应力空间 [J]. 中国科学 E 辑：工程科学 材料科学，2004，34 (11)：1283 - 1299.

[76] de Mello V F B. Reflections on design decisions of practical significance to embankment dams [J]. Géotechnique, 1977, 27 (3): 279 - 355.

[77] Zhang X J, Chen W F. Stability analysis of slopes with general nonlinear failure criterion [J]. International Journal for Numerical and Analytical Methods in Geomechanics, 1987, 11 (1): 33 - 50.

[78] Xiao Y, Liu H, Chen Y, et al. Strength and deformation of rockfill material based on large - scale triaxial compression tests. II: Influence of particle breakage [J]. Journal of Geotechnical and Geoenvironmental Engineering, 2014, 140 (12): 4014071.

[79] 花俊杰，周伟，常晓林，等. 300m级高堆石坝长期变形预测 [J]. 四川大学学报（工程科学版），2011，43（3）：33－38.

[80] 徐晗，汪明元，饶锡保，等. 300m级超高土质心墙坝的长期变形特性研究 [J]. 长江科学院院报，2009，26（9）：55－57.

[81] 王观琪，余挺，李永红，等. 300m级高土石心墙坝流变特性研究 [J]. 岩土工程学报，2014，36（1）：140－145.

[82] 沈珠江. 土石料的流变模型及其应用 [J]. 水利水运科学研究，1994（4）：335－342.

[83] 花俊杰，常晓林，周伟. 高堆石坝流变研究进展 [J]. 水力发电学报，2010，29（4）：194－199.

[84] 殷宗泽. 高土石坝的应力与变形 [J]. 岩土工程学报，2009，31（1）：1－14.

[85] Walker L K, Raymond G P. The prediction of consolidation rates in a cemented clay [J]. Canadian Geotechnical Journal, 1968, 5 (4): 192 - 216.

[86] Yin J H. Non - linear creep of soils in oedometer tests [J]. Géotechnique, 1999, 49 (5): 699 - 707.

[87] Yin Z, Xu Q, Yu C. Elastic - viscoplastic modeling for natural soft clays considering nonlinear creep [J]. International Journal of Geomechanics, 2015, 15 (5): A6014001.

[88] Zhu Q Y, Yin Z Y, Hicher P, et al. Nonlinearity of one - dimensional creep characteristics of soft clays [J]. Acta Geotechnica, 2016, 11 (4): 887 - 900.

[89] Singh A, Mitchell J K. General stress - strain - time function for soils [J]. Proceedings of the American Society of Civil Engineers, 1968, 94 (1): 21 - 46.

[90] Kavazanjian E, Mitchell J K, Anonymous. A general stress - strain - time formulation for soils [C]. Rotterdam - Boston: A. A. Balkema, 1977. 113 - 119.

[91] 沈珠江，赵魁芝. 堆石坝流变变形的反馈分析 [J]. 水利学报，1998（6）：2－7.

[92] 米占宽，沈珠江，李国英. 高面板堆石坝坝体流变性状 [J]. 水利水运工程学报，2002（2）：35－41.

[93] 李国英，米占宽，傅华，等. 混凝土面板堆石坝堆石料流变特性试验研究 [J]. 岩土力学，2004，25（11）：1712－1716.

[94] Fu Z Z, Chen S S, Shi B X. Large - scale triaxial experiments on the creep behavior of a saturated rockfill material [J]. Journal of Geotechnical and Geoenvironmental Engineering, 2018, 144 (7): 4018031 - 4018039.

[95] 程展林，丁红顺. 堆石料蠕变特性试验研究 [J]. 岩土工程学报，2004，26（4）：473－476.

[96] 黄耀英，包腾飞，田斌，等. 基于组合指数型流变模型的堆石坝流变分析 [J]. 岩土力学，2015，36（11）：3217－3222.

[97] 朱晟，王永明，徐骞. 粗粒筑坝材料的增量流变模型研究 [J]. 岩土力学，2011，32（11）：3201－3206.

[98] Murayama S, Michihiro K, Sakagami T. Creep characteristics of sands [J]. Soils and Foundations, 1984, 24 (2): 1 - 15.

[99] Tatsuoka F, Ishihara M, Di Benedetto H, et al. Time - dependent shear deformation characteristics of geomaterials and their simulation [J]. Soils and Foundations, 2002, 42 (2): 103 - 129.

[100] 殷德顺，任俊娟，和成亮，等．一种新的岩土流变模型元件 [J]．岩石力学与工程学报，2007，26 (9)：1899 - 1903.

[101] Lei G, Zhen - zhong S, Li - qun X. Long - term deformation analysis of the Jiudianxia Concrete - Faced Rockfill Dam [J]. Arabian Journal for Science and Engineering, 2014, 39 (3): 1589 - 1598.

[102] 李晶晶，孔令伟．膨胀土卸荷蠕变特性及其非线性蠕变模型 [J]．岩土力学，2019，40 (9)：3465 - 3473.

[103] Karim M R, Gnanendran C T. Review of constitutive models for describing the time dependent behaviour of soft clays [J]. Geomechanics and Geoengineering: an International Journal, 2014, 9 (1): 36 - 51.

[104] Yin Z, Chang C S, Karstunen M, et al. An anisotropic elastic - viscoplastic model for soft clays [J]. International Journal of Solids and Structures, 2010, 47 (5): 665 - 677.

[105] 钦亚洲，苏建伟，许建聪．一个反映土体复杂加卸荷路径的弹黏塑性模型 [J]．力学与实践，2012，34 (3)：23 - 28.

[106] 胡亚元，丁盼．基于等效时间的双屈服面三维流变模型 [J]．岩土工程学报，2020，42 (1)：53 - 62.

[107] Sekiguchi H. Theory of undrained creep rupture of normally consolidated clay based on elasto - viscoplasticity [J]. Soils and Foundations, 1984, 24 (1): 129 - 147.

[108] Qiao Y, Ferrari A, Laloui L, et al. Nonstationary flow surface theory for modeling the viscoplastic behaviors of soils [J]. Computers and Geotechnics, 2016, 76: 105 - 119.

[109] Cassiani G, Brovelli A, Hueckel T. A strain - rate - dependent modified Cam - Clay model for the simulation of soil/rock compaction [J]. Geomechanics for Energy and the Environment, 2017, 11: 42 - 51.

[110] 王海俊，殷宗泽．干湿循环作用对堆石长期变形影响的试验研究 [J]．防灾减灾工程学报，2012，32 (4)：488 - 493.

[111] 张清振，袁会娜，张其光，等．堆石料干湿循环变形特性试验研究 [J]．水力发电学报，2015，34 (12)：33 - 41.

[112] 曹光栩，宋二祥，徐明．碎石料干湿循环变形试验及计算方法 [J]．哈尔滨工业大学学报，2011，43 (10)：98 - 104.

[113] 邱珍锋．周期性饱水砂泥岩混合料的三轴强度变形特性及其劣化模型研究 [D]．重庆：重庆交通大学，2016.

[114] 杨洋．周期性饱水砂泥岩混合料单向压缩变形特性及其演化规律研究 [D]．重庆：重庆交通大学，2018.

[115] 石北啸，蔡正银，陈生水．温度变化对堆石料变形影响的试验研究 [J]．岩土工程学报，2016，38 (S2)：299 - 305.

[116] 孙国亮，张丙印，张其光，等．不同环境条件下堆石料变形特性的试验研究 [J]．岩土力学，2010，31 (5)：1413 - 1419.

[117] 张丙印，孙国亮，张宗亮．堆石料的劣化变形和本构模型［J］．岩土工程学报，2010，32（1）：98-103.

[118] 杜治华．三峡水利枢纽茅坪溪防护大坝应力与变形的分析和预测［D］．武汉：武汉理工大学，2002.

[119] Shi Y，Yang J，Wu J，et al. A statistical model of deformation during the construction of a concrete face rockfill dam［J］. Structural Control and Health Monitoring，2018，25（2）：e2074.

[120] 魏迎奇，孙玉莲．大坝沉降变形的灰色预测分析研究［J］．中国水利水电科学研究院学报，2010，8（1）：25-29.

[121] 吴邦彬，陈兰，葛萃．改进的非等间距 GM(1，1) 模型在大坝沉降分析中的应用［J］．水电能源科学，2012，30（6）：95-97.

[122] 蔡德所，章聪．灰色动态聚类法在大坝监测中的应用［J］．三峡大学学报（自然科学版），2017，39（2）：24-28.

[123] 黄铭，黄伟，刘俊．基于遗传蠕变理论的土石坝沉降监测混合模型［J］．岩土力学，2004，25（S2）：164-166.

[124] 姜景山．土石坝安全监测资料分析评价方法研究［D］．郑州：郑州大学，2005.

[125] 张柯，杨杰，程琳．基于 ABC-SVM 的土石坝变形监测模型［J］．水资源与水工程学报，2017，28（4）：199-204.

[126] 张柯．基于支持向量机的土石坝安全监测模型与安全性态模糊评价［D］．西安：西安理工大学，2017.

[127] 陈伟．遗传算法与神经网络在大坝安全监测中的应用研究［D］．西安：长安大学，2009.

[128] 马春辉，杨杰，程琳，等．基于 KPCA-RVM 的土石坝沉降预测模型研究［J］．西北农林科技大学学报（自然科学版），2017，45（1）：211-217.

[129] 闵恺艺．基于多测点模型的面板堆石坝沉降变形预测研究［D］．西安：西安理工大学，2021.

[130] Zhang G，Liu Y，Zheng C，et al. Simulation of influence of multi-defects on long-term working performance of high arch dam［J］. Science China Technological Sciences，2011，54（1）：1-8.

[131] 汤雪娟，张冲，王仁坤．溪洛渡特高拱坝蓄水初期工作状态评价［J］．水利学报，2016，47（1）：85-93.

[132] 罗丹旎，林鹏，李庆斌，等．溪洛渡特高拱坝初期蓄水工作性态分析研究［J］．水利学报，2014，45（1）：18-26.

[133] 梁国贺，胡昱，樊启祥，等．溪洛渡高拱坝蓄水期谷幅变形特性与影响因素分析［J］．水力发电学报，2016，35（9）：101-110.

[134] 李波，周恒，胡蕾，等．溪洛渡高拱坝运行初期应力应变监测资料分析［J］．水力发电，2017，43（7）：108-111.

[135] 周秋景，张国新，刘毅．特高拱坝初次蓄水期工作性态仿真反馈和预测方法研究［J］．水利学报，2013，44（S1）：73-79.

[136] 顾冲时，吴中如．大坝与坝基安全监控理论和方法及其应用［M］．南京：河海大学出版社，2006.

[137] 阮红风. 土体剪切变形时间效应特性及高速铁路路堤长期变形状态控制技术研究[D]. 成都：西南交通大学，2015.

[138] 张瀚，吴镇宇，陈健康，等. 高土石坝短序列监测资料建模研究 [J]. 中国农村水利水电，2008 (7)：68 - 70.

[139] 付宏，李琳，王润英. 短时变形测值序列的大坝安全监控模型 [J]. 小水电，2016 (4)：20 - 24.

[140] 曹文杰，丁光彬，王嘉晟，等. 灰色优化模型在岳城水库大坝沉降分析中的应用[J]. 水利科技与经济，2016，22 (12)：41 - 44.

[141] 罗党，刘思峰，党耀国. 灰色模型 GM(1，1) 优化 [J]. 中国工程科学，2003，5 (8)：50 - 53.

[142] 李燕. 灰色预测模型的研究及其应用 [D]. 杭州：浙江理工大学，2012.

[143] 刘思峰，郭天榜，党耀国. 灰色系统理论及其应用 [M]. 北京：科学出版社，2010.

[144] 张涛，顾洁. 高比例可再生能源电力系统的马尔科夫短期负荷预测方法 [J]. 电网技术，2018，42 (4)：1071 - 1078.

[145] 李广信. 高等土力学 [M]. 北京：清华大学出版社，2004.

[146] 牛景太，梁彬彬，邓志平，等. 施工期高心墙堆石坝沉降非线性时变统计模型 [J]. 南昌工程学院学报，2019，38 (4)：1 - 6.

[147] 周彦男，陈运平，陈佼佼. 分数阶 Poynting - Thomson 流变模型研究 [J]. 西南科技大学学报，2013，28 (1)：31 - 35.

[148] 王嵘冰，徐红艳，李波，等. BP 神经网络隐含层节点数确定方法研究 [J]. 计算机技术与发展，2018，28 (4)：31 - 35.

[149] 徐坤，李鹏，张尹耀. 土石坝施工期 3 种沉降模型的分析 [J]. 西北水电，2013 (3)：73 - 75.

[150] 谢定松，蔡红，李维朝，等. 库水位快速变动条件下心墙坝上游坝壳自由水面线变化规律研究 [J]. 岩土工程学报，2012，34 (9)：1568 - 1573.

[151] 曾阳益，邓辉，张咪，等. 库水位变动速率对某水电站坝前倾倒变形体稳定性的影响[J]. 水电能源科学，2017，35 (2)：143 - 147.

[152] 李林，冯明珲，朱化鹏，等. 凤亭河水库黏土心墙坝库水位变动渗流特性分析 [J]. 华北水利水电大学学报（自然科学版），2019，40 (3)：72 - 78.

[153] 马明瑞，张继勋，郁舒阳，等. 库水位变动对心墙坝渗流特性影响及防渗措施研究[J]. 三峡大学学报（自然科学版），2019，41 (4)：10 - 15.

[154] Zhao N，Hu B，Yan E，et al. Research on the creep mechanism of Huangniba landslide in the Three Gorges Reservoir Area of China considering the seepage - stress coupling effect [J]. Bulletin of Engineering Geology and the Environment，2018，78 (6)：4107 - 4121.

[155] He C，Hu X，Xu C，et al. Model test of the influence of cyclic water level fluctuations on a landslide [J]. Journal of Mountain Science，2020，17 (1)：191 - 202.

[156] 汤灿. 混凝土受压徐变模型及应力-应变关系研究 [D]. 哈尔滨：哈尔滨工业大学，2016.

[157] 桂海清. 混凝土早期收缩与抗裂性能试验研究 [D]. 杭州：浙江大学，2004.

[158] 曹健，刘靓芳，韩子阳，等. 干湿循环作用下粉煤灰混凝土徐变试验研究 [J]. 南昌

工程学院学报，2017，36（4）：6-9.

[159] 谢利云. 水工混凝土在多因素耦合作用下的性能劣化规律研究［D］. 郑州：华北水利水电大学，2015.

[160] 赵哲. 钢管混凝土收缩徐变性能研究［D］. 成都：西南交通大学，2016.

[161] Bažant Z P, Kim J. Improved prediction model for time-dependent deformations of concrete: Part 2-Basic creep [J]. Materials and Structures, 1991, 24 (6): 409.

[162] Bažant Z P, Kim J. Improved prediction model for time-dependent deformations of concrete: Part 3-Creep at drying [J]. Materials and Structures, 1992, 25 (1): 21-28.

[163] Bažant Z P, Baweja S. Creep and shrinkage prediction model for analysis and design of concrete structures—Model B3 [J]. Materials and Structures, 1995, 28 (6): 357-365.

[164] 吴胜兴，周氐. 混凝土徐变度及应力松弛系数的估算方法综述与建议［J］. 水利学报，1991（10）：65-70.

[165] 唐崇钊. 混凝土的徐变力学与试验技术［M］. 北京：水利电力出版社，1982.

[166] 黄铭，李珍照. 考虑徐变机理的综合型时效因子集探讨［J］. 人民长江，1997（8）：42-44.

[167] 熊威. 顾及多效应的混凝土坝位移联合预报与监控分析［D］. 南昌：南昌大学，2015.

[168] 张大发. 水库水温分析及估算［J］. 水文，1984（1）：19-27.

[169] 朱伯芳. 库水温度估算［J］. 水利学报，1985（2）：12-21.

[170] 李怀恩. 分层型水库的垂向水温分布公式［J］. 水利学报，1993（2）：43-49.

[171] Kalff J，古滨河，刘正文，等. 湖沼学——内陆水生态系统［M］. 北京：高等教育出版社，2011.

[172] 张鹏飞. 不同洪量对洪家渡水库水温分层结构影响分析［J］. 中国农村水利水电，2019（12）：75-79.

[173] 王雅慧，李兰，卞俊杰. 水库水温模拟研究综述［J］. 三峡环境与生态，2012，34（3）：29-36.

[174] 伦冠海，皇甫泽华，尚俊伟，等. 前坪水库高水头分层取水水温分布研究［J］. 人民黄河，2019，41（12）：93-96.

[175] 许丹，陆宝宏，程昕野，等. 应用Logistic曲线预测水库垂向水温［J］. 河海大学学报（自然科学版），2013，41（3）：235-240.

[176] 肖海斌，陈豪，王海龙，等. 糯扎渡水电站水库坝前垂向水温预测与实测数据对比分析［J］. 水力发电，2016，42（9）：87-92.

[177] 肖闵甜. 热交换条件下水库分层流型态及水温数值模拟研究［D］. 武汉：武汉大学，2018.

[178] 李怀恩. 泥沙异重流对水库水温分布的影响——实例分析［J］. 水资源保护，1991（1）：13-16.

[179] 陈森. 一元非线性回归的配合［J］. 云南林业调查规划，1993（4）：15-24.

[180] 刘演华，林建忠. 格子Boltzmann方法中基于内插值的曲线边界处理新方法［J］. 计算力学学报，2009，26（4）：510-517.

[181] Chang C, Liu C, Lin C. Boundary conditions for lattice Boltzmann simulations with

complex geometry flows [J]. Computers & Mathematics with Applications (1987), 2009, 58 (5): 940-949.

[182] Boek E S, Venturoli M. Lattice-Boltzmann studies of fluid flow in porous media with realistic rock geometries [J]. Computers & Mathematics with Applications (1987), 2010, 59 (7): 2305-2314.

[183] 耿飞，金雁. 三峡升船机船舶通航时间分析与预测 [J]. 武汉理工大学学报（交通科学与工程版），2021，45（3）：454-458.

[184] 陈才生，李刚，周继东，等. 数学物理方程 [M]. 北京：科学出版社，2008.

[185] 邵乃辰. 大坝观测物理量统计分析中的温度因子 [J]. 大坝观测与土工测试，1987（6）：3-9.